# 生命科學館

## Life Science

洪蘭博士策劃

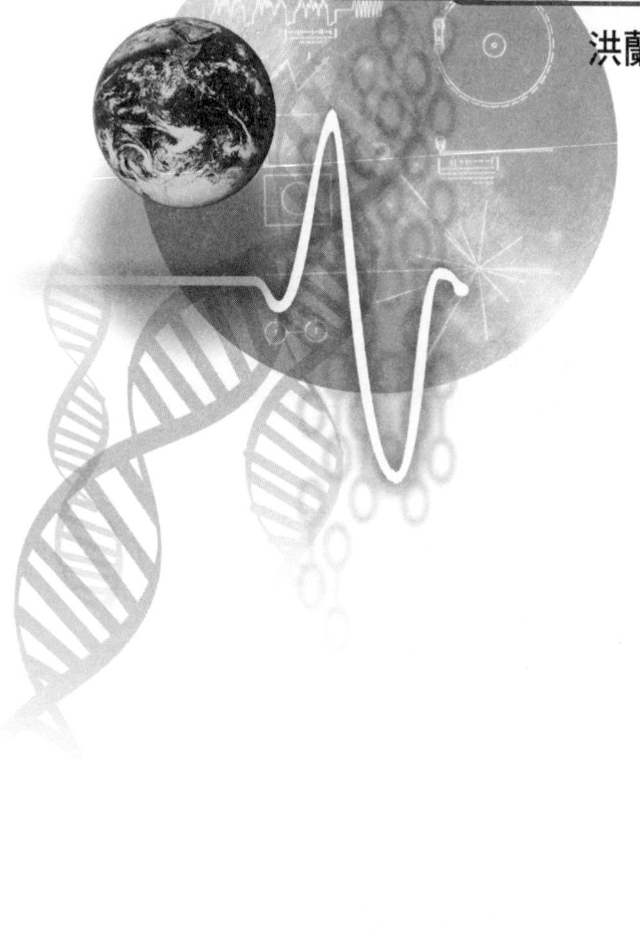

---

生命科學館 Life Science 27
洪蘭博士策劃

# 改變是大腦的天性
## 從大腦發揮自癒力的故事中發現神經可塑性

作者／Norman Doidge, M.D.
譯者／洪蘭
主編／林淑慎
責任編輯／廖怡茜
發行人／王榮文
出版發行／遠流出版事業股份有限公司
104005臺北市中山北路一段11號13樓
郵撥／0189456-1
電話／2571-0297　傳真／2571-0197
著作權顧問／蕭雄淋律師
2008年4月1日　初版一刷
2023年8月16日　初版二十二刷
售價新台幣 **380** 元（缺頁或破損的書，請寄回更換）

ISBN 978-957-32-6282-4
英文版ISBN 978-0-670-03830-5

ylib 遠流博識網
http://www.ylib.com
e-mail:ylib@ylib.com

The Brain That Changes Itself

# 改變是大腦的天性

## 從大腦發揮自癒力的故事中發現神經可塑性

Norman Doidge 著

洪蘭 譯

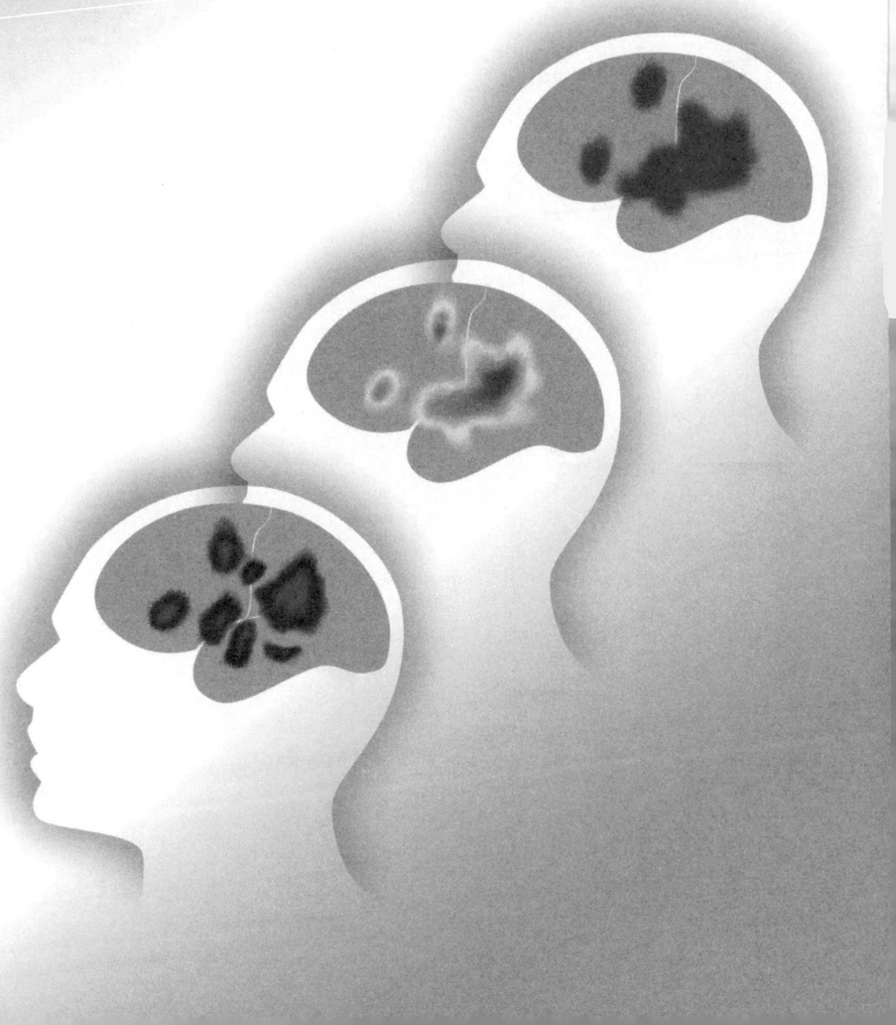

〈策劃緣起〉

# 迎接二十一世紀的生物科技挑戰

洪蘭

民國八年，五四運動的知識份子將「賽先生」（科學）與「德先生」（民主）並列，期能提升中國的科學水準。這近一百年來我們每天都在努力「迎頭趕上」，但是趕了快一百年，我們仍在追趕。在這個世紀末的今天，我們應該靜下來全盤檢討我們在科學（技）領域的優缺點，究竟該如何去迎接二十一世紀的科技挑戰，只有這樣的反省才能使我們跳離追趕的模式，創造出自己的前途。

二十一世紀是個生物科技的世紀，腦與心智的關係將是二十一世紀研究的主流，而基因工程的進步已經改變了我們對生命的定義及對生存的看法。翻開報紙，我們每天都看到有關生物科技的消息，但是我們對這方面的知識卻知道的不多，比如一九九九年十二月，全世界的報紙都以頭版的位置來發布科學家已經解讀出人體第二十二號染色體的新聞。這則新聞是什麼意思？人類基因圖譜有什麼重要性？為什麼要上頭版新聞？美國為什麼要花三十三億美金來破解基因圖譜？為什麼科學家認為完成這個基因圖譜是人類最重要的科學成就之一？它與你我的日常生活有什麼關係？市場上賣著「改良」的肉雞、水果，「改良」了什麼？與我們的健康有關嗎？

生物科技與基因工程已經靜悄悄地進入我們的生活中了，這些高科技知識已經逐漸從實驗室中的專業知識地位慢慢變成尋常百姓家的普通常識了。二十二號染色體上的基因與免疫功能、精神分裂症、心臟缺陷、智能不足（所謂的 Cat-eye 徵候群）及好幾種癌症（血癌、腦癌、骨癌、神經纖維癌）有關。我們都知道基因異常會引發疾病，部分與基因有關的疾病會惡化，包括癌症、關節炎、糖尿病、高血壓、老年癡呆症和多發性硬化症，我們在生活周遭隨便一看都會發現有得這些病的親友，這個知識對我們而言怎能說不重要呢？如果重要，為何我們回答不出上面的問題來？

台灣是個海島，幅地不大，但是二十一世紀國家的競爭力不在天然的物質資源而在人腦的知識資源上，人腦所開發出來的知識會是二十一世紀經濟的主要動力。我們看到在人類的進化史上，獸力代替人力，機械又替代了獸力，科技的創新造成了二十世紀的經濟繁榮，我們把台灣稱為科技島，但是政府對知識並未真正的重視，每次刪減預算都先從教育經費開刀，其實知識的研發才是科技創新的源頭，人腦創造出電腦，電腦現在掌控了我們生活的大部分，我們只要看全世界對二千年千禧蟲的來臨如臨大敵一般就知道了。

我們想要利用電腦去解開人腦之謎，去對所謂的「智慧」重新下定義，所以資訊和生命科學的結合將會是二十一世紀的主要科技與經濟力量，這個「生物資訊學」（bioinfomatic）是一個最新的領域，它正結合資訊學家與生命科學家在重新創造這個世界，再過幾年，我們對生命的定義與生存的意義可能就會改變，因為科學家已開始從基因的層次來重組生命，但是我們的國民對世界潮流的走向，對最新科技的知識還不能掌握得很好，既然國民的素質就是國家的財富，國力的指標，如何提升全民的知識水準就顯得刻不容緩了。

我是個教育者，我看到了我們國民的基本知識不足以應付二十一世紀的要求，但是一個老師的力量有限，再怎麼上課，影響的學生人數對整體來說，還是杯水車薪，有限得很，我要的是一個可以快速將最新知識傳送到所有人手上的管道。就這方面來說，引介質優的科普書籍似乎是唯一的路，因為書籍是唯一不受時空限制的知識傳遞工具。因此，我決定與遠流出版公司合作開闢一個生命科學的路線，專門介紹國內外相關的優秀科普著作，與一般讀者共享。我挑書的方法很簡單，任何可以使我在書店站著看十五分鐘以上不換腳的書就值得買回家細看。我不考慮市場，因為我認為真金不怕火煉，一本好書常常不是暢銷書（因為既不煽情，又沒有暴力），但是它會是長銷書，因為它帶給人們知識。

背景知識就像一個篩網，網越細密，新知識越不會流失。比如說，同樣去聽一場演講，有人獲益良多，有人一無所獲，最主要的原因是語音像一陣風，只有綿密的網才可以兜住它。背景知識又像一個架構，有了架子，新進來的知識才知道往哪兒放，當每個格子都放滿了，一個完整的圖形就會顯現出來，一個新的概念於是誕生。心理學上曾有一個著名的實驗告訴我們背景知識的重要性。這個實驗是把一盤殘棋給西洋棋的生手看兩分鐘，然後要他把這盤棋重新排出來，他無法做到；但是給西洋棋的大師看同樣長的時間，他就能正確無誤地將棋子重新排出來。是大師的記憶力比較好嗎？當然不是，因為當我們把一盤隨機安放的棋子給大師看，請他重排時，他的表現就和生手一樣了。大師和生手唯一的差別就在大師有背景知識，使得殘棋變得有意義，意義度就減輕了記憶的負擔。這個背景知識所建構出來的基模（schema）會主動去搜尋有用的資訊將它放在適當的位置上，組合成有意義的東西，一個沒有意義的東西會很快就淡出我們的知覺系統。所以在生物科技即將引領風潮的關鍵時刻，引介這方面的知識來滿足廣大讀者的需求，使它變成我們的背景知識而有能力去解讀和累積更多的新知識，是我們開闢《生命科學館》的最大動力之一。

台灣能從過去替人加工的社會走入了科技發展的社會，人力資源是我國最寶貴，也是唯一的資源利器。人力資源的開發一向是先進科技國家最重大的投資，知識又是人力資源的基本，因此我衷心期望《生命科學館》的書能夠豐富我們的生技知識，可以讓我們滿懷信心地去面對二十一世紀的生物科技挑戰。

【策劃者簡介】

洪蘭，福建省同安縣人，一九六九年台灣大學畢業後，即赴美留學，取得加州大學實驗心理學博士學位，並獲ＮＳＦ博士後研究獎金。曾在加州大學醫學院神經科從事研究，後進入聖地牙哥沙克生物研究所任研究員，並於加州大學擔任研究教授。一九九二年回台先後任教於中正大學、中央大學、陽明大學，現任中央大學認知神經科學研究所所長。

〈導讀〉

# 每一個經驗都改變大腦的連接

洪蘭

二十世紀神經科學最大的衝擊就是擎天的兩個教條——大腦定型了不能改變；神經細胞死亡了不能再生——被推翻了。這個劃時代的改變對病人復健及教育觀念有重大影響，它顛覆傳統上「大腦受傷了，一輩子就是如此了，不可能康復了」的觀念，也挑戰過去「笨孩子不可教，只能去讀放牛班」的偏見。過去教改說，每個孩子頭上都有一片天，我們看到了實驗證據，的確沒有不可教的孩子。現在的教育觀念是：假如這個孩子沒有學會，是這個老師沒有教對，因為老師沒有花時間找出孩子的長處，從他的長處切入。（If the learner has not learned, the teacher has not taught.）從大腦實驗看來，每個孩子強處都不一樣，連雙胞胎大腦處理同一事情的活化量都不盡相同，所以沒有不可教的孩子。腦科學的進步徹底改變了教育的觀點和因應的政策，這也是我急切想把這本書介紹到台灣來的原因。

我們的大腦是一直不停因外界刺激而改變裡面神經迴路的連接，大腦是環境與基因互動的產物：我們的觀念會產生行為，行為又會回過頭改變大腦的結構；先天（基因）決定某個行為，這個行為又會回過頭改變大腦。例如閱讀會改變大腦，文盲跟識字者在處理文字訊息時，大腦活化區域不一樣。文字是五千年前的發明，是遠古祖先的時候所沒有的。有人說：人會閱讀是個奇蹟。人的大腦並不是演化來閱讀的，所以不管是什麼文字，大約都有百分之六的人不能閱讀（這叫失讀症，dyslexia）。在閱讀時，大腦基本上調動了很多原本做其他功能的區域來負責文字的處理，就好像現在負責辨識文字的區域原來是負責處理面孔的。一個有彈性的大腦就好像個能幹的家庭主婦，要燒菜，薑沒有了，用蔥代；鹽沒有了，用醬油代，它是以功能為取向的，相同功能的區域可以彼此代替。我們每個人都有這種經驗，你要開車到某處而主要道路斷了，你一開始會呆在那裡不知該怎麼辦，然後你會找出高速公路未開之前的舊路，穿過農地，繞過斷橋，你走小路的次數越多，就越能找到更短的捷徑來達到你的目的地。大腦的可塑性就是越常用的，連接越強，不常用的就被荒草淹沒了。

從書中，讀者可以看到神經可塑性的先驅，巴哈─y─瑞塔，為什麼敢去挑戰神經學祖師爺雷蒙•卡哈的教條，去碰別人不敢去碰的神經可塑性領域，因為他不像大部分的科學家死守一個領域，他的領域很廣，既是醫生，懂得心理藥物學，又因研究的需要，自修弄通了眼球神經生理學、視覺神經生理學、生物醫學工程學等。凡是與研究主題相關的知識他都得會，所以他花時間去把這個領域弄通，造就他的背景知識廣博，這是他成功的原因。我們看到在科際整合的時代，沒有什麼叫課內書、課外書，知識只分有用、無用，凡是研究要用到的都要知道，二十一世紀已經不再分領域了。這一點常讓我感嘆台灣到現在還有門戶之見，不接受跨領域的觀念，什麼系畢業就只能做什麼事，若去做了別的事，就被批評「撈過界」。事實上，只有跨領域，科學才會進步，因為知識是相通的，人是多方位的。如果巴哈－y－瑞塔不是跨這麼多領域，他就不會去問「眼睛對視覺是必要的嗎？沒有眼睛就看不到了嗎？耳朵對聽覺是必要的嗎？」這些挑戰傳統大家認為理所當然的問題，才打開了神經可塑性的大門，讓我們看到，其實看的不是眼睛而是我們的大腦，只要有方法把外界的訊息送入大腦，沒有眼睛，大腦也可以看得到的。科學上常說問對了問題，答案就出來了一半，只是能夠像他一樣敢問這些問題的人太少了。

我們的大腦一出生時是個很粗略的簡圖，因為神經還未分化完成，當嬰兒生下來，眼睛開始東張西望，耳朵開始傾聽生活環境中的聲音時，外面的經驗就開始精緻化這個簡圖，給輪廓添上枝葉，慢慢形成我們正常的大腦。老鼠剛出生時聽覺皮質是沒有分化的，它一半是對高頻率起反應，另一半對低頻率起反應。若在發展的關鍵期聽到某些特定頻率，大腦就會有某些細胞對這頻率特別敏感，活化起來，久而久之，地圖就不再是二大塊，而是變成很多區塊了。當每一個區塊都對某個聲音起反應，牠的聽覺皮質就被分化了。這種「只要接觸到刺激就可以改變大腦」是學習關鍵期最主要的特色，有人認為自閉症就是過早關掉了關鍵期，使他們的大腦地圖沒有完全分化，所以他們聽到一個頻率，全部的聽覺皮質都活化起來，造成自閉症或威廉氏症的孩子聽力特別敏感，對我們認為是普通的聲音不能忍受，會用手把耳朵蓋起來，並且大聲喊叫以平衡掉外來的刺激。

我們過去都忽略了噪音的傷害，最近有研究顯示在持續不斷噪音環境長大的嬰兒都很好動吵鬧，在德國法蘭克福及美國芝加哥所做的研究都發現噪音對孩子的智力有損害。研究者把剛出生的小老鼠放在白噪音的環境中長大，過了關鍵期後去檢查牠們的大腦皮質，結果發現大腦嚴重不正常，容易放電有癲癇。大腦掃描也發現皮質沒有分化完成時，孩子無法集中注意力，他們的大腦是一片混亂、吵雜不堪。看到這些報告，我們開始擔心台灣的孩子，因為中國人喜歡大聲說話，唯恐天下不知他有嘴巴，整個大環境非常吵雜，尤其是在餐廳，音量竟高到九十分貝，要交談必須盡力嘶吼。最近流行的卡拉ＯＫ更是把音量開到極限，造成耳膜傷害，甚至連幼稚園小朋友說話聲音就已沙啞了。我們應該馬上提醒父母「輕聲細語」不但是禮貌，還影響著我們的健康。不知中國人何時能學會自己的隱私不要說給全公車的人聽。

從實驗中，我們看到大腦的可塑性跟多巴胺有關，多巴胺可以使達成目標的那個行為的神經迴路固化，連接得更緊。上癮就是這樣產生的，每一次使用毒品就會產生一種蛋白質 ΔFosB，它會累積在神經元上，直到多到打開某個基因的開關；這個基因的打開或關閉會造成持久性的改變，所以即使戒掉毒品，這個改變也仍然存在，對大腦的多巴胺神經元造成不可逆轉的傷害。有人說A片是提供健康的快樂，從性的緊張中解放，其實A片提供的是上癮、耐藥性、它是減低快樂的感受。對A片上癮的人會渴望A片，卻不喜歡它，A片看久的人會覺得女友對他沒有吸引力，寧可看A片，不去跟真人約會。

這本書集合了最近十年來大腦研究的精華，讓我們看到一個行為發生的原因及可能的補救方法。例如我們每個人都有考試開夜車，臨時抱佛腳的經驗，每個人也都有抱佛腳念的東西是現炒現賣，明天考完就忘記的經驗。這個原因在於臨時抱佛腳跟每天念書慢慢累積這兩種神經迴路的改變是不同的。實驗者訓練一批盲人讀點字，盲人在上完一週課後，星期五的下午去到實驗室掃描大腦，休息一個週末後，星期一來上學時，先到實驗室掃描大腦再去上課。結果發現星期一的大腦圖跟星期五的不一樣，星期五的大腦地圖都是快速的擴張，但是星期一又回到原來的基準線。這實驗做到六個月時發現，這六個月中，每一次星期一的大腦地圖都回到原來的基準線，六個月之後，星期一的仍然未變，但是星期五的地圖仍在擴張，只不過不像過去那麼快了。這裡最重要的是，星期一的地圖雖然在六個月之內一直沒有改變，但是六個月以後有慢慢變大，一直到十個月時，進入高原期。這些盲人在學了十個月的點字後，休息二個月，再回來上課，實驗者發現，他們星期一的地圖跟二個月前一樣，保持穩定。這表示每天的練習會導致短期的改變，但是永久性的改變在星期一的地圖上才看到。星期五的改變是強化現有的神經迴路，星期一的改變是形成全新的結構，是長新的神經連接而不是連接舊的。開夜車是強化現有的神經連接，如果要長久改變必須持續用功形成新連接。孔子說的「溫故而知新」，現在在大腦中看到了神經機制。所以學習沒有一蹴而就之事，它是要下苦功的，我們的每一個經驗都改變大腦的連接。

我們的大腦就好像玩黏土一樣，我們所做的每一件事都會改變黏土的形狀，假如你開始玩的黏土是正方形，然後你把它搓成圓球，雖然它仍然可以回歸正方形，但是它不再是原來的正方形，它裡面分子的排列不一樣了。元宵節時吃湯圓，每顆湯圓外表都一樣，但是一咬下去就知道這師傅搓揉的工夫，因為裡面分子的排列不一樣。一個有精神病的人，即使行為被治癒了，他的大腦也不可能再回復到他未發病前。因此我們大人一言一行、一舉一動要非常小心，它會對孩子的大腦留下痕跡，更不可因我們觀念的錯誤，一定要上明星學校，光耀門楣，而把孩子推進精神病院，造成一輩子遺憾。

最後有一點一定要指出的：台灣一直受日本的影響，社會上流行著日本人說的右腦革命、右腦開發的謬論。在本書中，所有的科學家都指出在嬰兒發展的初期，大腦的兩邊是很相似的，核磁共振的片子顯示一開始時，聲音在兩個半腦處理，兩歲時，新奇的聲音才移到左腦去處理。我的兒子在八個月大時，給他聽中文的四聲聲調，他在右腦處理，一歲以後換到左腦，因為那時他已經知道這聲音跟他的母語有關，但是外國人到了二十歲還把四聲當物理音處理（當然對他們來說，它的確是物理音，所以在右邊）。我們的兩個半腦一開始時都能處理訊息，慢慢的處理得好的開始獨攬，同時送出抑制的指令，叫另一邊不要做，何必兩人都做同樣的事情呢？各做各所擅長的事即可。因此絕對沒有日本人七田真所說的「右腦先發展到三歲才長出腦梁到左腦去」的說法。有時，我很心急要把國外正確的知識介紹進來，因為腦與學習和教育的關係大家已經看到了，哈佛大學每年都在辦腦與學習的研習會，每年都有幾千名老師報名。但是有不肖商人看到這個商機，利用國人崇日（換成現代流行語叫哈日）的心態，引進不正確的幼兒教育方式，不但大賺我們中國人的錢，而且殘害我們的幼苗。北歐國家老早就知道太早上學，孩子還未成熟就教寫字算數對孩子身心情緒發展不好，但是國人一窩蜂把三歲孩子送去學心算，學「潛能開發」，這是揠苗助長。本書所訪問的幾位腦科學家，如莫山尼克、帕斯科—里昂、葛瑞夫曼，都是國際知名的科學家，他們的論文發表於《科學》、《自然》等國際一流的期刊上，因此，他們的實驗結果是比較可信的。

「知識是力量」的前提是，知識必須是正確的知識，才會發揮力量。正確的知識被接受了，不正確的知識就無處容身，希望本書能帶給父母、老師、病人及所有人一些正確的大腦觀念，讓大家知道我們的腦是如何運作才產生我們的行為，從而保護自己的大腦，讓大腦為我們工作得更久。

目錄

# 改變是大腦的天性
## ——從大腦發揮自癒力的故事中發現神經可塑性

# 前言

本書是關於大腦可以自我改變的革命性發現，由大腦科學家、醫生及病人親身訴說這個驚人的改變和轉換。沒有手術，也沒有服藥，他們利用大腦當時尚未為人知的能力，改變了身體狀況。有些是被診斷為無法治癒的大腦病變的病人，有些是沒有特別的病變，只是想改進大腦功能的正常人，或是想防止大腦老化，保持現有能力的人。四百年來，這種想法被認為根本是不可能、匪夷所思的，因為科學和醫學的主流都認為大腦的生理結構定型了就不能改變。一般的看法是過了童年期，大腦的惟一改變是開始慢慢的走下坡，當大腦細胞沒有正常的發展，或是受了傷，或者神經細胞死亡了就不能再長出新的細胞來取代，反正都是越變越糟。大腦過了某個時期就無法改變它的結構，假如原來的路徑有損壞，也不能再找到一條新的路徑來執行它原來的功能。這個大腦不能改變的理論對天生大腦有損傷或心智有殘缺的人，等於下了一個終生殘障的判決。那些想研究健康的大腦是否可以透過運動或心智運作來增進或維持現有能力的科學家，都被告知不必浪費他們的時間去做這個無益的研究，因為大腦定型了就不能改變。神經學上的虛無主義（neurological nihilism）——認為腦傷的治療是沒有效的，是不必要的這種想法——瀰漫在我們的文化中，甚至阻礙了我們對人性的看法，因為大腦不能改變，而人性來自大腦，所以人性也是固定了就不能改變。

這個大腦不能改變的信念主要來自三個看法：第一，腦傷病人很少能夠完全恢復的；第二，我們無法看到**活人**大腦內部神經工作的情形；第三，現代科學從一開始就認為大腦是個設計複雜、建構精美的機器，而機器雖然可以做非常多令人驚異、嘆為觀止的事，它卻不會改變或生長。

我會對大腦可以改變有興趣，主要是因為我是精神科醫生及心理分析師，當病人的情況沒有像我預期的進步那麼多時，一般人通常會歸因到他大腦的硬體上。「硬體」是另一個把大腦比做機器的比喻，認為大腦好像電腦的硬碟，線路一旦固定了便永遠的被固定了，每一個設計都是事先設定好了來做某一個特定的功能。

當我第一次聽到人的大腦可能不是事先設定，它可以改變時，我必須自己去觀察、去做實驗來評估證據以說服我自己。這個調查使我走出了我的心理諮商室，進入一個新領域。

我開始去各處旅行，會見大腦科學先驅的各個有名科學家，這些人在一九六〇年代後期及一九七〇年代初期做了許多實驗，發現了令人意想不到的結果。他們發現大腦每一次做不同的活動時，這些活動都改變了大腦的結構，每次練習都改變大腦的神經迴路，使它更適合手邊的作業，假如某些部件壞掉了，其他的部件有時可以接管這項工作。那個把大腦比喻為機器，每個部件有它特定功能，大腦是這些特定部件組合的說法，並不能解釋科學家所看到的現象。科學家開始把他們所看到的這個大腦基本的特性叫做神經可塑性（neuroplasticity）。

Neuro 是神經元（neuron）的意思，神經元是大腦和神經系統中的神經細胞。Plastic 是可以改變的（changeable, malleable, modifiable）之意。一開始時，許多神經學家不敢在他們的論文中用「神經可塑性」這個名詞，他們的同儕嘲笑說他們在宣導一個華而不實的看法。但是，越來越多的實驗顯現這個現象後，他們終於推翻了這個大腦不能改變的教條。他們發現孩子並沒有被他一出生時的心智能力鎖住，受損的大腦常常可以重新組織它的功能，當一部分壞掉時，其他的部分可以來替代。假如大腦的某些細胞死了，經過一陣子以後，這些細胞的功能可以被替代，許多我們認為是固定的迴路，甚至基本的反射反應，都是可以改變的。有一位科學家甚至表示思考、學習和動作可以開啟或關閉我們的基因，因此重塑我們的大腦結構和行為，這可以算是二十世紀最驚人的發現了。

在我的旅途中，我曾拜訪過一位科學家，他使一出生就眼盲的人可以重新看到東西，另一位科學家則使一出生就耳聾的人可以聽得見。我見到幾十年前就中風，被宣稱無法復原的人，在神經可塑性治療之下，進步了很多。我也見到有學習障礙的人，他們的智商增加了，學習進步了；我看到一個八十歲的老人他的記憶可以回復到他五十五歲時的程度；我看到人們用思想重新設定他們大腦的神經迴路，改變了以前不可治癒的強迫症和創傷。我跟諾貝爾獎的得主請益，他們正在激烈辯論我們應該怎麼去重新思考大腦模式，因為現在我們知道了它是不停在改變的。

我認為大腦可以透過思想和動作來改變它的結構和功能的看法，是自人們第一次畫出大腦的基本結構及神經元以來最重要的一件事。就像所有的革命一樣，這個看法會有深遠的影響，我希望這本書可以告訴人們這些影響是什麼。神經可塑性的革命讓我們了解愛、性慾、悲傷、親密關係、學習、上癮、文化、科技，以及心理治療如何改變我們的大腦，所有的人文、社會科學、物理科學，只要是跟人性有關的學門都會受到影響，當然包括所有的訓練方式。這些學門都必須能解釋大腦可以改變自己的這個現象，並且了解每個人的大腦結構是不一樣的，它隨著我們每個人一生的遭遇而做改變。

雖然人的大腦顯然低估了它自己，但是大腦的可塑性也不全然是好消息。我們的大腦雖然因此更有彈性，更能應變，同樣的，它也更容易受到外界影響的傷害。神經的可塑性使我們更有彈性，但是同時也使我們更僵化，我把這個現象稱為「可塑性的矛盾」（the plastic paradox）。很諷刺的，我們一些最頑固不能改變的行為習性和毛病其實也是神經可塑性的產物。一旦某個改變發生了，在大腦中變成根深柢固，它就會阻止其他的改變發生。只有在了解神經可塑性的正向和負向效果後，我們才可能了解人類真正的潛能。

因為新名詞對從事新工作的人很有用，所以我稱從事研究大腦改變的科學家「神經可塑性專家」（neuroplasticians）。

下面是我與這些神經可塑性專家會談的經過以及被他們改造的病人的故事。

# 第1章

# 一個一直跌倒的女人……

## 如何因為人類感官有可塑性的發現而得救

她看起來很安祥，身體的抽動停止了，
那個在她身內，推她、撞她的惡魔也消失了。
她的大腦在解人工平衡器官所送進來的碼。
對她來說，這平靜是個奇蹟，一個神經可塑性的奇蹟，
因為她舌頭上這些刺刺麻麻的感覺通常是上達到
大腦的身體感覺皮質區處理觸覺的地方，
現在透過一條新的神經迴路，去到大腦管平衡的地方了。
更令人震驚的是，她不只是保持身體不跌倒，
在戴了這個儀器一陣子後，她的行為幾乎是正常的：
她可以在平衡桿上保持不掉下來。她可以開車。
這是她前庭半規管功能的恢復。視覺和平衡系統之間的連接也恢復了。

他們看到了聲音。

——《出埃及記 20: 18》

施力茲（Cheryl Schiltz）覺得她永遠在摔跤，因為她覺得她要摔跤，所以她就跌下去了。

當她自己站起來時，有一剎那，她看起來好像站在懸崖峭壁上，馬上要掉下去。一開始，她的頭晃來晃去，歪向一邊，她的手臂向前伸出，想平衡她的身體，很快，她的身體前後搖晃，看起來就像一個走鋼索的人正在失去平衡，要掉下去前的一刻。只不過她的腳穩穩的站在地面上，兩腳叉得很開，她看起來不像是害怕摔跤，而是更像她害怕有人推她。

我說：「你看起來像是一個人在橋上玩蹺蹺板。」

「是的，我感覺我好像快要跳起來，雖然我並不想跳。」

更仔細觀察她時，我發現當她想站直不動時，她會抽動，好像背後有個看不見的壞人在推她，一開始推這邊，然後推另一邊，很殘忍的要將她推倒。只不過這個壞人是在她身體裡面，而且已經住了五年了。假如她想起來走路，必須扶著牆才能起來，即便如此，她還是走得不穩，像個喝醉酒的人。

對施力茲來說，她沒有一分鐘安寧，即使她已跌倒在地，這個內在的壞人仍不放過她。

「你跌倒時是什麼感覺？」我問她：「那個就要跌倒的感覺在你倒地後沒有消失嗎？」

「過去有的時候有，」施力茲說：「當我失去踩在地上的感覺時……，好像地窖的門打開了，把我吞了進去。」即使她已經跌倒在地上了，她還是感到身體繼續往下掉，好像掉入一個無底的深淵，一直在墜。

施力茲的問題出在她的前庭半規管，這個專管我們平衡的器官失去了功能。她很累，這個永遠感覺到自己在往下掉的恐懼使她抓狂，不能想其他的事情。她對未來充滿了恐懼，這個毛病發生不久，她就丟了工作，她本來是國際商務銷售代表，現在只能靠一個月一千美元的殘障補助金過活。她更為自己逐漸老去而擔憂，她有著莫名的焦慮症。

平衡感的功能在正常時常被我們忽略，但是它卻對我們的健康幸福感非常重要。一九三〇年代，精神科醫生施爾德（Paul Schilder）曾經研究過平衡感跟人感到自己是健康的、有著「穩定」的身體有密切的關係。當我們用「感到已經定下來了」（feeling settled）或是塵埃未定（unsettled），平衡了（balanced）或是不平衡（unbalanced），深根的（rooted）或是無根的（rootless），「腳踏實地的」（grounded）或是「懸在半空中的」（ungrounded）這些形容詞時，我們用的是前庭半規管的語言。這種平衡感覺的重要性只有在像施力茲這種病人身上我們才看得到。所以得到這種病的人常常在心理上崩潰，被逼得去自殺。

我們有很多感覺常常自己不自覺，一直要到失去了才發現它的重要性。平衡感平常效果好到天衣無縫，使我們一點都感覺不到它的存在，所以它不在亞里斯多德（Aristotle）列舉的五種感官之內，千百年來被人們所忽略，直到現在。

平衡感系統使我們在空間中有方向感。負責這個功能的是前庭半規管，內耳中三個半圓形的水道，讓我們知道現在自己是站直的還是躺平的，地心引力如何影響我們的身體，更讓我們在三度空間中偵察到動作。有一個半規管是負責水平的動作的，另一個是垂直的，第三個是負責前進或後退的，半規管中有許多小絨毛細胞，浸泡在液體中，當我們移動我們的頭時，半規管中的液體就會衝擊到這些絨毛細胞，這些細胞就送出訊息到大腦中，告訴我們現在正朝著哪個方向在加速度。我們每一個動作都需要身體各個部件的協調和配合，假如我們把頭向前傾，我們的大腦便告訴身體相關的部門去協調，做出因應的改變，抵消掉地心引力的影響，使我們保持平衡，這個作用是在潛意識中進行的，我們平常完全不自覺這些大腦的指令。前庭半規管送出來的訊息進到大腦中一群特殊功能的神經元組合，叫做「前庭神經元組」（vestibular nuclei）。訊息在這裡處理後，送到對肌肉下指令的地方來協調這些肌肉。一個正常的前庭半規管跟視覺系統有很強的連接。當我們在追趕公共汽車時，我們的頭會上下跳動，但是你可以在視網膜的中央維持那輛公車的影像，因為你的前庭半規管送訊息到大腦，告訴它你在跑的速度和方向，這些訊息使你的大腦能轉動你的眼球，使它們一直正對著你在追趕的目標——那輛公車。

我現在與施力茲在巴哈—y—瑞塔（Paul Bach-y-Rita）的實驗室之中。巴哈—y—瑞塔是大腦可塑性這方面研究的前驅之一。施力茲對今天的實驗抱了很大的希望，但是她盡量克制自己不要期待太高，她願意接受這個實驗的任何後果。丹尼洛夫（Yuri Danilov）是這個團隊的生物物理學家，負責計算施力茲前庭半規管蒐集來的資料，他是一個非常聰明的俄國人，俄文的口音很重。他說施力茲的前庭半規管平衡系統已經失去至少百分之九十五的功能了。

依任何現行的標準，施力茲的情況是很嚴重的、沒有希望的。現行一般對大腦的看法是大腦是由一群各有特殊功能的模組（modules）所構成，先天設定在大腦裡，專門負責某項特殊功能。這些模組都是經過千百萬年的演化才形成現在這個樣子，一旦受傷損壞了，沒有辦法補救，因為無可替代。現在她的前庭半規管受損了，施力茲能夠重新得到平衡感的機率就跟視網膜病變的人想要重新恢復光明一樣少。

但是今天，上述的一切要面臨挑戰。

施力茲頭上戴了一頂工地用的帽子，在帽子的兩側有小洞，裡頭裝了一個儀器叫做「加速計」（accelerometer）。施力茲的舌頭上放了一條很薄的塑膠帶，上面嵌有微電極。帽子上的加速計會送訊息到這條塑膠帶上，這兩者都連接到旁邊的電腦上。當看到自己戴這頂帽子的樣子時，她笑了。她說：「因為假如我不笑，我就會哭出來。」

這個儀器是巴哈—y—瑞塔眾多奇形怪狀儀器中的一個。這將替代施力茲的前庭半規管，將平衡的訊息從舌頭送至她的大腦。這頂帽子可能可以逆轉施力茲目前的夢魘。一九九七年，三十九歲的施力茲在做子宮切除手術時，因為術後感染必須服用抗生素見大黴素（gentamicin，譯註

：這種抗生素對格蘭氏染色陰性菌有效），大量服用見大黴素會破壞內耳結構，造成聽力喪失（幸好施力茲沒有）、耳鳴（這個她有），以及平衡感的喪失。因為見大黴素便宜又有效，所以醫生還是愛用它，只是平常只敢短期使用，施力茲的醫生給她的用藥指示遠超過安全服用期限，造成了她目前的情況。這種因服見大黴素而變成殘障的人被稱為「搖擺族」（Wobblers）。

有一天，她突然發現她無法站立，她一動自己的頭，整個房間跟著動起來，她不知道是她，還是那面牆引起這種動感。最後，她扶著牆勉強站起來，摸到電話，打電話給她的醫生。

當她到達醫院時，醫生給她各種測試來看她的前庭半規管的功能還剩多少。他們把冷水及溫水灌入她的耳朵，然後叫她側著頭，當他們叫她閉著眼睛站起來時，她立刻跌倒。一個醫生告訴她：「你根本沒有平衡的功能。」最後檢查的結果是，她約有百分之二的平衡功能尚留著。

「這個醫生一點都不在乎，」她說：「他說這是見大黴素的副作用。」說到這裡，施力茲開始激動。「為什麼沒有告訴我這個藥的副作用？醫生說：『這是永久性的傷害。』他說完就走了，把我一個人留在診療室內。我母親送我來醫院，但是她已去停車場拿車，在醫院外頭等我。回到車上我母親問：『你會沒事嗎？可以治得好嗎？』我看著她的眼睛說：『這是永久性的，永遠好不了了。』」

因為施力茲平衡器官跟她視覺系統的連接受損了，她的眼睛無法再平滑的追隨移動的物體。「好像我所看到的每一樣東西都是果凍做的，每次我踏出一步，每樣東西都像果凍一樣左右搖擺要垮下來。」

雖然她不能用眼睛來追隨移動的東西，她的視覺還是可以告訴她，她是否是直立著的。我們的眼睛靠著凝視橫線或橫條紋來告訴我們現在正在空間中的哪裡。一旦光線消失了，施力茲就立刻倒在地上。她發現視覺不是一根可靠的枴杖，因為她面前的任何動作，甚至一個人想伸出手來幫她，都會惡化她跌倒的感覺，連地氈上縱橫的Z字型花紋都會使她摔跤，因為這些Z字型線條會送出假的訊息使她以為她是歪的，而其實她不是。

她因為必須隨時隨地保持高度警覺而精神疲憊不堪。她需要很多的大腦能量來保持身體的直立狀態——這些大腦能量來自於記憶、計算、推理所需的能量，因此，她沒有餘力再去處理其他的心智功能。

當丹尼洛夫把電腦準備好要測試施力茲時，我要求先讓我試一下，我戴上了工地安全帽，把嵌有微電極的薄塑膠帶放到我的舌頭上。這條塑膠帶叫做「舌頭顯示器」（tongue display），它是平的，跟一片口香糖差不多厚度。

這個加速計，或是說，這個感應器，可以偵察到二度空間的移動，當我點我的頭時，這個動作就轉換到電腦螢幕上的地圖，使團隊的人員可以操作監控它。這同樣的地圖投射到我舌頭上那條薄薄膠帶上的一百四十四個電極，當我往前傾時，我的舌頭前面感覺到像香檳酒泡泡炸開那種微微的電擊，告訴我，我現在是往前傾。在電腦螢幕上，我可以看到我自己頭的位置，當我的頭往後面仰時，我的舌頭後面感到香檳酒流過的感覺。同樣這種香檳酒流過的感覺在我的頭往左和往右傾時，都感覺到。然後我把眼睛閉起來，用舌頭來感覺我在空間的位置。我很快就忘記這個感覺的訊息是來自舌頭，而能在空間中移動自如。

施力茲把帽子拿了回去，靠著桌子來保持她的平衡。

「讓我們開始吧！」丹尼洛夫說，一邊在調整控制鈕。

施力茲把帽子戴起來，閉上眼睛。她用兩根手指按著桌面，身體往後仰。她並沒有摔跤，雖然她完全不知道什麼是直，什麼是橫，除了舌頭上香檳酒的流動感覺之外。她把手指從桌上移開，她並沒有搖擺，她開始哭泣，成串的眼淚掉了下來。她可以重新生活了，只要戴上帽子，她就是安全的，她第一次戴上帽子，那個永遠要摔跤的感覺便離開了她，五年來，這是第一次她沒有這種掉入無底洞的感覺。她今天的目標是在沒有任何幫忙之下，獨立站二十分鐘。對任何人來說——更不要說搖擺族——直挺挺的站二十分鐘是需要訓練和技術的，不信的話，去問白金漢宮前的警衛。

她看起來很安祥，她作小小的修正，身體的抽動停止了，那個在她身內，推她、撞她的惡魔也消失了。她的大腦在解人工平衡器官所送進來的碼，對她來說，這平靜是個奇蹟，一個神經可塑性的奇蹟，因為她舌頭上這些刺刺麻麻的感覺通常是上達到大腦的身體感覺皮質區處理觸覺的地方，現在透過一條新的神經迴路，去到大腦管平衡的地方了。

「我們現在致力於把這個儀器變小，小到可以藏在口中，」巴哈—y—瑞塔說：「要像牙醫的牙齒矯正器那樣，這是我們的目標，這樣，她或任何受這種苦的人，都能有正常的生活。我們希望像施力茲這樣的病人以後可以戴著這個輔助器說話、吃飯而不被別人發現。」

「這不只是對受到見大黴素傷害的病人有利，」他繼續說：「昨天《紐約時報》（*New York Times*）上有篇報導，老人家易摔跤❶，老人對摔跤的恐懼大於被壞人搶。大約有三分之一的老人摔過跤，因為他們恐懼摔跤，所以他們待在家中不敢出門，結果他們越不用四肢，四肢就越脆弱。我認為一部分的原因是他們的平衡感——就像他們的聽覺、味覺、視力及其他的感官一樣——開始衰退了。這個儀器可以幫助他們。」

「時間到了。」丹尼洛夫關掉了儀器。

現在是第二個神經可塑性的奇蹟。施力茲取下頭上的工地安全帽，取出了舌上的感應器。她露齒而笑，眼睛閉著，不扶東西站著而沒有摔跤。然後她張開她的眼睛，仍然沒有扶桌子，抬起了她的一隻腳，現在她是金雞獨立，用一隻腳在平衡身體。

「我愛死了這個傢伙。」她說，走過去給巴哈—y—瑞塔一個擁抱。她對我走過來，充滿了情緒，為她能夠感受她腳下的世界而激動不已，她也給我一個大擁抱。

「我覺得身體像下了錨一樣的穩定，我不必再去想我的肌肉在哪裡，我可以去想別的事情了。」她轉向丹尼洛夫，給他一個親吻。

「我必須強調為什麼這是一個奇蹟，」丹尼洛夫說。他認為自己是一個由下而上訊息處理歷程的懷疑者。「她幾乎沒有任何天然的偵察神經細胞，在剛剛二十分鐘，我們提供了她一個人工的偵察器。但是真正的奇蹟是現在，我們已經除去了輔助的儀器，她已沒有了人工的或天然的平衡器官，但是她仍然沒有摔跤，我們喚醒了她體內一些不知名的力量。」

第一次他們讓施力茲戴這頂帽子時，施力茲只戴了一分鐘。他們注意到施力茲在取下帽子後，有「殘餘效應」（residual effect）大約維持了二十秒。是她戴帽子的三分之一時間。然後施力茲戴帽子戴了兩分鐘，殘餘效應就增加到四十秒，然後他們逐漸增加到二十分鐘，預期殘餘效果大約到七分鐘。不過他們得到的結果是她戴帽子時間的三倍，維持了整整一小時，而不是三分之一。今天，巴哈—y—瑞塔說他們要試試看，如果再戴二十分鐘會不會得到訓練效果（training effect），使殘餘效果維持得更長。

施力茲開始耍寶，炫耀給別人看，「我可以像女人一樣的走路了，這對別人可能不重要，但是對我來說意義重大，我不必再把腳張得大大的走路了。」

她跳著從椅子上站起來，她彎腰去地板上撿東西來表現她現在可以做這些動作了，「上次我可以在殘餘效果時間裡跳繩。」

「真正令人震驚的是，」丹尼洛夫說：「她不只是保持身體不跌倒，在戴了這個儀器一陣子後，她的行為幾乎是正常的，她可以在平衡桿上保持不掉下來。她可以開車。這是她前庭半規管功能的恢復，當她移動她的頭時，她的眼睛可以聚焦在標的物上。視覺和平衡系統之間的連結也恢復了。」

我抬頭看，施力茲正和巴哈—y—瑞塔在跳舞。

她在帶他跳。

為什麼施力茲可以在沒有儀器的情況下跳舞而且行動正常？巴哈—y—瑞塔認為有好幾個原因：其中之一，她受損的前庭半規管已經重新組織過了，過去，從受損細胞組織所發出的雜訊會阻擋正常細胞送來的訊息。這個儀器幫助且強化正常細胞送出的訊息。他認為這個儀器也整合其他的神經迴路進來幫忙，這就是神經可塑性切入的地方。大腦有許許多多的神經迴路，所謂神經迴路是一起共同做某一個工作的神經元之間的連結。假如某一條重要的迴路斷掉了不能通行，大腦就用其他的小路來繞過它，以達到目的地。「我是這樣來看這件事，」巴哈—y—瑞塔說：「假如你從這裡開車到密爾瓦基（Milwaukee）而主要道路的橋梁斷了，你一開始會呆在那裡不知該怎麼辦，然後你會找公路未開以前的舊路，穿過農地，繞過斷橋。你走這些小路越多次，就越容易發現有更短的捷徑到達你的目的地。你就越來越快的抵達目的地了。」這些次要的神經迴路是不常用的，越用就越增強它的連接，這是一般認為大腦能夠重新彈性組合最主要的原因。

幾天以後，施力茲寫電子郵件給巴哈—y—瑞塔，報告現在在家中，殘餘的效果可以維持多久：「全部殘餘效果是三小時又二十分鐘……搖晃的感覺在我大腦中出現，就跟以前一樣……我很難找到字來表達我的意思，我的頭很昏，很疲倦，很沮喪。」

一個痛苦的灰姑娘故事，從正常了再跌下來是很痛的。她覺得自己是死了，復活，然後又死了。從另一方面講，三小時又二十分鐘的殘餘時間是戴帽子二十分鐘的十倍。她是第一個接受治療的搖擺族，即使殘餘時間不能夠再延長下去，她還是可以一天戴四次帽子，過著正常的生活。而且她很有理由去預期情況會變得更好，因為每一次戴帽子都訓練她的大腦去延長殘餘時間……。

結果真的有，後來的一年裡，施力茲盡量戴帽子來紓解她的痛苦，並建構殘餘效果。她的殘餘效果累積到好幾個小時、好幾天，甚至四個月。現在她完全不需要戴帽子了，而且不再認為自己是搖擺族的一員了。

◆　◆　◆

一九六九年，歐洲最頂尖的科學期刊《自然》（*Nature*）刊登了一篇頗有科幻味道的短文，掛頭牌的作者是巴哈—y—瑞塔，那時他是科學家兼復健科醫生，這是一個稀有的組合。這篇論文介紹一種儀器，它可使天生的盲人可以看得見❷。這些病人都有視網膜病變，被認為是完全不可治癒的。

《自然》這篇論文後來上了《紐約時報》《新聞週刊》（*Newsweek*）及《生活》（*Life*）雜誌，但是或許這個盲人可再見光明的說法太過不可思議，這個儀器和它的發明者很快就滑入沒沒無名的陰暗角落去了。

在這篇論文中，有一張圖片，上面是很奇怪的儀器，一張很大的牙醫治療用椅，有可以震動的椅背，一團的電線，一部巨大的電腦。這個用別人丟掉不要的部件及一九六〇年代巨型電腦所組合起來的儀器，重達四百磅。

一個天生就盲的人沒有任何的視覺經驗，坐在椅子上，背後是一台很大的攝影機，就是那種一九六〇年代電視攝影棚所使用的攝影機。他用手搖的方式移動那台攝影機，「掃描」病人面前的景色。攝影機把影像傳到電腦中處理，再把訊號傳到椅背上二十排乘二十行的四百個刺激點的矩陣上，直接接觸到盲者的皮膚，這些刺激點的作用是在景色中光線暗的部分就震動，亮的部分就不動，這個「觸覺—視覺」（tactile-vision）的儀器使盲人可以閱讀，辨識出人的臉孔，知道哪一個物體比較近，哪一個比較遠。這使他們知道物體旋轉時會改變形狀，端看從哪一個角度來觀察。這實驗的六個受試者都學會如何分辨電話等六個物件，即使這個電話有一半被花瓶遮住，也還辨識得出來，因為實驗是在一九六〇年代進行的，這些受試者甚至學會辨識當時最有名的超瘦模特兒崔姬（Twiggy）。

經過一些練習後，盲人開始經驗到他面前的三度空間，雖然從背上傳來的訊息是二度空間的。假如有人朝著攝影機丟一個球過來，受試者會自動往後跳以躲避它。假如這個震動的刺激矩陣從背部移到他們的腹部，受試者還是可以正確的知覺到攝影機前面的景象。假如去搔癢刺激點附近的皮膚，受試者並不會把搔癢和視覺刺激混在一起，他們心智的視知覺經驗並不是發生在皮膚上，而是發生在世界上，他們的視知覺是複雜的。經過訓練以後，受試者可以移動攝影機，然後說：「那是貝蒂，她今天把長髮放下來了，而且沒有戴眼鏡，她的嘴是張開的，她在把她的右手從身體的左邊移到她的腦後。」沒錯，解析度不高，但是就如巴哈—y—瑞塔所說的，視覺並不需要百分之百清楚我們才看得見。「當我們在霧夜的大街上走，看到建物築的外廓時，」他問：「我們有因為解析度不足而對這個建築物少看到一些嗎？當我們看一個黑白的影像時，我們會因為它沒有顏色而看不見它嗎？」

這個現在已經被遺忘的機器就是第一代的神經可塑性儀器——想要用一種感官去取代另一種感官——而且被證明有效，然而，因為當時被認為是不可能的事而被擱置、忽略。當時科學界的心智枷鎖（mind-set）是假設大腦定型了就不能改變，而我們的感官，外界訊息和經驗進入我們大腦的路徑，是先天設定的，這個想法叫做「功能區域特定論」（localizationism），到現在仍有人支持、擁護它。這個理論是說大腦像個複雜的機器，由許多部件所組成，每一個部件有它自己特殊的心智功能，存在於某一個先天設定的大腦區域（location），所以才會有這個名字出現。一個先天就設定好的大腦，每一項心智功能都有它固定的位置地點，自然就沒有什麼空間可以做改變了。

這個大腦像機器的看法從十七世紀第一次被提出後就一直是神經科學的圭臬，它取代了過去靈魂與肉體飄忽不可掌握的神祕看法。科學家受到伽利略（Galileo, 1564-1642）星球像物體一樣可以被機械力量所推動這創世紀發現的影響，紛紛相信所有自然界的功能就如一個很大的宇宙時鐘，受到物理定律的規範。他們開始用這個概念去解釋所有的生物，包括我們身體的器官，把它們當作機械來看。這個把大自然看成一個大機械，我們的身體器官像機器一樣的看法取代了二千年前希臘人的看法[3]，希臘人認為大自然是一個欣欣向榮的有機體，我們的身體器官絕對不是無生命的機器。第一個「機械生物學」（mechanistic biology）的成就是哈維（William Harvey, 1578-1657）劃時代原創性的發現，哈維在伽利略講學的義大利帕都亞（Padua）讀書，他發現血液如何在我們的身體內循環，心臟的功能其實是一個馬達，將血液送往全身。馬達當然是個機器，所以，很快的，科學家發現如果解釋要科學化，就一定要機械化，也就是說，要受到物理運動定律的規範。哈維之後，法國的哲學家笛卡兒（René Descartes, 1596-1650）認為大腦和神經系統的功能也像馬達一樣，我們的神經其實是管線，從四肢通到大腦。他是第一個解釋反射反應怎麼形成的人，他認為當一個人的皮膚被碰觸時，神經管線中的液體就流到了大腦，然後被機械化的反射回到肢體去移動肌肉。雖然現在看起來他的理論很粗糙，但是事實上，雖不中，亦不遠。科學家很快的修繕了原始的圖片，說不是液體而是電流在神經之間流動。笛卡兒認為大腦是一個複雜的機器的想法就是現在認為的「大腦是個電腦」，其中功能具有「區域特定性」這個看法的濫觴。像機器一樣❹，大腦有許多部件，每一個部件有事先規劃好的位置，每一個部件執行一個單一功能，所以假如一個部件損壞了，沒有東西可以替代它，因為機器是不會自己長出新的零件。

功能區域特定論的看法也被應用到感官上，認為我們每一種感覺——視覺、聽覺、味覺、觸覺、嗅覺和平衡——都有自己特殊的受體細胞（receptor cell）專司偵察我們身邊各種不同形式的能量❺，當受到刺激時，這些受體細胞便送出訊號，沿著神經到達大腦的特定區域，在這個區域，這些訊號被處理。大部分的科學家相信這些大腦區域的功能是如此的專業化，以至於不可能去做別的區域的工作。

巴哈—y—瑞塔跟他的同儕不同，他不相信功能區域特定的說法，我們的感官有出乎意料之外的可塑性，假如其中之一受損了，有的時候另一個感官可以取代它的工作，他把這替代性稱作「感官的替代」（sensory substitution）。他設計了很多實驗來顯示感官的替代，也發明了很多儀器來顯示人有「超級感官」（supersense）。他成功的顯示神經系統可以適應用攝影機來看，而不用視網膜，巴哈—y—瑞塔為盲人未來可以看得見的希望打下了基礎：如視網膜的移植，用手術的方式植入眼球，使盲人可以看得見。

巴哈—y—瑞塔不像大部分的科學家，死守一個領域，他讓自己變成好幾個領域的專家：醫學、心理藥物學（psychopharmacology）、眼球神經生理學（ocular neurophysiology，研究眼球肌肉）、視覺神經生理學（visual neurophysiology，研究視覺和視神經系統），及生物醫學工程（biomedical engineering）。他隨著研究的需求走，研究上有必要，就去把這個領域弄通（譯註：這是台灣研究者最需要的一個態度）。他能說五種語言，有很長一段時間住在義大利、德國、法國、墨西哥、瑞典，也住遍美國各地。他在著名科學家，甚至諾貝爾獎得主的實驗室做過事，但是他不在乎別人會怎麼想他，也不參加實驗室的權力鬥爭好使自己可以往上爬得快一點。而學術界有許多人是精於此道的。他在念完醫學院後放棄行醫，專心投入基礎科學研究。他問的問題似乎都是挑戰一般人的看法，例如他問：「眼睛對視覺是必要的嗎？沒有眼睛就看不見了嗎？耳朵是只為聽覺而存在嗎？舌頭只為味覺嗎？鼻子只為嗅覺嗎？」他的心智從來沒有停頓過，總是不停的工作，在他四十四歲時，他又回到醫學領域，開始他的住院醫師訓練，無日無夜的在人家最不喜歡的復健醫學專科工作，他的野心是把在學術上落後的復健醫學帶回科學主流，用實驗展現神經可塑性在復健醫學上的應用。

巴哈—y—瑞塔是一個完全不擺架子的人，他穿「救世軍」（Salvation Army）二手店所買來的衣服，五塊美元買來的西裝，只要他太太一不注意，他就穿他認為最舒適的衣服去上班；他開的是二十五年前出廠舊的生鏽老車，而他太太開的是嶄新的福斯高級轎車。

他滿頭灰髮，說話語調柔和，但是速度很快，有著西班牙地中海人的深色皮膚，濃重的猶太口音，看起來比實際年齡六十九歲年輕得多，對墨西哥裔馬雅人後代的太太有孩子般的依戀。

他很習慣做為一個局外人。他在紐約的布朗克斯（Bronx）長大，進到高中時，身高才四呎十吋，因為一種不知名的病使他生長緩了八年，有兩次被診斷為白血球過多的血癌。每一天他都被比他高大的同學打，在他念書期間他發展出對疼痛的絕大忍受力。當他十二歲時，他的盲腸爛到炸開，醫生發現阻礙他生長的不知名病原來是稀有的慢性盲腸炎。割掉盲腸後，他長高了八吋，贏了第一場打架。

我們開車穿越威斯康辛州麥迪遜市去到他家。這是當他不在墨西哥時的住處。他不是一個自負的人，在我們談話、相處這麼長的時間內，他只有一次稍稍的對我表示了一下對他目前成就的滿意。

「我可以把任何東西連接到另一個東西上面。」他微笑地說。

「我們是用大腦來看東西，不是用眼睛來看。」他說。

他的看法與一般人的看法相抵觸，我們都認為我們是用眼睛來看，耳朵來聽，舌頭來嚐，鼻子來聞，皮膚來感覺。誰會挑戰這個事實？但是對巴哈—y—瑞塔來說，眼睛只是接收到光能的改變，是我們的大腦在看，在產生知覺。

對巴哈—y—瑞塔來說，感覺怎麼進入大腦並不重要，當盲人用盲杖時，他前後的掃動，只有盲杖的尖端透過皮膚上的受體，送給他訊息，然而這個盲杖的橫掃讓他知道門框在哪裡，椅子在哪裡，讓他知道他碰到的是一隻腳，因為腳會縮回去一點，這一點點的訊息可以使他找到椅子坐下去。雖然他的手上的感受體是他得到訊息的地方，他的盲杖是他和物體中間的介面，他**主觀**所知覺到的並不是手杖在手上的壓力，而是房間的擺設：椅子，牆壁，腳，三度空間。手皮膚上的感受體只是訊息的一個中途站，一個資料點，皮膚表面的感受體在資料傳送的過程中會失去它的主體性。

巴哈—y—瑞塔認為皮膚和它上面的觸覺感受體可以替代視網膜❻，因為皮膚和視網膜都是二度空間的薄層，上面鋪滿了感受體，使圖像可以在上面形成。

找到一個新的資料輸送點或一個新的方式把訊息送進大腦是一回事，使大腦能夠解出皮膚感覺的碼並讓它形成圖片又是另外一回事。要達到這一步，大腦一定要學一些新的東西，大腦用來處理觸覺的部分必須學習適應新的訊號。這個適應能力暗示著大腦是有彈性的，它可以重新組織它的感覺知覺系統。

假如大腦可以重新組織它自己，那麼，純粹的大腦功能區域特定論就不可能是正確的。一開始時，連巴哈—y—瑞塔也支持功能區域特定論，因為它的成就太驚人了，使人不得不信。這個理論最早是布羅卡（Paul Broca）在一八六一年提出的，他是個外科醫生，他有個病人在中風後失去了說話能力，只能說一個字，不論你問他什麼，他惟一的回答便是：唐，唐，唐（Tan）。在他死後，布羅卡解剖他的屍體，發現左腦額葉組織有損傷。一開始時，人們不相信說話這麼重要的事只需要左腦前區一個地方的作用，直到布羅卡顯示受損的細胞組織，加上也有別的病人在同一處受傷後，失去了語言能力，大家才漸漸相信。現在左腦前區這塊掌管說話的地方被稱為布羅卡區（Broca's Area），被認為是協調舌頭和嘴唇肌肉運動的區域。後來一八七二年，另一位醫生，威尼奇（Carl Wernicke）發現大腦後面一點的地方受損會有另外一種的語言障礙出現：不能了解語言的意思。威尼奇認為這個受損的部位是負責字義的心理表徵，跟語言的理解有關，這個區域後來被稱為威尼奇區（Wernicke's Area）。在往後的一百年裡，區域論變得更特定，因為新的研究一直找到更多的特殊功能，將大腦地圖越畫越精細。

不幸的是，這些支持功能區域特定論的病例越來越誇大，它從觀察到大腦特定區域受損與某個特定心智功能喪失一系列的相關，衍生為一個概括性的理論，宣稱每一個大腦功能只能有一個先天設定的位置，「一種功能，一個位置」（one function, one location）❼。表示假如大腦有一個部分受傷了，就不能重新組織，也無法修復它失去的功能。

大腦可塑性的黑暗時期開始了，任何跟「一種功能，一個位置」理念相反的東西都被忽略。一八六八年，科塔（Jules Cotard）研究早年有腦病變，使得左腦半球（包括布羅卡區）萎縮的一群病人，但是，這些孩子都能正常的說話[8]。這表示即使如同布羅卡所宣稱語言在左腦處理，大腦還是有足夠的彈性去重新組織它的功能，如果情況逼迫它這樣做的話。一八七六年，索特曼（Otto Soltmann）切除小狗和小兔的運動皮質區——這是大腦專門負責動作的地方——他發現這些動物仍然可以走動[9]。這些發現因不符合主流的看法，淹沒在功能區域特定論的洪流之下。

巴哈—y—瑞塔在一九六〇年代初期，開始懷疑大腦的功能區域特定論。他那時在德國做研究，這個實驗室是專門探討視覺如何產生。他們在貓的大腦視覺皮質上放探針，記錄這些微電極放電的情形。他們給貓看一個圖形，貓的視覺皮質區上的電極會送出電波（腦波）表示它們在處理這個圖片。但是當貓的爪子偶然被摸到時，視覺皮質區也活化了[10]，這表示它也處理觸覺的訊息。他們還發覺當貓聽到聲音時，視覺區域也活化起來。

巴哈—y—瑞塔開始覺得「一種功能，一個位置」的功能區域特定論可能是不對的了，貓的視覺區至少處理兩個其他的功能：觸覺和聲音。他開始認為大腦大部分應該是「多重感覺區」（polysensory），即感覺皮質區能夠處理一種以上感官所送進來的訊息。

這是因為我們的感覺受體把從外界送進來不同種類的刺激，不論它們的來源是什麼，統統轉換成電流，透過神經傳導下去，這些電流的型態就是大腦中的共同語言，在大腦中不再有視覺的影像、聲音、味道、感覺，它統統是電流（譯註：就好像在美國用美元，在香港用港幣，但是進入台灣統統要換成台幣才可以使用，大腦的通用語言是電流）。巴哈—y—瑞塔了解到處理這些電脈衝（electrical impulses）的地方比神經科學家以為的還更協調，更一致[11]。這個看法後來得到神經科學家蒙特卡索（Vernon MountCastle）實驗的支持，他發現視覺、聽覺和感覺皮質區都有相同的六層細胞結構。對巴哈—y—瑞塔來說，這表示皮質的任何區域都應該可以處理傳送到那兒的任何電流訊號，我們大腦的模組應該沒有那麼專業。

在接下來的幾年裡，巴哈—y—瑞塔開始研究所有跟功能區域特定論不合的案例[12]。因為他懂得很多國的語言，所以他可以讀那些沒有被翻譯、比較舊的科學文獻，重新發現在僵硬嚴謹的功能區域特定論還沒有流行時的一些科學研究報告。他發現一八二〇年代，佛羅倫斯（Marie-Jean-Pierre Flourens）就已經發現大腦可以重組了[13]。他重讀常常被人引用但是很少被翻譯的布羅卡法文著作，他發現即使是布羅卡都沒有關上大腦可塑性的門，是他以後的徒子徒孫曲解了他的發現。

「觸覺—視覺」儀器的成功，更使巴哈—y—瑞塔重新去探討大腦地圖，畢竟這個奇蹟不是來自他的儀器，而是病人可以改變、可以適應新的人工訊號的大腦。在大腦重新組織的過程中，他懷疑從觸覺感官送上來的訊息（本來是在大腦頂端的感覺皮質區處理的）已經重新規劃路線，送到大腦後端的視覺皮質區處理了。這表示從皮膚到視覺皮質的神經迴路正在發展中。

四十年前，正當大腦功能區域特定論的帝國延伸到它最遠的疆域時，巴哈—y—瑞塔開始提出他的抗議。他稱讚功能區域特定論的成就，但是提醒大家有很多的證據顯示大腦的運動和感覺功能有很大的可塑性[14]。他有一篇論文被退稿六次，並不是因為他的證據有問題，而是他竟敢把「可塑性」這個字放在論文的標題上。在《自然》刊出他的論文後，他所敬愛的指導教授，一九六七年諾貝爾生醫獎的得主葛蘭涅特（Ragnar Granit）請他去他家喝茶，葛蘭涅特因他在視網膜研究的貢獻而得獎，他也幫忙使巴哈—y—瑞塔在醫學院的畢業論文能夠發表，葛蘭涅特在稱讚巴哈—y—瑞塔在眼球肌肉研究上的卓越表現後，便請他太太離開房間，然後問他——純粹是為他好——為什麼要浪費時間在「大人的玩具」上？但是巴哈—y—瑞塔仍然堅持，並且開始把大腦可塑性的證據在一序列的書和論文中陳列出來，並且發展他自己的理論來解釋這些替代現象背後的原因[15]。

巴哈—y—瑞塔最大的興趣在解釋大腦的可塑性，但是他繼續發明感覺替代的儀器。他跟工程師一起工作來縮小牙醫診療椅—電腦—攝影機這個儀器以便盲人使用。過去，這個笨重的刺激震動板已經被薄如紙的塑膠片所取代，這個塑膠片只有一塊美元直徑大小，上面佈滿了微電極，可以放入口中，貼在舌頭上。他認為舌頭是最理想的「大腦—機器介面」，是進入大腦的絕佳入口，因為它沒有一層死去的皮膚這種不敏感的東西在上面。電腦也縮小了很多，攝影機過去是一個皮箱的大小，現在已經可以裝在眼鏡架上了。

他同時也致力於其他感覺替代儀器的發明，他接受美國太空總署（NASA）的研究支助，發展出太空人在太空所戴的電子「感覺」手套。現行的手套太笨重，使太空人很難拿取小物件或做精細的動作。所以在手套的外面他放了許多電子偵察器，可以把電子訊號傳到手上。然後他把製造這種手套所學的知識應用到幫助麻瘋病人身上。麻瘋桿菌蠶食了皮膚和周邊神經，使麻瘋患者的手失去感覺。這個像太空人的手套外面有電子偵察器，可以把訊息送到健康的皮膚上，在那裡神經仍然是好的，這健康的皮膚就變成手的感覺神經入口。他接著開始研發盲人可以用的手套，幫助盲人辨識電腦螢幕。他甚至有一個研究計畫是把電極放在保險套上，使脊椎受傷病人的陰莖能有感覺以達到性高潮。這個前提是性興奮是在大腦中的，就像其他的感覺經驗一樣，所以保險套上的感應器會接受性動作的感覺，把它轉換成電脈衝，送到大腦處理性興奮的地方去，以達到高潮。他研究的其他應用例如給人們「超級感官」，像是夜間視覺的紅外線眼鏡，他替海軍發明了一個儀器，使官兵在水裡可以感受到他們身體的方向。另一個是告訴外科醫生手術刀的正確位置，他在外科手術刀上裝了電子感應器，再把感應器送出來的訊息送到醫生舌頭上的一個小儀器，將訊息傳送大腦，這個儀器目前在法國已經測試成功。

巴哈—y—瑞塔最早對大腦復健的了解來自他父親奇蹟性的康復。他父親是西班牙卡塔蘭（Catalan）的詩人及學者（譯註：Catalan是西班牙境內少數民族，所講的語言與西班牙語不同）。一九五九年，六十五歲，喪妻的派德洛・巴哈—y—瑞塔（Pedro Bach-y-Rita）中風了，半邊臉和半邊身體麻痺，使他不能說話。

巴哈—y—瑞塔的哥哥，喬治，現在是加州的精神科醫生，被告知他的父親沒有復原的希望，應該要進入養老的療養院去終老。喬治那時是墨西哥醫學院的學生，便把父親接到墨西哥與他同住。一開始時，他安排父親去美國英國醫院（American British Hospital）作復健。這醫院只有一般的四週復健課程。因為當時沒有人相信更多的治療會帶給大腦什麼好處。四週之後，他父親一點進步也沒有，他還是一樣無助，需要被人抱進抱出上廁所或洗澡，喬治透過園丁的幫忙，親自照顧他父親。

「幸好他是個矮小的人，只有一百一十八磅，我們可以處理得來。」喬治說。

喬治完全不懂復健，他對這方面的無知變成上帝的恩賜，因為他的成功完全是來自他違反所有的復健規則，完全不知道現行的悲觀理論。

「我決定與其教他困難的走路，還不如教他爬。我說：『你是從爬開始學走路的，你先爬一陣子。』我們買了護膝給他，我們握著他的四肢，他的手和腳軟弱無力，不能支持他，所以一開始時，很困難。」一旦派德洛可以稍微支持自己一點後，喬治就要他用牆來幫助他弱的那邊肩膀和手臂。「靠著牆爬了幾個月後，我就帶他去花園中爬，結果遭來鄰居的非議，他們責備我不孝，讓大教授像狗一樣在地上爬，我惟一的模式是嬰兒如此學會走路的，所以我們在地上玩遊戲，我滾彈珠，爸要截住這些彈珠，或者我把銅板拋在地上，他要用虛弱的右手把錢撿起來。我們試著把所有的正常生活經驗變成練習，我們利用洗臉盆來運動。他用好的左手扶著臉盆，用弱的右手（這隻手沒有什麼控制力，而且會有抽搐的痙攣動作出現），在臉盆中轉，十五分鐘順時針，十五分鐘逆時針。盆子的邊緣使他的手不會亂飛，我們是循序漸進，每一步都與上一步驟有重疊的地方，漸漸的，他開始進步，一陣子以後，他幫助設計練習的步驟，他想要進步到可以坐下來跟我及其他的醫學院學生一起吃飯。」他每天花很多小時練習，但是逐漸地，派德洛從爬到用膝蓋走路，到站起來，到走路。

派德洛自己練習說話，三個月後開始有恢復語言能力的跡象，幾個月以後，他想要開始寫作，他會坐在打字機前，他的中指放在他要打的鍵上，然後用手臂的力量來按下這個鍵。當他做到了這一步以後，他開始訓練只用手腕力量，最後達到只用手指力量，一次只用一個指頭，直到最後，他恢復了正常的打字。

一年要結束時，派德洛幾乎完全恢復了。他在六十八歲時開始在紐約的市立學院（Ciry College）全職上課教書，他很喜歡教書的工作，一直做到七十歲退休。然後他又到舊金山找到一個教職、再婚，不停的工作、爬山、旅行。他在中風後生龍活虎的過了七年，後來去哥倫比亞的波哥大（Bogotá）看他的朋友，一起爬山，爬到九千呎時，他心臟病發作，享壽七十二歲。

我問喬治他知不知道他父親的復原是多麼的不平常，以及他當時有沒有想到他父親的復原是大腦可塑性的關係。

「我當時只是想如何照顧爸爸，但是我弟弟後來用神經的可塑性在談這件事，一開始我不懂，一直到父親死後我才了解。」

派德洛的屍體運回舊金山，因為那時巴哈—y—瑞塔在舊金山工作。那是一九六五年，在沒有大腦掃描之前，屍體解剖是例行工作，因為這是醫生可以學習大腦病變的一個方式，同時也可以知道為什麼病人會死亡。巴哈—y—瑞塔請阿奎那（Mary Jane Aguilar）醫生解剖。

「幾天以後，阿奎那打電話給我說：『快來，我有一些東西要給你看。』當我到達史丹佛醫院時，在桌上攤開的是我父親大腦切片的幻燈片。」

他說不出話來。

「我感到厭惡、反胃，但是我可以看出為什麼阿奎那這麼興奮。幻燈片顯示我父親中風後大腦有很大的損傷，而且一直沒有痊癒，雖然他恢復了所有的功能。我當時震驚得說不出話來，我覺得麻木沒有感覺。我在想：『看看他的腦傷有多麼大。』阿奎那問：『人怎麼可能從這麼大的腦傷中復原？』」

當他仔細檢查時，他發現父親七年前的腦傷主要是在腦幹的地方，這是大腦最接近脊椎的地方，另一個大受損處在皮質掌管運動的地方。從大腦皮質到脊椎的神經有百分之九十七被破壞了。這麼巨大的傷害使得他半邊癱瘓。

「我知道這表示他的大腦後來完全重新組織過，因為他和喬治做了那麼多的練習。直到我看到幻燈片的那個時候我們都不知道他的復原有多麼了不起。我們都不曉得他的損傷有這麼大，因為那時還沒有大腦掃描的儀器。當病人復原時，我們都假設他一開始大腦的受傷就沒有很嚴重，阿奎那要我與她聯名發表報告這個病例的論文。我沒有拒絕。」[16]

他父親的故事是第一手的證據，即使一個年紀大的人有著嚴重的腦傷，復原還是可能的。在詳細檢查他父親的腦傷及搜索文獻後，巴哈—y—瑞塔發現在一九一五年，一位美國的心理學家法蘭茲（Shepherd Ivory Franz）[17]就報告已經癱瘓二十年的病人透過大腦刺激的練習後可以恢復一些功能。

父親的復原改變了巴哈—y—瑞塔的事業路線，在四十四歲，他回頭去行醫，在神經科及復健科進行他的住院醫生訓練。他了解病人要恢復，必須先有動機才行，而且訓練的運動練習必須跟日常生活的活動很相近才行。

他把注意力轉去治療中風病人，幫助病人在中風多年後克服主要的神經上的問題。他發展出玩遊戲來幫助中風的病人移動他的手臂的方法。他開始把所知的大腦可塑性與練習設計綜合起來，傳統上，復健的課程在幾週後就停止了，因為病人已經停止進步，或進入「高原區」（plateau，譯註：這是統計學上的名詞，即曲線上升到某個地步後，不再上升而維持原來高度），醫生失去了再繼續下去的動機。但是巴哈—y—瑞塔基於他對神經連接再生的知識，認為這個學習曲線的高原現象只是暫時的，一部分的原因是可塑性本身學習週期的關係，學習之後必須要有一段「

固化」（consolidate）的時期[18]，雖然在固化時期沒有顯著的進步可見，生理的變化是在內部發生，它使新的技術變得更自動化及更精緻。

巴哈—y—瑞塔為顏面運動神經受傷的人發展出一個新的訓練計畫。這些人很可憐，他們臉部的肌肉不能動，所以眼睛不能閉起來，不能恰當的說話，或表達情緒，因此看起來像個怪物。巴哈—y—瑞塔用手術的方式將平常連到舌頭的一條神經連到病人的臉部肌肉上，然後他發展出一套大腦練習的電腦程式來訓練「舌頭神經」（尤其是大腦控制這條神經的地方）做為顏面神經。這些病人學會表達正常的臉部情緒、說話及閉上眼睛。這是巴哈—y—瑞塔所謂他可以「把任何東西連接到另一個東西上」的一個例子。

巴哈—y—瑞塔在《自然》期刊發表論文的三十三年後，科學家用現代版的「觸覺—視覺」儀器，將病人送進掃描機，確認了從病人舌頭往上傳的觸覺影像的確在視覺皮質區處理。

關於感覺可以重新設定這個命題的所有合理的懷疑，在最近一個令人驚異的大腦可塑性實驗中都得到了回答，這個實驗不是重新設定觸覺和視覺神經迴路，而是聽覺和視覺。神經科學家瑟爾（Mriganka Sur）用外科手術的方式將小雪貂的神經迴路重組了一番[19]，一般來說，視神經是從眼睛到視覺皮質，但是瑟爾用外科手術將雪貂的視神經連到了聽覺皮質上，他發現這隻雪貂還是可以看得見。用探針放入雪貂的大腦中，瑟爾證明了當雪貂看東西時，聽覺皮質活化了起來，在做視覺處理的工作。牠的聽覺皮質已經自行重新組合了，現在有視覺皮質的結構了。雖然動過這個手術的雪貂並沒有20/20的視力，牠們有20/60的視力，跟一般戴眼鏡的人差不多。

直到最近，這種轉換幾乎是不可思議的，但是，巴哈—y—瑞塔用實驗證明了大腦其實是比功能區域特定論擁護者所願意承認的更有彈性，他使我們對大腦有更正確的了解。在他做了這些研究之前，大部分的神經科學家會說，我們有視覺皮質，位於後腦的枕葉（occipital lobe）上，處理視覺的訊息，聽覺皮質在我們的顳葉（temporal lobe）上，處理聽覺訊息。但是從巴哈—y—瑞塔的研究，我們知道這個事情不是這麼簡單，它其實是很複雜的，而且大腦的這些區域是很有彈性的處理者，互相連接，有能力可以處理一些意想不到的輸入。

施力茲並不是惟一受惠於巴哈—y—瑞塔多才多藝能力的人。他的團隊從那以後已經訓練了五十多個病人來改善他們的平衡和走路。有些人的損傷跟施力茲一樣，其他人有著大腦創傷、中風，或帕金森症（Parkinson's disease）。

巴哈—y—瑞塔的重要性在於他是那一代神經科學家中，第一個了解大腦有可塑性並且把這個知識應用到臨床上，解救了病人的痛苦。隱藏在他的研究和治療中的是一個理念，我們天生的大腦比我們了解的更有適應能力，是個全方位的機會主義者。

當施力茲的大腦發展出新的平衡感——或是盲人的大腦發展出新的神經迴路使他學會辨識物

體、視知覺及動作——這些改變並非神祕、不知為何的例外，而是規則本身。感覺皮質本來就很有彈性，很有適應性，當施力茲的大腦學習去對人工的受體作反應時，它並不是做例外的事，它是在盡它的本分。最近巴哈—y—瑞塔的研究引發認知科學家克拉克（Andy Clark）的靈感說我們是天生的機器人（natural-born cyborgs）[20]，表示大腦的可塑性使我們可以很自然的依附到機器上，如電腦和其他的電子工具上。但是我們的大腦也同時重組它自己，對從最簡單的工具送進來的訊息做反應，例如盲人的手杖。可塑性是從史前時代就存在於大腦中的一個特性，大腦比我們所能想像的還更開放，大自然盡了力幫助我們知覺到並且了解到我們身邊的世界。它給了我們一個大腦用改變它自己的方式在這個善變的世界中存活下來。

❶ N. R. Kleinfeld. 2003. For elderly, fear of falling is a risk in itself. *New York Times*, March 5.

❷ P. Bach-y-Rita, C. C. Collins, F. A. Saunders, B. White, and L. Scadden. 1969. Vision substitution by tactile image projection. *Nature*, March 8, 221(5184): 963-64.

❸ 兩千年來，希臘人都把大自然看成一個大的活的有機體……。希臘人是第一個發明大自然（nature）這個名詞的人，所有的東西，只要佔有空間，都是物質構成的；所有的東西，只要會動，都是活的；所有東西，只要能成序列，都有智慧。這是人類對大自然的第一個看法，事實上，希臘人把自己投射到宇宙，說宇宙是活的，是他們自己的映像。因為大自然是活的，所以他們在原則上，不會反對可塑性的想法，或是思想的器官可以生長的想法，蘇格拉底（Socrates）在他的《共和國》（*Republic*）這本書中說人可以訓練心智就像體操選手

可以訓練肌肉一樣。

在伽利略（Galileo）發現地球是圍繞著太陽在轉後，第二個對大自然的看法出現了，大自然是個機械。工程師把一部機器影像投射到宇宙中，把宇宙形容成一個很大的「宇宙鐘」（cosmic clock）。他們把這個影像內化了以後，應用到人身上。例如法國醫生拉梅崔（Julien Offray de La Mettrie, 1709-1751）寫了一本《人是機器》（*Man a Machine, L'Homme-machine*）的書，把人化約降到機器程度。

然後又有第三個新的觀念出現了。這個看法受到法國自然學家布豐（George Louis Leclere de Buffon, 1707-1788，他是第一個把動物界分類的人）伯爵的影響，重新把生命放回大自然中，把大自然看成一個慢慢開展的歷史歷程，即大自然是個歷史的看法出現了。在這個看法裡，宇宙不是一部機器，而是一個一直進化的歷史歷程，它因時間而改變。它原則上不反對可塑性改變的觀點。這在附錄二中有詳細的討論，請見附錄二的第一個註解。R. G. Collingwood. 1945. The idea of nature. Oxford: Oxford University Press; R. S. Westfall. 1977. *The construction of modern science: Mechanisms and mechanics.* Cambridge: Cambridge University Press, 90.

❹大腦像部機器：這個機器的比喻不是完全沒有貢獻的，它使人們從觀察的角度去研究大腦，而不再從神祕學的觀點來看了。哈維是對機器的動力有興趣（所以他是第一個發現血液循環的人）；笛卡兒認為大腦複雜的運作是被靈魂（Soul）所驅動，但是他從來不曾解釋靈魂是怎麼驅動大腦的。他把我們二分為一個活的、非物質的靈魂，這個靈魂是可以改變的，以及一個不能改變的物質的大腦，換句話說，他在機器裡放了一個鬼魂。笛卡兒的神經系統是受到聖日耳曼昂萊（Saint-Germain-en-Laye）水力噴泉的影響，那裡製作了許多神話中的人物雕像，用水力驅動它們轉動。

❺自十九世紀開始，科學家就努力想了解為什麼我們的感官每種不同，於是大辯論就開始了。有人認為我們的神經攜帶的能量是一樣的，視覺和觸覺惟一的差別是在量上，眼睛可以察覺到光的撞擊，因為眼睛比觸覺更敏感更細緻。有的人認為每一種感官的神經攜帶的不同種的能量，是針對它自己特長的能量形式，而且一個感官的神經不能被另一感官的神經所取代，或去替代別人的工作。這個看法後來居上，被供奉為神經的特別能量法則（Law of the specific energy of nerves）。這是一八二六年，慕勒（Johannes Müller）所提出的。他寫

道：「每一種感官的神經似乎只能做一種感覺訊息的傳送，對別的感官並不適用，所以一個感官的神經是不能取代另一個感官的神經並執行它的功能的。」J. Müller. 1838. *Handbuch der Physiologie des Menschen*, bk. 5, Coblenz, reprinted in R. J. Herrnstein and E. G. Boring, eds. 1965. *A source book in the history of psychology*. Cambridge, MA: Harvard University Press, 26-33, 32.

慕勒有解釋說他並不確定某個特定神經所攜帶的特殊能量是來自神經本身或是由大腦或脊髓而來，但是他這個註解常被人所遺忘。

慕勒的學生及他的後繼者杜布瓦—雷蒙（Emil du-Bois-Reymond, 1818-1896）推測假如可以把視神經和聽神經交叉的話，我們就可以看到聲音，聽到光影。E. G. Boring. 1929. *A history of experimental psychology*. New York: D. Appleton-Century Co., 91; S. Finger. 1994. *Origins of neuroscience: A history of explorations into brain function*. New York: Oxford University Press, 135.

❻ 巴哈—y—瑞塔認為皮膚可以替代視網膜：從技術層面來說，影像可以在二度空間的表面形成，所以皮膚和視網膜都可以，因為兩者都是同時感受到所有的訊息。因為兩者都能在時間上序列性的偵察到訊息，所以它們都能形成動態畫面。

❼ S. Finger and D. Stein. 1982. *Brain damage and recovery: Research and clinical perspectives*. New York: Academic Press, 45.

❽ A. Benton and D. Tranel. 2000. Historical notes on reorganization of function and neuroplasticity. In H. S. Levin and J. Grafman, eds., *Cerebral reorganization of function after brain damage*. New York: Oxford University Press.

❾ O. Soltmann. 1876. Experimentelle studien über die functionen des grosshirns der neugeborenen. *Jahrbuch für kinderheilkunde und physische Erzeihung*, 9:106-48.

❿ K. Murata, H. Cramer, and P. Bach-y-Rita. 1965. Neuronal convergence of noxious, acoustic and visual stimuli in the visual cortex of the cat. *Journal of Neurophysiology*, 28:1223-39; P. Bachy-Rita. 1972. *Brain mechanisms in sensory substitution*. New York: Academic Press, 43-45, 54.

⓫ 科學家移植老鼠一小塊視覺皮質到觸覺區去，這塊原本處理視覺的皮質就去處理觸覺了，我們可以從這個實

驗上得到證明，請見霍金斯和布萊克斯利合著的《創智慧》（中譯本遠流出版），第85頁（J. Hawkins and S. Blakeslee. 2004. On intelligence. New York: Times Books, Henry Holt & Co., 54.）。

⓬ 一九七七年，一個新的技術（譯註：Wada test）顯示百分之九十五的正常使用右手者他們的語言中心在左腦，餘下的百分之五，語言中心在右腦，這與布羅卡一八六一年時所說我們用左腦說話有出入。若是慣用左手的人，他們有百分之七十的語言中心在左腦，百分之十五在右腦，餘下的百分之十五則是兩腦並用。S. P. Springer and G. Deutsch. 1999. *Left brain and Right brain: Perspective from cognitive neuroscience*, New York: W. H. Freeman and Company, 22.

⓭ 佛羅倫斯發現假如他把鳥大腦一部分切除的話，心智功能就消失了。但是因為他觀察他的鳥一整年，他發現這些失去的功能後來又回來了。他下結論說大腦可以重新組織它自己，因為沒有被切除的大腦可以將已切除的功能拿過來做。佛羅倫斯認為神經系統和大腦一定是個動態的整體，比部件的總和還多，如果假設心智功能在大腦中有不變的位置，這句話說得太早一點了。M.-J.-P. Flourens. 1824/1842. *Recherches expérimentales sur les propriétés et les fonctions du système nerveux dans les animaux vertébrés*. Paris: Ballière. 巴哈—y—瑞塔也從賴胥利（Karl Lashley）、魏斯（Paul Weiss）和薛林頓（Charles Sherrington）的研究中得到靈感，他們的研究都顯示大腦和神經系統在一部分被切除或剪斷後，可以重新回復失去的功能。

⓮ P. Bach-y-Rita. 1967. Sensory plasticity: Applications to a vision substitution system. *Acta Neurologica Scandinavica*, 43:417-26.

⓯ P. Bach-y-Rita. 1972. *Brain mechanisms and sensory substitution*. New York: Academic Press.

⓰ M. J. Aguilar. 1969. Recovery of motor function after unilateral infarction of the basis pontis. *American Journal of Physical Medicine*, 48:279–88; P. Bach-y-Rita. 1980. Brain plasticity as a basis for therapeutic procedures. In P. Bach-y-Rita, ed., *Recovery of function: Theoretical considerations for brain injury rehabilitation*. Bern: Hans Huber Publishers, 239-41.

⓱ S. I. Franz. 1916. The function of the cerebrum. *Psychological Bulletin*, 13:149-73; S. I. Franz. 1912. New phrenology. *Science*, 35(896): 321-28; see 322.

⓲ 我們現在認為在學習的固化過程中，神經元產生了新的蛋白質並改變了它們的結構。E. R. Kandel. 2006. *In search of memory*. New York: W. W. Norton & Co., 262.

⓳ M. Sur. 2003. *How experience rewires the brain*. Presentation at "Reprogramming the Human Brain" Conference, Center for Brain Health, University of Texas at Dallas, April 11.

⓴ A. Clark. 2003. *Natural-born cyborgs: Minds, technologies, and the future of human intelligence*. Oxford: Oxford University Press.

# 第2章

# 爲自己建構一個更好的大腦

## 被貼上「智障」標籤的女人如何自我療癒

她最苦惱的是她對所有東西的不確定性。

她覺得什麼都有意義，但是都不能確定這些意義是不是真的，

她的口頭禪是「我不了解」。

「我住在霧裡，這個世界像棉花糖一樣是軟棉棉的。」

像許多有嚴重學習障礙的孩子一樣，她開始認為自己或許是瘋了。

當羅森威格指出大腦是可以改變的，

表示補償作用可能不是惟一的答案，

對楊來講，這像被閃電擊中一樣，茅塞頓開。

她把羅森威格的實驗和盧瑞亞的研究聯結在一起，為自己打開一條通路。

每個人都有一些比較弱的大腦功能，

以大腦可塑性為基礎的技術可以幫助很多的人。

那些在大腦領域有重大發現的科學家，通常他們自己的腦就很特殊，不過很少在這個領域有重大發現的人，自己的大腦是有缺陷的，楊（Barbara Arrowsmith Young）正是一個特例。

當她還是學生的時候，「不對稱」是最能形容她心智的一個詞。她在一九五一年生於加拿大的多倫多，但是在安大略省的彼得鎮（Peterborough）長大。楊的聽覺和視覺記憶都很好，測驗成績都在第九十九百分位數，她的前腦發展得非常好，給她頑強的驅力，但是她的大腦「不對稱」，表示除了這些特別強的能力之外，有些能力是落後的。

這個不對稱在她身上也留下了烙印，她母親開玩笑說，婦產科醫生一定是拉著右腳把她接生出來的，因為她的右腳比左腳長，使她的骨盤移位。她的右臂伸不直，她的右半邊比左半邊碩大，她的左眼比較不靈敏，她的脊椎也是不對稱的，有脊柱側彎（scoliosis）。

她有嚴重的學習障礙，她的大腦掌管語言的布羅卡區沒有發展完成，所以她的咬字發音有問題，她缺乏空間推理能力。當我們要在空間中移動身體時，會先在大腦中用空間推理能力建構一個想像的途徑，然後才去執行動作。空間推理對爬行的嬰兒很重要，對在鑽牙齒的牙醫很重要，對冰上曲棍球手出擊時也很重要。楊三歲時，有一天，她決定要去玩鬥牛士和牛的遊戲，她是那隻牛，停在車道上的汽車是鬥牛士的斗篷，她衝上前，以為她可以及時轉彎，躲過汽車，但是她計算錯誤，衝向汽車，把她頭撞破了，她母親說假如楊能再活一年，她會非常驚奇。

空間推理能力對在大腦中形成心智地圖、知道每樣東西在哪裡也是非常重要，我們用這種能力來安排書桌上的東西或記住我們把鑰匙放在哪裡。楊總是在找東西，因為她沒有心智地圖，一轉眼就忘記了那個東西，所以她必須把所有的東西堆在眼前使她可以看得見，她的衣櫥、抽屜都是打開的，如果出門，她一定走丟。

她同時還有肌肉動覺（kinesthetic）的問題。肌肉動覺使我們知道自己的身體和四肢在空間的什麼地方，它使我們可以控制或協調我們的動作。它同時也幫助我們在摸到一個物件時，認出是什麼東西。但是楊從來不知道她的手臂和腿離開她的左邊身體有多遠。雖然她很好動，像個小男孩，但是她的動作卻是非常的笨拙，她不能用左手端一杯橘子水而不打翻它，她總是碰到東西摔跤或差點摔跤。樓梯對她來說是個險惡的致命陷阱，她左邊身體的觸覺一直惡化，常有撞到東西留下的瘀青，當她終於學會開車時，車子左邊充滿了撞擊的凹痕。

她也是視覺障礙者，她的視覺廣度非常的窄，當她在看書時，一次只能看到幾個字母。

但是這些都不是她最弱、最頭痛的問題，因為她的大腦在了解符號之間關係的部分發展不完全，所以她對文法、數學概念、邏輯、因果關係的理解有問題，她無法區分「父親的兄弟」和「兄弟的父親」之間有什麼差別。對她來說，雙重否定句（double negative）是不可能了解的。她無法看時鐘來知道時間，因為她不了解長針和短針之間的關係，她無法分辨左手和右手，不只是因為她缺乏空間地圖，同時還因為她無法了解「左」和「右」之間的關係。只有費盡心力，加上不斷的重複，她才能學會符號之間的關係。

她會把b和d以及p和q顛倒，把was念成saw，從右到左讀和寫。這種缺陷叫做「鏡像書寫」（mirror writing）。她慣用右手，但是因為她寫字是從右往左寫，把所寫的字都抹黑了，她的老師以為她是故意的、不聽管教的孩子。因為她有失讀症（dyslexic），她會讀錯，這使她付出很大代價。她的兄弟把做實驗的硫酸裝在她點鼻藥水的舊瓶子裡，有一天，她的鼻子不通，她想點一下藥水，她誤讀了上面的新標籤，躺在床上讓硫酸從鼻子流入她的鼻竇，她為自己感到太羞恥，不敢告訴媽媽她又闖了禍。

不能了解因果關係，讓她在社交上大大吃了虧。在幼稚園，她不能了解為什麼她的兄弟也在同一個幼稚園，她卻不能隨時想到就去他的班上找他。她可以記住數學的計算過程，但是無法了解數學的概念。她知道五乘以五等於二十五，但是不知道為什麼。她的老師認為熟能生巧，給她很多的練習題回家去做，她的父親花很多的時間親自教她，但是都沒有效果。她的母親把簡單的數學題目寫在卡片上，天天給她看，因為她不會做，所以她就找了一個地方坐，使太陽能夠照到她母親高舉的卡片，陽光使卡片變得透明，她就看到紙片背後的答案了。這些補救的方式都不能達到問題的根源，只是使問題更加痛苦罷了。

因為她極力想要有好的成績，所以她午飯時間及放學後都用來背誦，到了高中她的表現真是兩極化，有時滿分，有時很差。她學會用她的記憶來掩飾她的缺點，經過多次的背誦後，她可以背下整頁的課文。每次考試前，她都祈禱今天的考試是考事實而不是推理，如果考事實，她可以得一百分，假如是考理解兩者的關係，她就一籌莫展，頂多拿十幾分罷了。

楊不了解在真實時間所發生的任何事，她了解事過境遷後，「歷史學家」所寫的事實。因為她不了解身邊正在發生的事情，所以她的時間都花在回顧過去已經發生的事，想把這些看不懂的片段拼湊成有意義的東西。一個簡短的談話，她要在心中一直重播才能了解，電影的對白、歌詞的意義這些都得在她腦海中重來至少二十次以上才行，因為等到她聽到句子尾時，她已經不記得句子頭的意思是什麼了。

她的情緒發展當然因此而不順。因為她的邏輯不好，所以她在聽花言巧語的人說話時，聽不出句子裡矛盾的地方，因此，她從來不知道應該去相信誰。她很難交到朋友，而且她一次也只能交一個朋友。

但是她最苦惱的是她對所有東西的不確定性。她覺得什麼都有意義，但是都不能確定這些意義是不是真的，她的口頭禪是「我不了解」。她告訴她自己：「我住在霧裡，這個世界像棉花糖一樣是軟棉棉的。」像許多有嚴重學習障礙的孩子一樣，她開始認為她或許是瘋了。

楊成長的時代是得不到什麼資源和幫助的時代。

「在一九五〇年的小鎮，如彼得鎮，你是根本不談這些事情。」她說：「一般人的態度是你可以念書或你不能念書，那時候沒有特殊教育老師，沒有專科醫生或心理學家可以看。『學習障礙』這個名詞一直要再過二十年才為人所接受。我一年級的老師告訴我父母，我是『心智障礙』（mental block），永遠不能像一般人那樣學習，那時只有聰明、一般、遲緩和智障四個等級。」

假如你是智障，你就會被放入「機會班」（opportunity class）。但是那個地方又不適合記憶強、拼字比賽冠軍的孩子。楊的童年朋友佛洛斯特（Donald Frost）現在是一位雕塑家，他說：「她承受很大的學業壓力。她們家所有的人都是高成就者，她的父親傑克是電機工程師，替加拿大電力公司拿到三十四項專利，假如你能讓傑克放下書本出來應酬吃飯，那是奇蹟。她的母親瑪莉的座右銘是『你會成功，這是毋庸置疑的。』『假如你有毛病，修好它。』楊一直都非常的敏感、熱情、體貼。」佛洛斯特繼續說：「她把她的問題隱藏得很好，它是不許被提起的。在戰後，當時的態度是你不要引起別人注意你的缺點，就像你不要人家注意你臉上的青春痘一樣。」

楊到蓋爾夫大學（Guelph University）念兒童發展，希望能夠找出自己問題的所在。在大學時，她心智的差異又一次的浮現，很幸運的，她的老師注意到她在兒童觀察室中很能注意到別人所忽略的非語言線索，所以請她教這門課，她一開始認為老師一定弄錯了。後來她進了安大略教育學院（Ontario Institute for Studies in Education, OISE），大部分的學生只要讀一次或兩次論文，但是楊要讀二十次才能抓到文章重點。她能讀得下去全靠一天只睡四小時的苦讀。

因為楊非常的聰明，在兒童觀察上又表現得這麼好，她的研究所老師很難相信她有學習障礙，第一個了解到她問題的是柯恩（Joshua Cohen），這是另一個極端聰明但是有學習障礙的安大略教育學院學生。他有一個小小的診所，用當時標準的「補償訓練」（compensations）來幫助學習障礙的孩子。這個方法是基於一個當時大家所接受的理論：一旦神經細胞死亡或發展不全，它沒有辦法修補，只能用補償訓練來解決問題，假如你不能讀，就請聽錄音帶，如果比較慢，就請多給他一些時間，假如沒有邏輯性，不了解別人在說什麼，就請把重點用顏色筆畫下來。柯恩設計了一套補償訓練的電腦軟體專給楊用，但是她認為這個太浪費時間，此外，她的論文正是研究安大略教育學院的補償訓練計畫，發現大多數的孩子並沒有進步，而她自己有這麼多的缺陷，她認為很難找出一條有效的路來繞過她的缺失處。因為她已經很成功的發展了她的記憶，她告訴柯恩她認為一定有更好的方法。

有一天，柯恩建議她去看一下俄國神經心理學家盧瑞亞（Aleksandr Luria）的書，因為他自己正在看。楊努力去讀這些書，困難的部分不知來回讀了多少遍，特別是這本《神經語言學的基本問題》（*Basic Problems of Neurolinguistics*）有一章是講中風或腦傷病人的文法、邏輯和看時鐘問題。盧瑞亞生在一九〇二年，在俄國大革命時代成長，他對心理分析深感興趣❶，尤其是佛洛伊德創的「自由聯想法」（free association）。病人說出心中所想到的第一個字來回應治療師的提示，他當時的目標是發展出一套可以驗證佛洛伊德理論的客觀測驗。在他二十多歲時，他發展出第一個測謊器，史達林開始執政後，心理分析變成唯心論，他變成不受歡迎的科學家，盧瑞亞被鬥臭，鬥倒，他曾公開承認他犯了一些「理想主義的錯誤」，無奈何，他進了醫學院。

但他還是沒有忘情心理分析，他悄悄的把心理分析的方法和心理學組合到神經學中，創立了一個新領域：神經心理學。他長期追蹤他的病人，將個案的歷史寫得很清楚，不像以前的神經學家只簡單的描述病人的病徵。著名的科普作家，紐約有名的神經科醫生薩克斯（Oliver Sacks）就說：「盧瑞亞的病例歷史可以比美佛洛伊德的病例，充滿了深度細節及精準的描述。」盧瑞亞有一本書《破碎的人》（*The Man with a Shattered World*，中譯本小知堂出版）就完全是一個病人的日誌，裡面是他對這個奇怪病情的看法。

一九四三年五月底，札茲斯基（Lyova Zazetsky）來到盧瑞亞工作的復健醫院。札茲斯基是個年輕的俄國少尉，在對抗納粹的史莫倫斯克（Smolensk）戰役中受了傷，腦部中彈，主要傷區在左腦深處。有很久一段時間，他昏迷不醒，當他終於醒過來時，有很奇特的症狀。因為子彈碎片傷到他掌管符號之間關係的地方，他不再了解邏輯、因果關係，或空間關係。他不再區分他的左邊和右邊，也不了解跟關係有關的文法介係詞如 in、out、before、after、with 和 without。這些介係詞對他來說都沒有意義，他無法了解一個字、一個句子或回憶出完整的一件事，因為這些都牽涉到符號之間的關係。他只能抓住一些零星碎片，浮光掠影。但是他的前腦是好的，所以他可以做計畫、策略，形成意圖，尋找相關資料，執行他的意圖，因此他知道自己的缺點，所以來找盧瑞亞，希望能克服這些缺點。雖然他不能讀，但是他可以寫，因為讀是一個視知覺的活動而寫是一個意圖的活動。他開始寫零碎的日記，叫做《我會奮鬥下去》（*I'll Fight On*），最後累積到三千頁。「我在一九四三年三月二日就已經死了，」他寫道：「但是因為我身體的某種生命力，我奇蹟的活到現在。」

盧瑞亞觀察了他三十年，記錄札茲斯基的傷勢如何影響他的心智活動。他目睹札茲斯基如何不斷的奮鬥以達「活著，不僅僅是存在」（to live, not merely exist）的人生基本要求。

閱讀札茲斯基的日記，楊在想：「他所描繪的正是我的生活。」

「我知道『母親』和『女兒』這兩字的意思，但是我不知道『母親的女兒』是什麼意思。」札茲斯基寫道：「『母親的女兒』跟『女兒的母親』對我來說是一模一樣。我同時也不了解『象比蒼蠅大嗎？』這個句子的意思，我所知道的就是蒼蠅是很小而大象是很大，但是我不了解『比較大』和『比較小』是什麼意思。」

看電影時，札茲斯基寫道：「在我還沒機會弄清楚演員在講什麼時，下一幕又開始了。」

盧瑞亞開始找出札茲斯基的問題所在。子彈射在他的左腦三個主要知覺交會的地方：顳葉（通常是處理聲音和語言的地方）、枕葉（通常處理視覺影像），和頂葉（parietal lobe，通常處理空間關係及綜合不同感官送上來的訊息）。三個腦葉送上來的訊息在此交會區作彙整。雖然札茲斯基可以看得見，他無法把看到的東西彙集成整體，更糟糕的是他不知道這個符號跟另一個符號之間的關係，但是我們用字來做思考時卻可以。所以札茲斯基常用詞不當，使人以為他沒有足夠大的網去兜住字和字的意義，他也無法將字和它的定義連接起來，他活在零碎的世界裡，他在日記中寫道：「我永遠活在大霧中……我心中一閃而過的是一些影像……一些模糊的影像突然之間出現了，又突然之間消失了……我不了解也不記得這些影像是什麼意思。」

第一次，楊了解到她的問題原來是有名字、有原因的。但是盧瑞亞並沒有提供一個她所需要的東西：治療的方法。當她了解她能力的缺陷有多大後，她變得更疲倦、更沮喪，覺得自己沒有辦法再這樣下去了。在地鐵的月台上，她尋找一個跳下去立刻會死的地方。

就在這個時候，她讀到一篇論文，加州大學柏克萊校區的羅森威格（Mark Rosenzweig）教授正在研究在有豐富刺激和貧乏刺激環境下長大的老鼠，在把老鼠犧牲後做切片檢查神經生長的情形時，他發現有豐富刺激的老鼠大腦比較重，神經傳導物質比較多，血管的分佈比較密，有更多的血液來支援大腦的工作。他是第一個用大腦活動可以改變大腦結構的實驗證明神經可塑性的科學家（譯註：羅森威格這個實驗現在已是神經學上的經典實驗，影響了美國的兒童發展心理學及教育政策）。這時，楊已經二十八歲了，仍然在研究所讀博士。

對楊來講，這像被閃電擊中一樣，茅塞頓開。羅森威格已經指出了大腦是可以改變的，雖然很多人不相信他，對她來說，這表示補償作用可能不是惟一的答案，她可以把羅森威格的實驗和盧瑞亞的研究聯結在一起，為她自己打開一條通路。

她把自己關起來，不跟別人接觸，日以繼夜的設計心智運作的練習題，一天只睡幾個小時，她沒有把握這種練習一定會有效，但是她全力去練習她最弱的一環——找出符號彼此之間的關係。有一個練習是去讀幾百張顯示不同時間的時鐘卡片，她請柯恩把正確的時間寫在卡片背後，她每次都先洗牌使自己不會記住正確答案，她抽出一張卡片解讀鐘面的時間，翻過去看正不正確，再抽第二張出來，假如她答錯了，她就拿出真正的時鐘，慢慢地轉動時針和分針想去了解為什麼兩點四十五分指針是在「三」前面的四分之三的地方。

當她終於開始了解了之後，她再把秒針加進來。在經過幾個星期的刻苦學習之後，她不但能比一般人看鐘看得更快，她對別的符號的關係也有進步了。她第一次開始了解文法、算術，及邏輯，最重要的是她開始了解別人在說什麼了。第一次，她開始過即時的生活（real time，即以事情發生的當下來理解的生活）。

受到她初試即成功的鼓舞，她開始設計練習來改進她其他的缺陷，如空間上的困難，不知自己四肢在哪裡的困惑，以及她視覺上的局限。她把這些能力都帶到了一般人的水準。

楊後來和柯恩結婚，一九八〇年他們在加拿大多倫多市創立了艾洛史密斯（Arrowsmith）學校，他們一起做研究，楊繼續發展大腦的練習，及管理學校每天日常生活的雜事。後來他們離婚了，柯恩在二〇〇〇年時過世。

因為很少人知道神經的可塑性或是願意接受它，也不相信大腦可以像肌肉一樣鍛練，所以她沒有什麼機會讓人家知道她的研究。有些人批評她竟敢宣稱學習障礙是可以治療的，他們認為這是沒有證據支持，是不切實際的。但是她沒有被流言打敗，繼續針對學習障礙者最弱的大腦部位和功能設計練習。在高科技的大腦掃描還沒有發明前，她依賴盧瑞亞的研究來了解大腦的什麼區域處理大腦的什麼功能。盧瑞亞透過像札茲斯基這樣的病人畫出了大腦功能圖，他觀察士兵大腦受傷位置和心智功能缺失的關係。楊發現學習障礙通常有輕微型的盧瑞亞病人思考缺失。

申請進入艾洛史密斯學校的成人和孩子要先經過四十小時的評估，這些評估的測驗是設計來判斷大腦哪一種功能有缺失，這個缺失是否可以補救。通過申請的學生安靜的坐在他們電腦前面學習，其中有些被診斷為注意力缺失以及學習障礙，很多人在進這學校時是需要服用利他能（Ritalin）藥物的。當他們的練習有進步時，有些人可以停藥，因為他們的注意力問題其實是學習障礙的副產品，因為不懂才會注意力游離。

那些像楊小時候不能看鐘的孩子，現在坐在電腦前面練習看鐘，這個鐘有十隻指針，不但有分針、時針、秒針，還有日、月、年的各種指針，他們安靜的坐著，聚精會神的做練習，達到某個數量的題目答對後，才可以進到下一個階段，這時他們會高興的大叫：「棒極了！」電腦螢幕會一直閃來恭喜他們。當他們完成這個課程時，他們可以花幾秒鐘就看出非常複雜的時鐘上的時間，比我們一般人的速度還快。

在另外一張桌子上，孩子在學認波斯文字及烏都語（Urdu，印度一種方言）的字母來強化他們的視覺記憶。這些字母的形狀孩子都很不熟悉，大腦的練習是需要孩子學會快速的辨認這些不熟悉的形狀。

當我們說話時，我們的大腦把一序列的符號——代表想法的字和字母——變成一序列傳到我們舌頭和嘴唇肌肉的運動指令。楊從盧瑞亞的書中揣摩得之，把這一序列的肌肉運動指令組合起來的地方是左腦前運動皮質區（premotor cortex），我送了幾個這方面功能有缺陷的病人到她的學校去。一個有這種毛病的男孩一直很受挫折，因為他的思想比他的嘴巴動得快，所以他說話時常會漏掉一段訊息使別人聽不懂他的話，或是找不到他要用的字、口齒不清。他是很外向的人，但是常不能正確清楚表達自己的意思，只好閉嘴不說話。在班上，老師問他問題時，他知道答案，但是要很久才能把想法組織好，把話講出來，所以他看起來比實際上笨，他也開始懷疑說不定他自己並沒有那麼聰明。

當我們寫作時，我們的大腦把想法轉換成字——而字正是符號——再經過手指和手的運動把字寫出來。這個孩子寫字手會抽搐，因為他大腦中把符號轉換成手指和手肌肉動作的容量很快就滿了，所以他只好把寫一個字分割成很多小的動作片段，而不能流利的寫作。雖然老師要教他連在一起的手寫字體，他比較喜歡用大寫字母拼的方式書寫（大人有這個毛病就很容易被指認出來，因為拼字是每一個字母分開寫，只有幾個書寫動作，對大腦來說，工作量不會太大，寫連在一起的花體字時，我們一次寫好幾個字母，大腦必須處理比較複雜的動作）。對這孩子來說，寫字特別的痛苦，因為考試時，他常常知道答案，但是來不及寫，或是有時他心中想的是某一個字，但是寫出來的是另一個字。這些孩子通常被認為是粗心大意，但是事實上是大腦負荷過量，送出了錯誤的肌肉運動指令。

有這種毛病的學生通常會有閱讀困難。當我們閱讀時，我們的大腦讀到句子的一部分後，就會命令我們的眼睛移到句子的後半部去，閱讀需要一直不停改變眼睛運動的指令，使眼睛可以停留在我們要它停的地方以吸收訊息。（譯註：閱讀時眼球跳動其實不是這麼簡單，我們的眼睛只有在凝視時〔fixation〕才能吸取訊息，在跳動時〔saccade〕是看不見的，我們在閱讀時，視窗周邊的神經細胞通常可以接受一些訊息，使我們第二次的凝視點不會落在兩個字中間的空白上，對這方面有興趣的讀者可以上中央大學認知神經科學研究所的網站〔http://www.ncu.edu.tw/~ncu5200/f_032.php〕，上面有閱讀中文時，眼球跳動的資料。）

這個孩子的閱讀非常慢，因為他會漏字、跳行，使得他分心。對他來說，閱讀是超出他負荷的，使他極度疲倦的作業。在考試時，他常會讀錯題目。當他校對答案時，會跳過整段的回答。

在艾洛史密斯學校，這孩子進行的大腦練習包括用手描繪複雜的線條來刺激他很弱的前運動皮質區。楊發現描紅練習可以改進孩子說話、寫字和閱讀三個領域的表現。等到孩子畢業時，他已經可以讀到下一個年級的程度（即三年級可以讀四年級的書），而且平生第一次可以因喜歡而去閱讀。他可以說很長的句子而不中斷，他的寫字也進步了很多。

在學校裡，有些孩子聽CD來背誦詩詞以改進他們弱的聽覺記憶。這種孩子常常忘記老師的指示而被認為不專心、懶惰。事實上，他們是有大腦的問題，當一般人可以記住七個不相干的東西（如七位數的電話號碼），這些人只能記得二個到三個。有些人強迫性的抄筆記，使他們不會忘記，有好幾個病人不能把一首歌從頭唱到尾，他們的大腦不勝負荷，有些人不但記不得自己要講什麼，連自己在想什麼也記不得，因為用語言的思想太慢。這些毛病可以用訓練死背記憶的大腦練習來改進。

楊同時也發展了專門訓練社交不靈光的孩子的大腦練習，因為他們閱讀非語言線索的大腦功能有問題。其他的練習有給前腦缺失的人，如在做計畫上有缺失，在發展策略上遲緩不能區分出哪些是相關有用的訊息，哪些是無用的，形成目標並且執行完畢。這些人通常看起來散亂沒有組織，不能從經驗中得取教訓。楊認為這些被貼上「歇斯底里」（hysterical）或「反社會性」（antisocial）標籤的人在前腦這部分發展不足。

這些大腦的練習真是改變了一個人的一生。一個美國的畢業生告訴我，當他十三歲來到這所學校時，他的數學和閱讀能力還在三年級的程度。他在塔虎茲大學（Tufts University）做了神經心理學的測驗後，被告知他永遠不可能改進。他母親試過十所學習障礙孩子的學校，但是沒有一所學校對他有幫助。在艾洛史密斯學校三年後，他的閱讀和數學的程度到達十年級的地步。現在他大學畢業了，在一家創投公司做事。另一位十六歲進到艾洛史密斯的學生，閱讀程度只有一年級的程度，他的雙親都是老師，試盡了所有的補償訓練都沒有起色，但是在艾洛史密斯十四個月後，他的閱讀程度增加到七年級的程度。

每個人都有一些比較弱的大腦功能，這個以大腦可塑性為基礎的技術可以幫助很多的人，我們的弱點若能強化，對事業會有很大的幫助，因為大部分的事業都需要用到多種大腦功能。楊用大腦練習拯救了一個很有天分的藝術家，他有一流的繪畫能力和絕佳的色感，但是物體辨識能力很弱。（辨識物體的形狀所需的大腦功能跟畫圖能力和色感的大腦功能不同，它跟孩子很喜歡玩的《華朵在哪裡？》〔*Where is Waldo?*〕所需的能力很相似〔譯註：這是一本書，每一頁都畫滿了各式各樣的人物、器具、動物，凡是小孩子認得的東西都畫在圖上，在滿滿一頁各式各樣形狀和顏色之中，有一個小人叫華朵藏在圖形之中，孩子要把他找出來〕。在這項目上，女性通常做得比男性好，這是為什麼男生常常找不到冰箱中的東西。）

楊也曾幫助過一個律師，因為他的左腦布羅卡區有缺失，在開庭時，口齒不清很吃虧，一般人認為把強處的資源又特別分去支援弱點似乎是分散了資源，一個有布羅卡區說話困難的人常發現他在說話時不能思考，因為資源已被說話給佔去了，自從集中全力訓練布羅卡區的語言功能後，這律師反而成為一個成功的法庭辯護律師。

艾洛史密斯的用大腦練習治療法跟教育很有關係。顯然很多孩子會因此而受益，這種找出弱點區域，然後強化這區域的功能顯然比一直重複孩子不會的功課使他越來越挫折好多了。當一條項鍊中，弱的環節被強化後，人們就可以去學習那個過去被擋住不能學的技能，他們覺得被解放出來了。我有一個病人一直覺得自己很聰明，但是沒有用到他全部的能力，有很長一陣子，我誤以為他的毛病在心理衝突，例如害怕競爭，把超越他父母、兄弟的恐懼深埋在心中等等。這種衝突的確存在，也的確會阻礙一個人前進，但是我後來發現他所希望避免的衝突是來自長期的挫折，害怕大腦的限制所帶來的失敗挫折。一旦他從艾洛史密斯的大腦練習中解放了困難處後，他天生對學習的熱愛就完全浮現出來了。

很諷刺的是，幾百年來，教育家就知道必須透過不斷變難的練習來鍛練建構孩子的大腦以強化大腦功能。從十九世紀到二十世紀初期，課堂的教育還是偏重死記，要孩子背誦外國的長詩（這會強化聽覺記憶，使孩子用語言來思考），學校的注意力幾乎都放在書寫能力上，這可能強化了運動能力，所以不但幫助書寫，也增加閱讀的速度和流利性以及說話能力。通常學校會很注意這些發聲法有無做到完美。一九六〇年代以後，教育者拋下了這些傳統的練習，因為它們太僵化、無聊、沒用。但是，不重視這些基本訓練的代價是很高的，這些可能是許多學生系統化操作大腦的惟一機會，這種大腦操作使我們對符號運用純熟流利。對我們其他的人而言，這種課程的取消使我們口才雄辯能力下降，因為這需要記憶以及聽覺方面的大腦能力而這些我們現在已經不熟悉了。在一八五八年，林肯和道格拉斯（Lincoln-Douglas）的辯論中，他們都輕鬆自如，滔滔不絕的說了一個多小時而不需要看稿，那些長篇大論都背在腦海中。今天，在一九六〇年代以後頂尖學校的學者，演講時都需要用簡報檔（power point）來彌補他們前運動皮質區的弱點。

楊的教學方法迫使我們去想假如每一個孩子都能接受以大腦為基礎的評估，這對他們的學習會有多大的幫助，他們的困難能被及早發現，有一個量身訂造的課程在大腦可塑性最高的童年來強化弱點、改進它，及早去除毛病。不要等到孩子認為自己很笨、學不會，然後痛恨學校、厭惡學習才來想辦法挽救，那時已太晚，因為孩子已不願面對他弱的部分，甚至失去了他已有的長處。越小的孩子進步越快，或許是因為未成熟大腦的神經連結比成人的大腦多了百分之五十❷。我們到達青春期時，大腦開始大量修剪，那些沒有經常被使用的神經連結和神經元會死亡，也就是「用盡廢退（Use it or lose it.）」，不用就被修剪掉了。最好是在皮質還有這些神經元在的時候去強化弱點。無論如何，以大腦為基礎的評估不但對中、小學，甚至對大學教育都會有幫助，許多在高中表現良好的學生，進了大學卻念不下去，因為他們大腦功能的弱點無法負荷大學的功課，即使沒有這些危機，每個成人也能從以大腦為基礎的認知評估中得到好處。一個認知能力的測試可以幫助人們更加了解自己的大腦。（譯註：對於本章作者的看法我有非常多保留之處，作為譯者，只能忠實的將它譯出，但我非常不贊同普遍的施行以大腦為基礎的認知功能測驗，因為我們對大腦功能的了解還沒有到那個地步，艾洛史密斯學校的業績是否有那麼神奇還待考證，作者這章的描述令我有看廣告詞的感覺。因為台灣有許多人對大腦的看法還停留在二十世紀初葉，新儀器未發明，只能臆測、不能目睹的時期，因此有必要介紹最新的大腦與教育的觀念進來，只是每個作者的人格與文風不同，讀者必須記住楊在創立艾洛史密斯學校時，完全不了解大腦的內部功能情形，她只是憑了俄國神經心理學家盧瑞亞觀察受傷士兵的行為加上死後大腦解剖的病理部位，用相關法所得出的大腦功能部位圖來發展她的大腦練習法，其中頗多值得商榷之處，讀者不可盲從。台灣現在已經有很多用最簡單的腦波帽來測孩童聰明智慧的行業出現，令人憂心，腦波只能測大腦神經細胞放電的情形，如癲癇的病人大腦神經元的放電不正常，或在執行某項認知功能時，大腦某相關部位活化（放電）的程度，這並不能預測孩子的聰明智慧，父母不可亂聽賣卜者言。）

從羅森威格第一次用老鼠做環境與神經發展的實驗到現在已經好多年了。自他以後，很多實驗室都發現刺激大腦會增加神經連結的發展，在豐富環境中長大的動物，有其他動物可以遊戲、有玩具可以玩、物件可以探索、樓梯可以爬，牠們學習得比同基因但是在貧乏環境中長大的手足來得快。通過困難空間問題考驗的老鼠，牠們大腦中的乙醯膽鹼（acetylcholine）比較高❸，乙醯膽鹼是跟學習有關的神經傳導物質。在富裕環境中長大或有做許多心智訓練的動物，牠們大腦皮質比其他動物重百分之五[4]，在直接接受刺激訓練的大腦部分比別人大百分之九[5]。有經過訓練或刺激的神經元不但細胞體大小增加[6]，還增加百分之二十五的分枝[7]，同時它與別的神經元的連接[8]和血流量的支援[9]都有增加。這個改變到晚年還是可以發生，雖然不會像年輕動物發展得那麼快[10]，這個現象目前在所有測試過的動物身上都能看到[11]。

對人來說，利用死後切片可以看到教育增加神經元的樹狀突和軸突[12]，使大腦的體積和皮質厚度增加[13]。大腦像肌肉一樣，可以透過練習而增長並不只是一個比喻。

有些事不可逆轉，札茲斯基的日記直到他死前都仍然是破碎零散的片段。盧瑞亞並沒有辦法真正幫助他。但是札茲斯基的故事給了楊一個機會去治癒她自己，現在又能幫助他人。

今天，楊是一個睿智、風趣的人，在她的言行中，你看不到什麼心智的缺陷，她從一個活動滑到另一個活動，從一個孩子溜到另一個孩子，是許多技能的大師。

她讓我們看到一個有學習障礙的孩子常能改正他內在的問題根源，就像所有的大腦練習課程一樣，她的課程也是在只有輕微缺失的人身上效果最好，但是因為她發展了這麼多的大腦練習作業，她常常也能幫助多重學習障礙的孩子——那些孩子像她以前一樣，還沒能為自己建構出一個比較好的大腦。

❶ K. Kaplan-Solms and M. Solms. 2000. *Clinical studies in neuro-psychoanalysis: Introduction to a depth neuropsychology*. Madison, CT: International Universities Press, 26-43; O. Sacks. 1998. The other road: Freud as neurologist. In M. S. Roth, ed., *Freud: Conflict and culture*. New York: Alfred A. Knopf, 221-34.

❷ D. Bavelier and H. Neville. 2002. Neuroplasticity, developmental. In V. S. Ramachandran, ed., *Encyclopedia of the human brain*, vol. 3. Amsterdam: Academic Press, 561.

❸ M. J. Renner and M. R. Rosenzweig. 1987. *Enriched and impoverished environments*. New York: Springer-Verlag

❹ M. R. Rosenzweig, D. Krech, E. L. Bennet, and M. C. Diamond. 1962. Effects of environmental complexity and training on brain chemistry and anatomy: A replication and extension. *Journal of Comparative and Physiological Psychology*, 55:429-37; M. J. Renner and M. R. Rosenzweig, 1987, 13.

❺ M. J. Renner and M. R. Rosenzweig, 1987, 13-15.

❻ W. T. Greenough and F. R. Volkmar. 1973. Pattern of dendritic branching in occipital cortex of rats reared in complex environments. *Experimental Neurology*, 40: 491-504; R. L. Hollaway. 1966. Dendritic branching in the rat visual cortex. Effects of extra environmental complexity and training. *Brain Research*, 2(4): 393-96.

❼ M. C. Diamond, B. Lindner, and A. Raymond. 1967. Extensive cortical depth measurements and neuron size increases in the cortex of environmentally enriched rats. *Journal of Comparative Neurology*, 131(3): 357-64.

❽ A. M. Turner and W. T. Greenough. 1985. Differential rearing effects on rat visual cortex synapses. I. Synaptic and neuronal density and synapses per neuron. *Brain Research*, 329:195-203.

❾ M. C. Diamond. 1988. Enriching heredity: *The impact of the environment on the anatomy of the brain*. New York: Free Press.

❿ M. R. Rosenzweig. 1996. Aspects of the search for neural mechanisms of memory. *Annual Review of Psychology*, 47:1-32.

⓫ M. J. Renner and M. R. Rosenzweig. 1987, 54-59.

⓬ B. Jacobs, M. Schall, and A. B. Scheibel. 1993. A quantitative dendritic analysis of Wernicke's area in humans. II. Gender, hemispheric, and environmental factors. *Journal of Comparative Neurology*, 327(1): 97-111.

⓭ M. J. Renner and M. R. Rosenzweig. 1987, 44-48; M. R. Rosenzweig. 1996; M. C. Diamond, D. Krech, and M. R. Rosenzweig. 1964. The effects of an enriched environment on the histology of rat cerebral cortex. *Journal of Comparative Neurology*, 123:111-19.

第3章

# 重新設計大腦

## 科學家改變了大腦的知覺、記憶、思考和學習

把神經可塑性用實驗的方法證明給別人看、說服別人，莫山尼克是第一大功臣，
他的理論是大腦地圖上的神經元會因它們在同一時間一起活化而連接得更緊密。
假如地圖可以改變，那麼那些天生大腦有問題的人就有希望了，
那些有學習障礙的人、有心理問題的人、中風的人和腦傷的人，
可以建構新地圖，形成新連結，只要他們能使健康的神經元連在一起。
學習與大腦可塑性的法則相配合時，大腦的心智機械部分可以得到改進，
我們的學習會精準很多，速度和記憶也會增加。
大腦不像電腦，大腦是可以不停的適應環境，替自己升級的。
所以人的一生，從搖籃到墳墓，都有這種可塑性，
即使老年人也可以改善他的認知功能，例如學習、思考、記憶和知覺。

莫山尼克（Michael Merzenich）是二十個神經可塑性儀器發明和革新背後的推手。我現在正在去加州聖塔蘿莎（Santa Rosa）訪問他的路上。他是最常被其他神經可塑性研究者稱讚的人，也是到目前為止，最難追蹤的人。當我發現他會去德州出席會議時，我專程去德州並坐在他旁邊才終於約定這次舊金山的見面。

「用這個電子信箱的地址。」他說。

「假如你又不回信怎麼辦呢？」

「鍥而不捨。」

到最後一分鐘，他更改我們會面地點到他在聖塔蘿莎的別墅。

莫山尼克值得我這麼辛苦追蹤。

愛爾蘭的神經科學家羅伯森（Ian Robertson）曾經稱他為「大腦可塑性的世界第一把交椅」。莫山尼克的專長是訓練大腦處理某些訊息的特殊區域來重新設計大腦——他稱之為大腦地圖（brain maps）——以加強人們思考跟知覺的能力，增進他們的心智功能。他也比別的科學家讓我們看到更多大腦處理訊息區塊的改變。

他的別墅是他休息充電的地方。這裡的空氣、樹木、葡萄園很像直接從義大利托斯卡尼（Tuscany）移植到北美洲。我那天與他的家人共住了一晚。第二天清晨我們出發去他在舊金山的實驗室。

那些跟他一起做研究的人叫他「莫茲」（Merz），以與 whirs 和 stirs 同韻，當他開著他小小的敞篷跑車去參加會議時——他下午有兩個會議——他的灰色頭髮在空中飛揚，他告訴我許多他最深刻的回憶是有關科學想法的討論。他今年六十一歲，後半生都奉獻在科學研究上，我聽見他沙啞的聲音在手機上與人侃侃而談，討論實驗的可行性。當我們過舊金山大橋時，他付了過橋費，他本來是不需付的，因為太投入實驗觀念的討論，他忘了他是根本不必付的。他有幾十個合作者，同時在做幾十個實驗，他也同時創辦了好幾家公司。他說自己是「只有一半瘋狂」。當然他沒有瘋狂，但是他是專注和不修邊幅的奇怪組合。他生在奧瑞崗州的黎巴嫩市（Lebanon），是德國後裔，他的名字是條頓語，他工作的態度是嚴峻、努力不懈的，說話的方式是美國西岸人那種輕鬆自在、實話實說的態度。

把神經可塑性用實驗的方法證明給別人看、說服別人，莫山尼克是第一大功臣，他大膽的宣稱大腦練習會像藥物一樣有效可以治病，甚至連對精神分裂症都有效。他認為人的一生，從搖籃到墳墓，都有這種可塑性，即使老年人，也可以改善他的認知功能，例如學習、思考、記憶和知覺。他最新的專利是不用死背就能學習語言技巧，莫山尼克認為在正確的情境下學習新的技巧可以改變大腦地圖中千百萬個神經元之間的連結❶。

假如你對他的話有所保留，請記住，他治癒過許多過去認為不可治療的病人。在他剛出道時，他和他的團隊設計了現在最廣為應用的耳蝸移植（cochlear implant）來幫助天生聾啞的孩子聽見聲音，他目前在幫助學習障礙的孩子改進他們的認知與知覺，這些技術已經幫助了成千上萬的人，他以大腦可塑性為中心的電腦程式叫做「Fast ForWord」（取fast forward的諧音，本來是指錄影帶快速往前倒帶）。他把這個電腦程式偽裝為電腦遊戲，令人驚訝的是改變發生得很快，有些一生都有認知困難的人在三十次到六十次的治療後就已經進步了很多，這個程式意外的收穫是他發現可以幫助自閉症的孩子。

莫山尼克宣稱學習與大腦可塑性的法則相配合時，大腦的心智機械部分（machinery）可以得到改進，我們的學習會精準很多，速度和記憶也會增加。

很顯然的，當我們學習時，能夠增加自己的知識，但是莫山尼克宣稱我們同時改變了大腦學習機制的結構，更增加它學習的能力。大腦不像電腦，大腦可以不停適應環境，替自己升級。

「大腦皮質這個大腦外面薄薄的皮層，」他說：「是有選擇性的精緻化它的處理容積使能做好手邊的作業。它不是只有學習，它是學習如何學習（learning how to learn）❷。」莫山尼克所形容的腦不是一個沒有生命、任由我們填滿的容器，它是一個活生生的東西，有它的胃口，只要有恰當的營養和練習就可以生長，可以改變自己。在莫山尼克的研究之前，人們認為大腦是個複雜的機器，有著不可改變的記憶容量、處理速度和智慧。莫山尼克證明了上面每一個假設都是錯的。

莫山尼克一開始並不是要研究大腦是怎麼改變的，他只是不小心碰到這塊領域，發現大腦可以改變它自己的功能地圖，雖然他並不是第一個發現大腦有可塑性的科學家，但是他的實驗使主流的神經科學家接受大腦的確有可塑性。

要了解大腦地圖如何可以改變，我們先要了解大腦地圖是什麼。最早提出這個觀念的是一九三〇年代，加拿大蒙特婁神經學院（Montreal Neurological Institute）的神經外科醫生潘菲爾（Wilder Penfield）。對潘菲爾醫生來說，找出病人的大腦地圖就是找出大腦不同部位的表徵和功能——這是典型的大腦功能區域特定論者的看法。他們發現額葉（frontal lobe）是大腦**運動**系統的所在地，它啟動並協調我們肌肉的運動。額葉後面的三個腦葉：顳葉、頂葉和枕葉，這些是大腦的**感覺**系統，處理各個感覺受體（眼睛、耳朵、觸覺受體等等）送到大腦的訊息。

潘菲爾花了很多年的時間，畫出大腦處理感覺和運動的區域，他是在替癌症和癲癇的病人開刀時記錄下來的，因為這些病人在開刀時可以保持清醒。我們的大腦沒有痛的感受體，在把腦殼打開後，可以保持清醒，不會感到痛。運動和感覺區都在大腦皮質上，所以很容易用探針來測量。潘菲爾發現當他用小電極來刺激病人的感覺皮質區時，病人身體的某個部位會有反應。潘菲爾用微電極探針來幫助他區分健康的組織和不健康應該切除的腫瘤或病變組織。

一般來說，當一個人的手被碰觸時，一個電訊號會經過脊椎進入大腦，通知在大腦地圖區的細胞手有感覺到碰觸，潘菲爾發現他可以經由刺激大腦地圖區的細胞讓病人感受到他的手被碰觸——雖然並沒人碰觸病人的手。當他刺激地圖區的另一部分時，病人感到手臂被碰觸了；再另一部分，則是臉。每一次他刺激地圖區的某一部分，便詢問病人感覺到什麼，以確定他沒有切除掉好的、健康的組織。在經過很多次這種手術之後，他繪出了身體各部分在大腦的表徵部位。

他也做了運動地圖，用刺激這個地圖的各個部位，他找出了掌管病人手、腳、臉及其他肌肉運動的部位❸。

潘菲爾最大的發現是感覺和運動的大腦地圖是跟外界相呼應的，跟真正的地理地圖一樣，也就是說，在身體上相接近的部件，在大腦地圖上的位置也是相鄰近的，如大拇指旁邊是食指，食指旁邊是中指，中指旁邊是無名指，無名指旁邊是小指，在大腦的運動皮質區的五個手指頭表徵排列的次序也是一模一樣。他同時發現他碰觸大腦皮質的某區，病人會想起童年往事或像夢一樣的情境，這表示高層心智的活動也儲存在大腦地圖中。

潘菲爾的大腦地圖影響了好幾個世代的大腦觀念❹。但是因為科學家相信大腦不能改變，他們假設而且被教導，這個地圖是固定的、不能變動的、有普遍性的❺——每一個人的都一樣——雖然潘菲爾本人從來沒有這樣說過。

莫山尼克發現這些地圖既不是不可改變，也不是每個人都一樣，而是隨著每個人不同而不同。在一序列的研究中，他顯示大腦地圖會因我們一生所從事的職業和行為而改變，但是要證明這一點，他所需要的工具要比潘菲爾的電極精細很多，他要一個能夠偵察到幾個神經元產生改變的工具。

當莫山尼克還是波特蘭大學（University of Portland）大學部的學生時，他和一個朋友利用電子實驗室的儀器檢視昆蟲神經元內電子的活動。這個實驗引起一個教授的注意，他很欣賞莫山尼克的天才和好奇心，把他推薦到哈佛（Harvard）和約翰霍普金斯（Johns Hopkins）大學的研究所。這兩個學校都接受了他，莫山尼克決定去約翰霍普金斯大學念他的生理博士，因為他想跟當時最偉大的神經學家蒙特卡索（Vernon Mountcastle）做研究。蒙特卡索教授在一九五〇年代表示可以用新發明的微電極來研究神經細胞的電流活動。

微電極像針尖一樣小到可以放在神經元內來偵察到**單一**神經元的發射，神經元的訊號會透過微電極傳送到擴大器，然後到示波器的螢幕上，莫山尼克主要的發現都是靠微電極來研究。

這個劃時代發明使得神經科學家得以解碼神經元之間的通訊。一個成人大腦中有上千億的神經元[6]。如果用潘菲爾的那種電極，科學家可以觀察到幾千個神經元一起發射，但是用微電極，科學家可以竊聽一兩個神經元的私語。微電極的大腦地圖比現行大腦掃描的圖準確一千倍。現代最先進的大腦掃描儀器可以偵察到幾千個神經元在一秒鐘前共同的活動。但是一個神經元的電流訊號只有千分之一秒左右，所以大腦掃描會失去非常多的訊息[7]。不過微電極沒有取代大腦掃描因為它需要非常精細的手術，必須用微電子顯微鏡來做才行。

莫山尼克馬上看到這個工具的用途，要找出大腦處理手部感覺的區域，莫山尼克會把猴子感覺皮質區上頭的腦殼切除一小塊，露出一到二毫米細縫，然後把微電極插入感覺神經元的旁邊，手術完成後，他輕拍猴子的手，直到他碰到手的某一部分——比如說，手指——引發大腦的神經元發射，他記錄代表手指尖端神經元的位置，在地圖上畫下第一點。然後他再移動微電極，把它插入另一個神經元的旁邊，輕拍猴子的手，找到引發那個神經元活化的位置，把它記錄下來。他這樣做直到他畫出整個手的位置圖。一個簡單的地圖需要五百次的微電極插入，要好幾天的時光，莫山尼克跟他的同事做了幾千個這種手術才畫出大腦的地圖。

在這個時候，一個重要的發現被報告出來，永遠的改變了莫山尼克的研究。在一九六〇年代，當莫山尼克開始用微電極來研究大腦時，約翰霍普金斯大學的兩位科學家發現非常幼年的動物大腦有可塑性：休伯（David Hubel）和魏索（Torsten Wiesel）同蒙特卡索研究，他們用微電極來找出視覺皮質的地圖以了解視覺訊息是怎麼處理的，他們把微電極插入小貓的視覺皮質，發現不同的視覺區域處理不同的訊息如直線、橫線、角度以及物體移動的動作和方向。他們同時發現大腦有關鍵期（critical period），從三到八週，一隻初生的小貓在這期間內**一定**要接受到視覺刺激才會正常的發展。在這關鍵期的實驗中，休伯和魏索把小貓的一隻眼睛縫起來，所以這隻眼睛沒有辦法接受到任何視覺刺激，過了關鍵期後，把小貓的眼睛拆線，他們發現視覺皮質本來應該處理這隻眼睛送進來訊息的地方沒有發展，使這隻貓一輩子都是獨眼龍，這隻眼睛本身雖然是好的，但是因為視覺皮質那塊區域沒有發展，這隻眼睛就一輩子看不見了。這表示小貓的大腦在關鍵期是很有彈性的，大腦的結構會因經驗而改變。

當休伯和魏索在檢查這隻小貓看不見的那隻眼睛的大腦地圖時，他們又發現了一個沒有想到的大腦可塑性：沒有訊息進來的那個大腦區域並沒有在那兒閒著沒事幹，它轉去處理看得見的那隻眼睛送進來的訊息，這好像大腦不願意浪費任何可用的地方，它重新建構了神經迴路。這是大腦在關鍵期有可塑性的另一個指標。因為這些研究，休伯和魏索拿到了諾貝爾生醫獎。他們雖然發現了大腦的可塑性，卻仍然非常支持大腦功能區域特定論，認為大腦在過了關鍵期以後功能就固定了。

「關鍵期」是二十世紀後半生物學上最有名的發現，科學家很快就發現其他的大腦系統也需要環境的刺激才能發展，而且好像每一個神經系統有它自己的關鍵期，或是說開窗期（window of time），在這時期特別有可塑性，對環境特別敏感，大腦在這個時期快速的成長。例如語言發展有關鍵期，始於一出生，終於八歲到青春期之間。青春期之後，這個人學習第二語言沒有口音的機會就大大的減少了。事實上，在關鍵期過後所學的第二語言與母語處理的地方不同[8]（譯註：這一點目前並沒有定論，韓國人 Park 所做的第二語言實驗顯示母語與第二語言處理的大腦位置有九毫米的差距，但是這個實驗並沒有被別的實驗室所驗證）。

關鍵期的看法也支持了生物環境學家羅倫茲（Konrad Lorenz）對小鵝的觀察。小鵝孵出後十五小時到三天是牠的關鍵期，如果這個時期牠只看到人類，那麼就會與人類形成終身聯結而不是與母鵝。羅倫茲成功的使一群小鵝跟著他走，他把這個歷程叫做「銘印」（imprinting）。事實上，心理學上對關鍵期的看法始自佛洛伊德，他說我們發展的時間窗口開得很短，我們必須在這個時期有某些經驗以後才會發展正常。這個時期是塑造期，形成以後一輩子的我們。

關鍵期的可塑性改變了醫療上的方法，因為休伯和魏索的發現，天生就有白內障的孩子不再變盲了，現在他們在嬰兒期就開刀，使大腦能得到它發展必要的刺激。微電極的實驗已顯示可塑性是童年毋庸置疑的事實，大腦的可塑期看起來也像童年一樣，是很短的。

✦ ✦ ✦

莫山尼克第一次窺視到成人大腦的可塑性是很偶然的。一九六八年完成博士學位後，他去威斯康辛大學麥迪遜橋校區跟伍爾西（Clinton Woolsey）做博士後研究，伍爾西是潘菲爾的同學。伍爾西請莫山尼克指導兩位神經外科醫生，保羅（Ron Paul）醫生和古德曼（Herbert Goodman）。他們三個人決定看一下假如手的一條周邊神經剪斷了，然後又開始長時，大腦會是什麼情形。

讀者需要知道我們的神經系統分成二個部分，一個是中央神經系統（大腦和脊髓），這是整個神經系統的司令部，發號施令及控制的中心，當時以為這個部分是沒有可塑性的；另一部分是周邊神經系統，它把訊息從感覺器官的受體送到脊髓和大腦，也把訊息從大腦和脊髓送達肌肉和器官。周邊神經系統是很早就知道有可塑性的，假如你不小心切斷了手的神經，它會再長回來。

每一個神經元有三個部分。**樹狀突**（dendrite）是長得像樹枝一樣的神經分枝，它接受別的神經元送過來的訊息，這些樹狀突都連到**細胞體**（cell body）上，細胞體中有ＤＮＡ，它維持這個細胞的生命，最後一部分是**軸突**（axon），它像個電纜一樣，送出訊息，軸突有各種長度（從大腦中的微電子顯微鏡才看得到的長度，到六呎長從腦通到腳的長度），很多人把軸突比喻成電纜因為它們會輸送電流，速度都很快（從每小時二哩到二百哩），把訊息送到鄰近神經元的樹狀突上。

神經元可以接受兩種訊號：使它興奮的和抑制它的。假如一個神經元接受到足夠的**興奮**訊號，它會送出它自己的訊號。當它接受到足夠的**抑制**訊號，就比較不可能發射或送出任何訊號。軸突並沒有真正接觸到鄰近神經元的樹狀突，它們中間有一個很小的隙縫，叫做**突觸**（synapse）。一旦電流訊號到達軸突終點時，它會引起一種神經傳導物質釋放到突觸，這個化學信使飄浮過突觸，到達鄰近神經元的樹狀突，使它興奮或抑制它。當我們說這個神經元重新設定（rewire）它自己時，我們指的是突觸的改變，加強、增加神經元之間的連結或減弱、減少這些連結。

莫山尼克、保羅和古德曼想要探索一個大家都知道，但都不知其所以然的中央和周邊神經系統的互動情形。當一個**大的**周邊神經（有許多軸突）被剪斷時，有的時候，在重新長出來的過程中，神經元的軸突會交叉。當軸突依附到錯的神經元時，這個人會感覺到錯誤的功能區域，即明明碰觸的是食指，病人卻感覺是拇指。科學家對這個現象的解釋是在重新成長的過程中，神經被「洗牌」弄錯了，把食指的訊息送到大腦地圖中大拇指的地方去了。

在當時科學家對大腦和神經系統模式的認知是身體皮膚的每一點都有神經，它把訊息送到大腦地圖某一個特定的點，這個點是一出生就已固定的，所以大拇指的神經永遠是直接把訊息傳到大腦感覺地圖大拇指的那一點上。莫山尼克他們接受「點對點」的大腦地圖模式，很天真的去記錄周邊神經重新洗牌後，**大腦內部**會怎麼樣。

他們很仔細的用微電極找出好幾隻青春期猴子的手部大腦地圖，把接到手的周邊神經剪斷，然後立刻把斷面縫得很接近，但是沒有真正密合，希望這條神經的許多軸突在神經重新生長時，會交錯連接。七個月後，他們重新製定這些猴子的大腦地圖，以為會看到非常雜亂的大腦地圖，想不到新地圖幾乎完全正常，沒有像他們想像的碰觸食指會引起大腦地圖中大拇指部位的活化。

「我們看到的是，」莫山尼克說：「完完全全的震驚，我完全不了解。」它在大腦中仍是體內／體外一對一呼應的排列，好像大腦把交叉的神經訊號又重新整理回來了。

這個發現改變了莫山尼克的一生，他發現他自己以及主流的神經科學，都誤解了大腦如何形成地圖去代表身體和世界。假如大腦地圖能夠因應不正常的輸入而去校正它的結構，那麼以前普遍性認為系統是固定不可改變的看法一定是錯的。大腦一定是有彈性，可改變的。

那麼大腦是怎麼改變的呢？莫山尼克注意到新的大腦地圖與舊的有一點點不同，功能區域特定論者的看法是每一項心智功能都是在大腦的同一個區域處理，這個看法如果不是錯的，就是不完整的。莫山尼克該怎麼辦呢？

他回到圖書館去尋找跟功能區域特定論不合的實驗證據。他發現一九一二年布朗（Graham Brown）和薛林頓（Charles Sherrington）就發現刺激運動皮質的**某一點**[9]會引起這隻動物彎曲牠的腿，下一次刺激會伸直牠的腿，這個實驗淹沒在科學文獻的大海中，其實已指出大腦的運動地圖和某個動作並沒有一對一的關係。在一九二三年，賴胥利（Karl Lashley）用非常粗糙原始的探針，發現刺激猴子運動皮質區的某處，會觀察到某個動作出現，他把猴子腦殼縫起來讓牠休息幾個月後，重新再做這個實驗，再刺激同樣的地方，卻發現猴子做出的行為改變了[10]。根據當時哈佛偉大的心理學史教授波林（Edwin G. Boring）的說法：「今天的地圖明天就沒有用了。」（譯註：波林教授的《心理學史》教科書到現在還在用，因為時代雖然在進步，對過去的歷史現在仍然沒有一個年輕人的功力趕得過他。）

大腦的地圖是動態的。

莫山尼克立刻看到這革命性的意義，他與蒙特卡索談賴胥利的實驗。蒙特卡索是位大腦功能區域特定論者，莫山尼克告訴我，蒙特卡索深受賴胥利實驗的困擾，他不願相信可塑性，他要每件事永遠在它應該在的地方。蒙特卡索知道這個實驗對你怎麼看大腦是個重要的挑戰，他認為賴胥利是個誇大不實者。

神經科學家願意接受休伯和魏索的發現，承認在嬰兒期大腦有可塑性，因為他們接受嬰兒大腦還在發展中的觀念。但是他們排斥莫山尼克的說法，大腦的改變可以持續到進入成年期。

莫山尼克把身體往後仰靠在椅背上，以近乎悲悼的表情回憶說：「我有所有為什麼應該相信大腦可塑性不是這樣的理由，但是這些理由在一週內都被推翻，雖然證據指出的並不是這樣。」

莫山尼克現在只好從已逝的科學家中尋找支持了。他把神經重組的實驗寫出來，在討論的部分，他花了好幾頁的篇幅來說明成人大腦是有可塑性的——不過他沒有用可塑性這個詞。不過這個討論並沒有被發表出來，他的頂頭上司伍爾西在上面畫了個叉，說這太臆測了，太超越數據所指的意義了。當這篇論文被刊登出來時，沒有一個字講到可塑性⓫，只稍微談到一點外在身體與內在皮質表徵上一對一的重組現象，莫山尼克從反對勢力中退下陣來了，至少在文字上是如此。畢竟他只是個博士後研究員，在別人的實驗室中工作，在人屋簷下，哪能不低頭。

但是他很生氣，他的內心在攪動，他開始想，可塑性可能是大腦的基本特質，演化來讓人類在競爭上佔上風，它可能是大自然給人類的好禮物。

一九七一年，莫山尼克升為加州大學舊金山校區（University of California at San Francisco）耳喉科及生理科的教授，這個科系是專門研究耳朵的疾病。現在他是自己的老闆了，他開始去做一序列的實驗來證明大腦的可塑性的確存在。因為這個領域還是非常有爭議性，所以他用別的比較無異議的名稱來做他的可塑性研究，他花了很多時間，可以說七〇年代的上半期都花在找出不同種類動物聽覺皮質的地圖上，他幫助其他研究者發明了耳蝸移植，並且改良它使它趨進完美。

耳蝸是我們耳朵中的擴音器，它位在前庭的旁邊，前庭掌管我們的平衡感，就是前面第一章，施力茲受損的部位。當外界製造出一個聲音來時，不同的頻率會振動耳蝸中不同的毛細胞。我們的耳朵兩邊各有三千多個這種毛細胞，它們把聲音轉換成電流的形態，透過聽神經傳送到聽覺皮質去。微電極的大腦地圖發現聲音是按頻率排在聽覺皮質上的，即它們像鋼琴琴鍵一樣的排列組織，低頻率在一端，依序往上升，高頻率在另一端。

耳蝸移植並不是助聽器，助聽器是放大聲音，讓那些耳蝸還有一部分功能的人可以聽到，耳蝸移植是給那些因為耳蝸嚴重受損而聾的人。這個移植替代了耳蝸，將聲音轉換成電流的脈衝送到大腦。因為莫山尼克跟他的同事不期望能達到裝置三千個毛細胞的天然耳蝸的複雜度，所以他們面臨的問題是：大腦有可能去解一個非常簡陋儀器所傳送過來的碼嗎？假如可以，那麼這就表示聽覺皮質是很有彈性的，可以改變自己去適應人工的輸入。這個移植器包括聲音的接受器，一個把聲音轉成電流脈衝的轉換器，以及一個小電極，外科醫生把它放到聽神經上，使訊息可以從耳朵送達大腦。

在一九六〇年代中期，有些科學家對耳蝸移植很有敵意，有些人認為這是一件不可能的事情，有些人認為這會使聾人受到更大的傷害。雖然有危險，聾人還是躍躍欲試，自願者一大堆，一開始，有些人只聽到雜音，另些人聽到一些聲音、嘶嘶聲，聲音一下有，一下無。

莫山尼克的貢獻是他以找出聽覺皮質地圖所學到的知識來決定什麼樣的訊息輸入可以幫助接受耳蝸移植的病人解讀口語[12]，這個電極又應該插在哪裡。他跟通訊工程師一起工作，設計出一個可以將複雜的口語轉換成頻寬較小而又仍然可以辨識得出的訊息。他們發展出一個很正確的多管道移植器，使聾者可以聽得見，這個設計成為現在主要兩種耳蝸移植器之一的雛型。

當然，莫山尼克最想做的是直接研究大腦的可塑性。他決定做一個簡單的實驗，把所有通往大腦的感覺輸入神經都剪斷，然後看大腦會怎麼反應。他去找在田納西州范德堡大學（Vanderbilt University）教書的朋友，神經科學家卡斯（Jon Kaas），因為他做成年猴子的研究。猴子的手像人類的手一樣，有三條主要神經：橈骨神經（radial nerve）、中神經（median nerve）及尺骨神經（ulnar nerve）。中神經最主要是傳遞手掌**中間**所送出的訊息，另外兩條是傳送手內外側的訊息。莫山尼克剪斷了一隻猴子的中神經，然後來看中神經的大腦地圖會變得怎麼樣，他做完手術後便回到舊金山去等。

兩個月以後，他回到范德堡大學。當他畫出這隻猴子的大腦地圖時，如他所料，中神經的大腦地圖區在他碰觸猴子手掌的中間部分時，並沒有任何反應，但是他很驚訝的看到當他碰觸猴子手掌的**外圍**區域時，中神經的地圖區竟然活化起來了，也就是說，橈骨神經和尺骨神經的地圖區變大了，變得幾乎二倍大，**侵入**了原來中神經的勢力範圍。這個新的地圖也仍然是與身體區域相呼應，即身體區域的排列跟大腦中反應區的排列次序相同。這次，他和卡斯把這結果寫成論文，把這結果稱為「奇觀」⓭，然後用「可塑性」這個字來解釋這個改變，不過他們在可塑性這個字上加了個引號。

這個實驗顯示假如中神經被剪斷，其他的神經會把這個無用的區域佔為己用來處理它們自己的輸入。當大腦在分配處理的資源時，大腦地圖遵循的法則是競爭。資源不足時，大家會搶珍貴的資源，**用進廢退**是惟一的法則。

可塑性的競爭本質影響到我們每一個人，在我們的大腦中，無時無刻不在進行戰爭，假如我們停止使用心智技術，我們不但會忘記如何去運作它，連它在大腦地圖上的空間也會被我們常用的技術搶走。假如你問你自己：「我要多常練習法文、吉他或數學來保持優勢？」你就在問一個可塑性的競爭問題。你問的是你必須多頻繁去練習一個技術來保證它在大腦中的位置不會被其他技術搶去。

成人的可塑性競爭甚至可以解釋我們能力的上限。去想想大部分的成年人在學習第二語言上都有困難，現在一般的看法是學語言的關鍵期已過，我們的大腦已**僵硬**不能做大幅的更改。但是可塑性競爭的發現顯示不僅如此而已。當我們年齡越大，我們使用母語的頻率就越高，母語佔據了我們語言地圖的空間就越大。這也是因為我們的大腦有可塑性，我們學新語言才這麼難，這個可塑性是具有競爭本質的，母語像暴君一樣，不給新語言機會（譯註：這點在許多留美中研院院士身上可以看到，他們的家鄉話四、五十年沒講，已經不及第二語言的英語流利了。即便是母語，多年不用，位置還是得讓出來給後來者）。

但是假如這是真的，為什麼在年幼時，學習第二語言又容易呢？難道那時沒有競爭嗎？並非如此。假如兩個語言在差不多同樣時間學，兩者都搶到了地盤，都站穩了腳。莫山尼克說，大腦的掃描顯示在使用雙語的孩子身上，兩種語言的語音都共享一個大的語言地圖，兩種語言都在同一個圖書館中。

可塑性的競爭本質也解釋了為什麼我們的壞習慣這麼難戒掉，我們一般人都把大腦想成一個盒子，學習就像丟東西進去盒子裡，當我們要改掉一個壞習慣時，我們以為是把一個新的東西放進盒子裡。但是事實上是，當我們學會一個壞習慣時，它佔據了大腦地圖的空間，每次我們重複這個壞習慣，它又佔更多一點地方，讓好習慣更難立足，這是為什麼要戒掉一個壞習慣比學它時難十倍，也是為什麼童年的教育這麼重要——最好一開始就教對，不要等到壞習慣已經坐大、有競爭優勢了再去拔除它。

莫山尼克下一個實驗，天才般的簡單，卻使可塑性在神經科學家之間一炮而紅，比它之前和之後的任何實驗對掃除可塑性的疑慮都更有貢獻。

他找出猴子手在大腦中的地圖，然後切除猴子的中指[14]，三個月之後，他發現猴子中指的地圖區消失了，食指和無名指已經侵入中指的地盤，把它瓜分掉了。這個實驗清楚的展現出大腦地圖是動態的，大腦資源的分配是根據用進廢退的法則的。

莫山尼克也注意到某種動物會有某種特定的地圖，但是**從來沒有**兩隻同種的動物地圖是一模一樣的。微電極的幫忙使他看到潘菲爾所沒有看到的東西，他同時也注意到正常身體的地圖是每幾個星期改變一次。每一次他畫出猴子臉部的地圖，每一次不一樣，可塑性是個正常的現象，大腦地圖是一直不停的在改變的。當他寫這篇論文時，他終於用了「可塑性」這個字而不再加引號。雖然他的實驗做得這麼好，反對的勢力並沒有一夜間融化。

當他談到這點時，他笑著說：「讓我告訴你當我開始宣稱大腦有可塑性時，發生了什麼事，我受到敵意的批評。我不知道還有什麼別的字眼來說它。論文送出去評審時，我收到這種回應：『假如這可能是真的話，就真的很有趣，但是它不可能是真的。』好像我在造假似的。」

因為莫山尼克說大腦地圖可以改變它的疆域和地點，一直到成年期都可以改變它的功能，所以大腦功能區域特定論的人反對他。「幾乎我所認得每一個主流的神經科學家，」他說：「都沒辦法嚴肅看待這件事，他們說我的實驗不夠嚴謹，效果描述得不夠明確。但是事實上，這個實驗已經做了很多次，我了解主流派的人是高高在上、自以為是、不聽別的聲音，你再怎麼講都沒有用的。」

表示懷疑的主要人物是魏索，雖然魏索本身的實驗就顯示小貓在關鍵期有可塑性存在，他還是反對成人也有可塑性，他寫下他和休伯「堅絕相信一旦大腦的連接完成後，它們永遠不會變。」他得到諾貝爾獎就是因為他找出了視覺訊息在哪裡處理，這個發現被支持大腦功能區域特定論的人認為是絕大勝利。魏索現在承認成人也有可塑性，並且承認[15]有很長一段期間他是錯的。他承認莫山尼克的實驗是使他改變心意的實驗。當戴著諾貝爾光環的人說他改變了他的心意時，即使是最頑固的大腦功能區域特定論者也會低下頭來聆聽。

「最挫折的事情，」莫山尼克說：「是我看到大腦的可塑性在治療上很有潛力——尤其在神經病理學和精神醫學上——但是卻沒有人願意聆聽[16]。」

因為可塑性的改變是個歷程，莫山尼克了解只有長時間觀察大腦的改變，他才可能了解它，他在剪斷猴子手的中神經後，花了好幾個月的時間去做各種地圖[17]。

第一張地圖是在他一切斷神經之後，他看到他所預期的，當他碰觸猴子的手掌中間部分時，大腦地圖上中神經的地區完全沒有反應，但是當他碰觸手的兩側時，原來沒有反應的中神經地圖區域就馬上活化起來，橈骨神經和尺骨神經現在佔據了中神經的區域了。這個地圖改變得這麼快，使人以為它是一直隱藏在某處，現在才突然出現[18]。

在手術完的第二十二天，莫山尼克再做橈骨神經和尺骨神經的地圖，現在長得更細緻了，已經擴張到整個中神經的地盤[19]。

到第一百四十四天時，這個地圖就跟正常地圖一樣的細緻，所有的細節都存在了。

透過長期觀察及繪製地圖，莫山尼克觀察到新地圖如何改變疆域，變得更細緻，在大腦中遷移。有一次，他甚至看到整片地圖不見了，像沈入海底的亞特蘭提斯（Atlantis）古城一樣。

假如一片全新的地圖可以出現，這表示底下的神經元一定在做全新的連接，要把這個觀念解釋清楚，莫山尼克借用了一位加拿大行為心理學家海伯（Donald Hebb）的觀念。海伯曾經跟潘菲爾一起共事，是個非常了不起的科學家。在一九四九年時，海伯提出學習會使神經元產生新連結的觀念，他認為當兩個神經元持續同時發射[20]（或是一個發射，引起另一個神經元也發射），這兩個神經元都會有化學上的改變，因此這兩個神經元就會緊密的連結在一起。海伯的理論其實六十年前佛洛伊德曾提過[21]，後來加州大學的神經科學家謝茲（Carla Shatz）把它綜合成一句神經學上的名言：**一起發射的神經元會連在一起**。

海伯的理論是說神經元的結構可以因經驗而改變，海伯之後，莫山尼克的新理論是大腦地圖上的神經元會因它們在同一時間一起活化而連接得更緊密[22]。莫山尼克想，假如地圖可以改變，那麼那些天生大腦有問題的人就有希望了，那些有學習障礙的人、有心理問題的人、中風的人和腦傷的人，他們可以建構新地圖，形成新連結，只要他們能使健康的神經元一起發射，使它們連在一起。

從一九八〇年代後期開始，莫山尼克設計或參與設計了許多實驗來找出大腦地圖的時間性，及如何操控訊息輸入的時間性來改變它的疆域及功能。

在一個非常聰明的實驗裡，莫山尼克繪出一隻正常猴子的手部大腦地圖後，他把猴子的兩根指頭縫在一起[23]，使牠動時，兩根指頭同步活動。幾個月後，這兩根手指的地圖邊界消失了，變成一個地圖了，也就是說，對大腦來說，這兩根手指頭變成一根了，碰觸兩根手指中的任何一根，整個地圖都會活化起來。這個實驗顯示訊息輸入地圖的時間性是很重要的，因為手指的皮縫在一起了，使它們都是**同時**在做一件事，一起發射的神經元會連在一起，形成單一的地圖。

其他的科學家在人類身上測試莫山尼克的發現。有些人天生手指就是連在一起的，這種叫蹼指症候群（webbed-finger syndrome），當科學家掃描這種人的大腦時，發現他們只有一張大的手指地圖[24]。

在外科醫生用手術分割這些連在一起的手指後，科學家再次掃描他們的大腦，結果兩個清楚邊界的地圖出現了，因為醫生分割了兩根手指頭，當它們可以獨立運動時，神經元就不再同步發射，手指的邊界就分出來了。這裡顯示另一個可塑性的原則：假如在時間上分開送抵神經元的訊號，你就創造了不同的大腦地圖。在神經科學上，這個發現現在被稱為：**不在一起發射的神經元不連在一起**，或是**不同步發射的神經元無法相連**。

在下面一個實驗，莫山尼克創造了一個不存在手指的地圖[25]，這根手指跟其他的手指是垂直的。實驗者同步刺激猴子的五根手指頭，一天五百次，連續一個月，這隻猴子是不能單獨用任何一根手指頭的（被套住了無法單獨行動），很快的，猴子大腦地圖就出現一個橢圓形的新地圖，五根手指已融成一個了。這個新地圖跟其他手指地圖垂直，而且所有的指尖部分都在裡面，舊的手指地圖因為沒有在用，已經開始消散了。

在最後，也是最聰明的實驗中，莫山尼克和他的團隊證明這個地圖跟解剖上的生理位置是沒有關係的[26]。他們從一根手指上取下一小片皮膚，而這皮膚通往大腦地圖的神經還連在皮膚上，然後用手術把這片皮膚移植到旁邊的那根手指上。現在每次移植了皮膚的手指頭在動或觸摸時，這片皮膚的神經會被活化，根據功能區域特定論的模式，這片皮膚的刺激應該透過神經送到大腦中它原來的手指地圖上，但是當莫山尼克的團隊刺激這片皮膚時，**新**指頭的地圖活化了，這片皮膚的地圖已經從原來的指頭遷移到新指頭上去了，因為這塊皮膚和這根新指頭是同步發射的。

在短短的幾年之間，莫山尼克發現成人的大腦有可塑性，說服了原本不相信的科學界，證明了經驗可以改變大腦，但是他還有一個重要的謎沒有解釋：大腦是如何組織它自己使它在組織上和功能上對我們有用。

當我們說大腦地圖是按照外面身體部分組織的，我們是說中指是位於食指和無名指之間，而大腦地圖上也是如此，中指的地圖是位於食指和無名指的地圖之間。這種地形學上的安排是比較有效率的，因為常常要用的東西放在附近比較好拿，常常一起工作的大腦部位連在附近，神經訊號不需要走到大腦的遠端去，效果比較好。

莫山尼克的問題是，這些地形上的次序怎麼在大腦地圖上出現的[27]？他和他的團隊找出答案的方式真是很天才。地形上次序的出現是因為我們日常生活的許多動作都有重複性，它的次序大多是固定的[28]。當我們拿起一顆蘋果或一個棒球時，通常會用大拇指和食指把它拿起來，然後再用其餘的手指把它包裹住，因為大拇指和食指常常都是一起動，幾乎同時把訊號送到大腦，所以大拇指和食指的大腦地圖就會很靠近（一起發射的神經元會連在一起）；當我們繼續用手指頭去包住物體時，我們的中指會接觸到它，所以中指的地圖會在食指的旁邊。我們抓東西一般的順序是大拇指第一，食指第二，中指第三，當在日常生活中，這個順序被重複千百次之後，大腦地圖也就變成大拇指旁邊是食指，食指旁邊是中指了，那些比較不會同時到達的訊號，如大拇指和小指，地圖的距離就會比較遠了，因為不在一起發射的神經元是會分開的。

大部分大腦的地圖是依照一起發生的機率在空間上組織在一起的，我們在前面看到聽覺皮質的組織方式就很像鋼琴，依頻率排列，低的在一端，高的在一端，為什麼這麼有次序？因為在大自然中，低頻率的聲音常常在一起出現，當我們聽到一個人有些低沈聲音時，他所發出大部分的聲音是低頻率的，所以它們就會被歸在一起組織成一個團體了。

當簡金斯（Bill Jenkins）加入莫山尼克的團隊時，研究又開啟了一個新的方向，他幫助莫山尼克將他的發現發展成實際應用。簡金斯是個行為心理學家，對人類如何學習特別有興趣，他建議這個團隊教動物如何學習，然後觀察學習如何影響神經元和地圖。

在一個基本的實驗裡，他們先繪出動物感覺皮質的地圖，然後訓練牠用指尖去碰觸一個旋轉的圓盤十秒鐘，此時用的力要剛剛好，太重會阻止圓盤繼續轉，一但維持十秒鐘後就有一些香蕉可吃。這個作業需要猴子全神貫注，學習如何非常輕的碰觸圓盤，而且要正確的判斷十秒到了沒有。經過幾千次的練習後，莫山尼克和簡金斯重新測量猴子的大腦地圖，發現猴子手指尖端的地圖變大了，因為牠們必須學習如何用剛好的力量去碰觸圓盤[29]才有東西吃。這個實驗顯示當動物有動機要學時，大腦會彈性的反應學習的需求。

這個實驗同時顯示當大腦地圖變得更大時，個別的神經元也經由兩個階段變得更有效率。一開始，當猴子在接受訓練時，手指尖的地圖變大佔去更多的空間；但是一陣子以後，地圖裡的神經元就變得更有效率，最後，只要比較少的神經元就可以做同樣的工作了。

當一個孩子學習彈鋼琴時，第一次，他會用全身的力量——手腕、手臂、肩膀——去彈每一個音符，甚至臉上的肌肉都會繃得緊緊的，很快，他就會只用指尖去彈，再久一點，他就發展出優雅輕鬆的態度輕觸琴鍵，行雲流水的彈奏。這是因為孩子從用到很多的神經元到只用恰當的神經元來做同一件事，當我們對某一個作業越來越精純時，神經元的效率也越來越提高，這是為什麼我們在練習時或增加新的技能到學習單上時，不會很快的用光所有的空間。

莫山尼克和簡金斯也看到在練習時，個別的神經元會變得比較有效率。大腦觸覺地圖中的每一個神經元都有它自己的「感受區」（receptive field），這是皮膚表面的一小片，專門把這區域所接受到的訊息送到這個神經元處理。當實驗者訓練猴子去碰觸圓盤時，每個神經元的感受區只有在被碰觸時才會發射，所以雖然大腦地圖區域會擴張，在地圖中的每一個神經元其實負責比較小的皮膚表面，使動物可以有更細的觸覺區辨能力，所以這個地圖即變得更精確了（譯註：感受區變小，精準度才會提高）。

莫山尼克和簡金斯也發現神經元經過訓練後，變得更有效率，處理的速度變得**更快**。這表示我們思考的速度也是有彈性的，思考速度對我們生存非常重要。事情通常發生得非常快，假如大腦速度很慢，它會來不及看到很多重要的訊息。在一個實驗裡，莫山尼克和簡金斯成功的訓練猴子區辨越來越短的聲音，受到訓練的神經元可以因應聲音而發射得更快[30]，處理的時間越短，在兩次發射之間需要更少的時間「休息」（譯註：神經元不能一直發射，每次發射完必須有短暫的休息（一個神經元休息的時間很短，是以毫秒計算的），但是因為一組神經元發射的時間並不完全相同，因此它會像打排球一樣，球一直在空中傳，但是甲休息時，乙接過去發射，訊息的處理並沒有中斷，這是大家通力合作的結果）。因為思考速度跟智慧也很有關係，智力測驗就像生命一樣，它不但測量你是否答對答案，也要看你花多少時間才答對它。

他們同時也發現當他們訓練一隻動物去做某一項技能時，不但跟這項技能有關的神經元發射得會比較快，也因為速度快，訊號會更清楚。更快的神經元會因更可能彼此同步發射——變成更有默契的隊友——連接得更緊密，使這個團隊的神經元送出更清晰、更強的訊號。這一點很重要，因為更強的訊號在大腦的作用就更大。當我們要記住什麼東西時，我們必須聽得很清楚或看得很清楚，因為記憶是只有原始的訊號是清楚時才可能正確。

最後，莫山尼克發現專注力[31]跟長期的大腦改變有很大的關係，在很多實驗裡，他都發現**只有**當猴子全神貫注在做一件事時，長久的改變效果才會出現。當動物很自動化的在做一件事情，沒有專心去注意時，牠們的大腦地圖會改變，但是這個改變不長久。我們常常稱讚一個人可以一心多用，你當然可以一心多用的學習，但是一心多用不會使你的大腦地圖產生永久的改變。

當莫山尼克還是個小男孩時，他母親的表親，一位在威斯康辛州小學教書的老師被選為全美的模範教師，在白宮領完獎後，她去奧瑞崗州探訪莫山尼克的家人。

「我母親，」他回憶說：「問了一個最白痴的問題：『你在教書這麼多年的過程中，什麼是你最重要的原則？』她的表姐說：『在他們進步時，你測驗他們，你估計他們的程度，假如他們天資很好，你花時間在他們身上，你不浪費時間在那些不可教的孩子身上。』這是她說的，你知道，這多少反映出人們怎麼對待孩子（譯註：相當於台灣的放牛班和升學班），實在難以想像認為你的大腦資源是永久性的固定了，不能改進、不能改變的這種看法，對孩子的傷害有多大。」

莫山尼克現在注意到新澤西州立羅格斯大學（Rutgers University）的塔拉（Paula Tallal）博士的研究，塔拉開始分析為什麼孩子閱讀有困難，在美國大約有百分之五至十五的學前兒童有語言困難，這使得他們閱讀寫字或甚至聽從指示都有困難。有的時候，這些孩子被稱為「失讀症者」（dyslexic）。

嬰兒開始學說話時，是從練習子音—母音如 da、da、da 和 ba、ba、ba 開始的，在許多語言裡，嬰兒的第一個字就是這種子音—母音的聯結體。在英文世界，嬰兒的第一個字常常是 mama 和 dada、pee pee 等。塔拉的研究發現語言有困難的孩子有聽覺處理上的問題，他們沒有辦法正確的複製出這些話來。

莫山尼克認為這些孩子的聽覺皮質神經元發射得太慢了，所以他們沒有辦法區辨兩個非常相似或非常靠近的聲音哪個是第一個音，哪個是第二個音。通常他們會聽不見一個音節開始的那個音或是音節中改變的音，正常的神經元在處理一個聲音之後，只要三十毫秒的休息便可以再發射，但是百之八十語言障礙的孩子要三倍以上的休息時間神經元才可以再發射，所以他們失去了很多語言訊息，當他檢視他們的神經發射形態（pattern）時，發現他們的訊號並不清楚。

「它們是模糊的進來，模糊的出去。」莫山尼克說。聽得不清楚使得**所有的**語言作業都很弱，他們的詞彙弱，理解弱，說話、閱讀、書寫都弱。因為他們花很多的時間做字的解碼，所以他們講的句子都很短，這樣就沒有辦法練習記憶長的句子，他們的語言處理就比較像孩子的，或遲緩的，他們仍然需要練習區分 da、da、da 和 ba、ba、ba。

當塔拉最初發現問題所在時[32]，她擔心這些孩子沒有辦法補救，就好像瓷器打破了，沒有辦法補救一樣，你怎麼去補救大腦的缺陷呢？當然，這是在她與莫山尼克見面之前的想法。

一九九六年，莫山尼克、塔拉、簡金斯，及塔拉的同事心理學家米勒（Steve Miller）組了「科學學習」（Scientific Learning）公司，這家公司是用神經可塑性的研究來幫助人們重新設定他們的大腦。他們的總公司設在加州奧克蘭（Oakland）的市中心，有著一百二十呎挑高的玻璃圓頂，邊緣漆以24 K的金葉，當你進入這幢大樓時，你好像進入了另一個世界。這個公司的員工包括兒童心理學家、可塑性研究者、人類動機的專家、語言治療師、工程師、電腦程式設計師及動畫製作者。他們在自然的光線下工作，抬起頭就可以看到金壁輝煌的圓頂。

Fast ForWord 正是他們發展出來訓練語言障礙及學習障礙孩子的課程，這個課程訓練非常基本的大腦語言功能，從解語音的碼一直到理解力——一種橫跨皮質的訓練。

這個課程包括七個大腦練習，一個是教孩子如何去分辨短音和長音。一隻母牛飛越電腦螢幕，發出哞（moo）的聲音。孩子必須用電腦的滑鼠在母牛飛過螢幕之前捉住牠（按滑鼠鍵），突然之間，哞聲音的長度改變了一點點，這時孩子的手必須放開滑鼠讓母牛飛走。假如這孩子能在母牛哞聲一改變時就立刻鬆手就會得分。在另外一個遊戲裡，孩子練習辨認很容易混淆的子音—母音音節，如 ba 和 da。一開始時，速度比一般正常語言中出現的慢，然後慢慢加快。另一個遊戲是聽越來越快的滑音（glides），如 Whoooop（譯註：滑音為甲音到乙音移動時，自然產生的輕音如 length[lɛŋkθ] 中的 [k] 音）。另一個是教他們記憶聲音，然後找這個音的配對。所有的教材中都用到快速語音部件（fast parts of speech），一開始時是利用電腦幫助，先慢下來，再逐漸加快，使語言障礙孩子可以聽得見並發展出清晰的語音地圖，然後，慢慢地把速度加快。當目標達成時，動畫中的動物開始吃答案，吃得太撐了，不消化，臉上露出可笑的表情，或是做出奇怪的動作來吸引孩子的注意力。這個「回饋」非常重要，因為每一次孩子得到回饋，他的大腦中會分泌神經傳導物質，如多巴胺（dopamine）和乙醯膽鹼，這會幫助固定他剛剛所改變的地圖（多巴胺增強回饋報酬〔reward〕，乙醯膽鹼幫助大腦加深印象，增強記憶）。

有輕微障礙的孩子每天做 Fast ForWord 的練習一小時四十分鐘，一週五天，持續好幾週，而比較嚴重的孩子則需八到十二週。

第一個研究的結果發表在一九九六年一月份的《科學》（*Science*）期刊上[33]，有語言障礙的孩子隨機分成二組，一組進行Fast ForWord的練習，一組是控制組，一樣玩電腦遊戲，但是沒有訓練處理時間或聽放慢速度的語音。這兩組在年齡、智商及語言處理的技能上都一樣，結果，有做Fast ForWord的孩子在標準口語測驗、語言和聽覺處理測驗上都進步很多，成績跟正常的孩子一樣，甚至更好，在訓練完六週後再測驗一次，成績還是一樣的好，他們比控制組的孩子進步的多得多。

後來的實驗是追蹤三十五個地點——如醫院、家庭和診所——五百名孩子的進步情形，他們都在接受Fast ForWord課程之前和之後做標準語言測驗，研究發現大部分的孩子在接受過Fast ForWord訓練後在理解語言的能力上都達到正常人的程度[34]，許多孩子甚至於高過正常人。受過這個訓練六週的孩子平均來說，在語言發展上往前推了1.8年。這是一個非常了不起的進步。史丹佛大學的研究團隊掃描了二十個失讀症孩子的大腦，比較他們接受訓練之前和之後大腦的改變，結果發現在接受訓練之前，這些孩子使用與正常孩子不同的大腦區域來閱讀，在接受訓練之後，他們的大腦開始正常化[35]（例如，一般來說，他們增加了左邊顳葉—頂葉皮質的活動量，而且它們活動的形態與正常沒有閱讀障礙的孩子一樣）。

威利是一個來自西維吉尼亞州的七歲孩子，他有著滿頭的紅髮和滿臉的雀斑，他是童軍團的童子軍，喜歡去大賣場逛街，雖然只有四呎高，卻很喜歡摔角，他剛完成 Fast ForWord 的課程，覺得自己改變了，已經脫胎換骨。

「威利主要的問題是聽不清楚別人講的話，」他的母親解釋道：「我可能在說 Copy，他卻聽成 Coffee。假如環境很嘈雜，那麼他就聽得更不清楚了。他去念幼稚園的時候就感到挫折了，你可以**感到**他的不安全感，他養成緊張的壞習慣，如咬他的衣服、袖子，因為每一個人都答對，只有他答錯，一年級的老師甚至建議他留級。他在閱讀上有困難，包括默讀和朗讀。

「威利不能正確的聽出聲調的改變，所以他不知道一個人是在驚呼還是一般的說話，因此他很難閱讀別人的情緒，缺乏高、低聲調的區別，他聽不出別人興奮時所說的**哇！**（Wow），就好像每件事情都是一樣的情緒，一樣的平淡。」

他母親帶他去找聽覺專家，被診斷為「聽力困難」（hearing problem），認為是源自大腦的聽覺處理失常。他沒有辦法記住字串，因為他的聽覺系統很容易就滿了，裝不下了。如果你叫他做三件事：把鞋子收好，放到樓上的鞋櫃裡，然後下來吃晚飯，他會忘記。他會把鞋子脫掉，去到樓上，然後喊說，媽，你要我做什麼？老師需要一直重複要他做的事，雖然他看起來是個天分很高的孩子，他的數學很好，但是他的困難使他無法進步。

他的母親不願意讓威利留級，重讀一年級，所以在那個暑假把威利送來 Fast ForWord 上八星期的課。

「在他沒有上 Fast ForWord 的課之前，」他母親說：「你把他放在電腦前面，他會感到壓力，上了這個課以後，他每天花一百分鐘用電腦，整整上了八個星期，他很喜歡這個課程，尤其喜歡他們的得分系統，因為他可以看到自己一直在往上，往上爬。當他進步以後，他可以聽出來句子的抑揚頓挫，比較了解別人說話的情緒，比較不那麼焦慮了。他改變了那麼多，當他把期中評量帶回家時，他說：『媽咪，這比去年好了太多。』他開始拿A和B……這真是顯著的差異，現在他說：『我可以做這個了，這是我的成績，我可以做得更好。』我覺得好像我的祈禱被聽到了，被回應了。這個課程對他幫助之大真是令人不敢相信。」一年之後，威利仍然繼續在進步。

莫山尼克的團隊開始聽到 Fast ForWord 有其他附加的作用出現，孩子書寫進步了，比較能專心，莫山尼克認為這些益處會發生是因為這個課程增進了基本一般性的心智處理能力。

大腦有一項很重要的能力我們一般都沒有注意到，即決定一件事要花多久時間，所謂的「時間處理」（temporal processing）。假如你不能決定這個事件要持續多久，你就不能做出恰好的動作，得到恰好的視、聽知覺或做出恰好的預測，莫山尼克發現假如訓練人去區辨皮膚上非常快的震動刺激（只有七十五毫秒），這個人就能區辨出七十五毫秒的聲音[36]。似乎這個課程改進的是大腦的一般性判斷時間的能力，有時這個進步也會延伸到視覺處理歷程，在上這個課之前，威利在玩一個找出哪樣東西放錯了位子的遊戲，如鞋子在樹上，罐頭在屋頂上時，他的眼睛會四處遊蕩，他是想一次看整張圖，而不是一次看一點的掃描。在學校裡閱讀時，他會跳行，在上完 Fast ForWord 的課後，他的眼睛不再在紙上跳來跳去隨便亂找，他現在可以集中他的視覺注意力了。

很多孩子在上完這些課程後，不但語言、說話、閱讀的能力有進步，連數學、科學和社會科學的成績都有進步。或許是這些孩子現在可以在課堂上聽得比較清楚或是讀得比較清楚，但是莫山尼克認為其中的原因可能更複雜。

「你知道，」他說：「智商成績也進步了，我們用的是矩陣測驗，這是一個以**視覺**為基礎的智力測驗，而智商上升了。」

智商的**視覺**部分進步了，表示智商的進步並不是僅僅因為 Fast ForWord 改進了孩子閱讀語言測驗題目的能力。他們一般心智處理的能力也增加了，這可能跟時間處理能力的改進有關。他們對一個字或一個句子的時間性比較抓得準了，另一個沒有料到的好處是，它對自閉症的孩子也有幫助。

◆ ◆ ◆

自閉症是精神醫學到現在還不知原因的兒童發展失常症，這些孩子不了解別人的心智情況，而且這種不正常滲透到許多發展的層面，是一種廣泛性發展障礙（pervasive developmental disorder

），它侵害到智力、知覺、社會技能、語言和情緒。

大部分的自閉症孩童智商低於七十，他們主要的問題在跟別人互動的社會行為上，嚴重的自閉症會把別人當作沒有生命的物體，也不打招呼，也不把他們當人看待，好像他們不知道這些人也有心智存在。他們同時也有知覺上的問題，通常是聲音和觸覺超級敏感，他們的感官負荷量好像一下子就超載了（這可能是自閉症孩子通常避免跟別人眼神接觸的原因，對他們來說，從人而來的刺激，尤其從感官來的刺激是太強了，他們不能負荷），他們的神經網路看起來是太過活化，很多自閉症孩子有癲癇。

因為這麼多自閉症孩子有語言上的障礙，許多臨床治療師就開始轉介他們去上 Fast ForWord 的課程，他們當時對這個課程並沒有抱很大的希望。後來這些孩子的父母告訴莫山尼克說孩子變得比較願意與別人交往。他開始問，是這些孩子被訓練得比較知道別人在說什麼，比較注意的關係嗎？他對這個課程可以同時幫助語言障礙和自閉症的孩子很感興趣，語言的症狀怎麼會跟自閉症的症狀攪在一起呢？有可能語言困難和自閉症是源於同一根源的兩種外表上不相同的病嗎？

兩個自閉症的研究確定了莫山尼克的懷疑，一個研究是 Fast ForWord 的課程很快的把嚴重語言缺失的自閉症孩子提昇到正常的層次[37]，另一個有一百名自閉症受試者的研究[38]顯示注意力廣度有增加，幽默感也增加了，他們跟別人的互動有改進。他們發展出比較好的眼神接觸，開始會跟別人打招呼，用名字稱呼人，跟人寒暄，最後還會說再見。這些孩子好像開始知道外面世界的人也跟他自己一樣，是有心智的。

蘿拉莉是一個八歲的自閉症女孩，三歲時被診斷為中度自閉症，即使已經八歲了，她還是很少用語言，叫她也不會應，她父母說她就好像根本沒有聽見似的。有的時候她會開口說話，但是她有她自己的語言，別人聽不懂，假如她要喝果汁，她不會說她要，她會把她父母拉到放果汁的地方，用手勢表達她的願望。

她還有別的自閉症症狀，例如一直做重複的動作，有人認為這是自閉症者用來對抗感覺器官的負荷過量，她母親說：「蘿拉莉的這種重複行為是全套的——翻拍手掌，腳尖走路，精力充沛，咬指甲，咬衣服，但是她不能告訴我她的感覺是什麼。」

她非常喜歡樹，當父母黃昏帶她去散步以消耗她多餘的精力時，她常常會停下來，摸樹、抱樹，跟樹說話。

蘿拉莉對聲音非常的敏感，「她有超人的耳朵，」她母親說：「她小的時候，常常用手蓋住耳朵，她不能忍受收音機的某些音樂，例如古典音樂和歌舞劇的音樂。」在小兒科醫生的候診室中，她可以聽到別人聽不到的聲音，如樓上房間的聲音。在家裡，她會把洗臉盆裝滿了水，然後蹲下去，抱住排水管，聽水流下去的聲音。

蘿拉莉的父親是海軍，二〇〇三年時被派到伊拉克去打仗。當她們家搬到加州時，蘿拉莉進入當地小學的特教班，那個班上有採用 Fast ForWord 的課程，她當時是以一天兩小時，共八週時間完成這個課程。

「當她完成這個課程後，她的語言爆炸了。」她母親說：「她開始說越來越多的完整句子，她可以告訴我今天在學校的情形，在那之前，我只能問：『你今天在學校是好還是不好？』現在她可以告訴我她做了什麼，她記得那些細節，假如她碰到困境，她可以告訴我，我不必一直用各種方式追問，像以前一樣拼湊出發生了什麼事。她也發現比較容易記得事情。」蘿拉莉以前就喜歡閱讀，但是她現在可以看比較長的故事書、非故事類的及百科全書了。「她現在可以聽比較安靜一點的音樂，比較可以忍受收音機中的音樂了。」她媽媽說：「這好像把她從睡夢中喚醒一樣，她跟別人的互動有改善時，對我們所有的人來說，都好像被喚醒一樣，這真是上天的賜福。」

莫山尼克決定，如果要更深入了解自閉症和它很多的發展遲緩，他必須再回到實驗室去，他認為要了解自閉症最好的方式是創造出一隻自閉症的動物（譯註：在了解疾病的成因和治療方法時，科學家都是先建構出動物模式，如《喚醒冰凍人》〔遠流出版〕書中就提到為了尋找帕金森症的療方，他們成功製作出一隻帕金森症的猴子，透過動物實驗，找出致病的可能原因及療法，許多研究無法用活人來做實驗，只能用跟人類在研究目標上特定功能和大腦組織很相近的動物來替代，因此找出動物模式就等於解決一半的問題了）。莫山尼克要找出一個方式使正常的猴子在各方面的發展上遲緩，像自閉症兒童一樣，然後他可以研究這隻動物並治療牠。

莫山尼克開始想「童年的創傷」（infantile catastrophe）。他有個感覺，這些孩子在嬰兒期時，一定有某些事出錯了，嬰兒期是大部分關鍵期發生的時候，可塑性最強，大量的發展也在這時期完成。但是自閉症基本上是個遺傳的問題，同卵雙胞胎中，如果一個有自閉症，另一個也有的機率提高到百分之八十至九十。假如是異卵雙胞胎，一個是自閉症，另一個有語言和社會問題的機率也是比較高。

然而，自閉症的案例已經爬升到光是基因不足以解釋的地步了，當自閉症在五十年前第一次被發現時，五千人中大約有一名患者，現在是五千人中有十五名了。這數字上升得這麼快，一部分的原因是大家比較知道什麼是自閉症，所以診斷出來的機率升高了，一部分的原因是一些孩子貼上了輕微自閉症以得到免費的治療。「但是，」莫山尼克說：「即使所有的這些原因都拿掉，它還是在過去十五年內爬升了三倍。對自閉症的危險因素來說，它是世界性的危機現象。」

他認為可能是環境的因素在影響這些孩子的神經迴路，迫使他們的關鍵期在大腦地圖還沒有全部區辨清楚時提早關閉。當我們出生時，我們的大腦地圖還是一張很粗略的簡圖或是草稿，還沒有細節，還**未分化**完成。在關鍵期時，我們的大腦地圖結構會因為第一次的外界經驗開始成型，這個簡圖慢慢精緻化、添上枝葉，變成我們正常的大腦。

莫山尼克和他的團隊用微電極去繪出初生老鼠的大腦地圖在關鍵期是如何形成的。剛出生，在關鍵期剛開始時，老鼠的聽覺皮質地圖是沒有分化的，皮質上只有兩塊大大的區域，一半的地圖對**任何**高頻率起反應，另一半的地圖對**任何**低頻率起反應。

當老鼠在關鍵期內聽到某個特定頻率時，剛剛那個簡單的組織就改變了，假如老鼠是重複的聽到高Ｃ音，不久之後，只有幾個神經元會被Ｃ音所活化，變成**只對**Ｃ音反應。同樣的，當動物重複聽到Ｄ、Ｅ、Ｆ音時，某些神經元也會變得只對這幾個音特別做反應。現在地圖就不是只有兩大塊了，現在它有很多的區塊，每一塊對不同的音起反應，這個地圖已經分化了。

關鍵期的皮質很了不起的地方在它是這麼的有彈性、有可塑性，只要讓它接觸新的刺激，它的結構就可以改變。這種敏感度使得在語言發展關鍵期內的嬰兒及幼兒可以毫不費力地學習新的語音和字詞，他們只要聆聽父母說話就可以了，只有聽就足以使他們的迴路連接得不一樣。當然，在關鍵期之後，大一點的孩子和成人一樣可以學語言，但是他們必須專心學習並下苦功才行。對莫山尼克來說，關鍵期的可塑性及成人的可塑性差別在：關鍵期時，大腦只要接觸到外面世界的刺激就可改變，因為學習的機制是一直開著的。

這個學習的機制一直保持開著的狀態是有生物上的原因的，因為嬰兒不可能知道什麼將會是生活上重要的東西，所以他們對所有的東西都很注意。只有在大腦已經有點組織了，他才知道什麼是該注意的，什麼是不重要的。

要了解自閉症，莫山尼克需要知道的下一個線索是來自列維—蒙他契尼（Rita Levi-Montalcini）所做的一系列實驗。列維—蒙他契尼是猶大人，一九〇九年生於義大利的杜林（Turin），並在杜林念醫學院。一九三九年當墨索里尼禁止猶太人行醫和進行科學研究時，她逃到比利時的布魯塞爾（Brussels）繼續她的研究。當納粹進攻比利時時，她回到杜林，並且在她的臥室建了一個祕密實驗室來研究神經的生長，她用縫紉的針來製造微電子顯微鏡外科手術所需要的儀器。當一九四〇年盟軍轟炸杜林時，她逃到匹德蒙（Piedmont）。一九四〇年的有一天，她坐在從運牛的車廂改成乘客車廂的火車地板上，去到北義大利的小村莊時，她讀到一篇漢伯格（Viktor Hamburger）所寫的科學論文，漢伯格是這個領域的先鋒，他研究小雞胚胎神經的發展，列維—蒙他契尼決定重複這個實驗，她在山居小屋的桌子上，用附近農夫提供的雞蛋開始了一系列的研究。當她完成實驗後，她就把這顆雞蛋吃掉，一點都不浪費。戰爭結束後，漢伯格邀請列維—蒙他契尼參加他的團隊，跟他一起在美國的聖路易（St. Louis）做研究，他們發現小雞的神經纖維在有老鼠腫瘤在旁的情況下發展得比較快。列維—蒙他契尼認為腫瘤可能分泌一種物質去促進神經的生長，在生化學家科恩（Stanley Cohen）的幫忙之下，她分離出這種促使神經生長的蛋白質，她把它叫做神經生長因素（nerve growth factor, NGF），列維—蒙他契尼和科恩在一九八六年共同拿到諾貝爾生醫獎。

列維—蒙他契尼的研究導出一系列神經生長因素的發現，這其中，大腦衍生神經胜肽（

brain-derived neurotrophic factor, BDNF）引起了莫山尼克的注意。

ＢＤＮＦ在關鍵期大腦可塑性的改變上扮演了重要的角色[39]，莫山尼克認為它至少有四個不同的方式。

當我們做一個行為需要特定的神經元一起發射時，它們會分泌ＢＤＮＦ，這個生長因素使神經元之間的連接「固化」，幫助它們連接在一起，使它們在未來能更可靠的一起發射，ＢＤＮＦ同時也促進每個神經元外面那一層薄薄的脂肪生長，這會加速電流訊號在神經上的傳導速度。

在關鍵期時，ＢＤＮＦ會啟動大腦中使我們專注注意力的基底神經核（nucleus basalis），**使它一直活化到關鍵期結束**，一旦被活化後，基底神經核不但使我們專注，還使我們記住我們的經驗，這使得大腦地圖得以分化，並有效的改變地圖形狀。莫山尼克告訴我：「這就好像有一個老師在大腦中說：『**這是**非常重要的，你們一定要記住，考試時會考的。』」莫山尼克把基底神經核和注意力系統叫做可塑性的調節控制系統——這個神經生化系統啟動後，會使大腦在一個非常有彈性，可改變的狀態。

ＢＤＮＦ最後的一項功能是當它已經完成重要神經連接的強化後，會幫忙關掉關鍵期[40]，一旦主要的神經迴路連接完畢，這個系統需要的是穩定，所以就有比較少的可塑性。當ＢＤＮＦ分泌得很多時，它會關掉基底神經核的開關，結束不花力氣、輕鬆學習的神奇學習時代，後來，這個神經元只有在重要時、驚異的或新奇的東西出現時，或是我們努力用心專注去學習時才會再被活化。

莫山尼克在關鍵期以及BDNF的研究使他發展出一個理論來解釋為什麼自閉症會有這麼多不同的問題出現。他認為在關鍵期的時候，有一些情況過度興奮了有自閉症基因孩子的神經元，使大量的BDNF被釋放出來，過早的關掉了關鍵期，把那些還沒有完全連接好的神經迴路給封住了，所以孩子的許多大腦地圖都還沒有分化完成，造成全面性的發展失常。他們的大腦是過度興奮、過度敏感的，假如他們聽到一個頻率的聲音，整個大腦的聽覺皮質都活化起來[41]。這似乎就是蘿拉莉的情形，當她聽見音樂時，要用手把兩邊耳朵都蓋起來，因為她不能忍受聽覺皮質全部大量活化帶來的刺激。其他自閉症的小孩也有對觸覺超級敏感的，衣服上的標籤碰觸到他們的皮膚好像在受酷刑。莫山尼克的理論同時也解釋了自閉症的高癲癇比率：因為BDNF的過早大量分泌，他們的大腦地圖還未分化完成，因為這麼多大腦的連結都還沒有區分好、增強好、固定好，一旦有幾個神經元發射，會帶動全腦亂活化。這也能解釋為什麼自閉症的孩子腦比較大[42]——這會增加神經元外面包覆的那層脂肪。

假如BDNF的分泌會導致自閉症和語言困難，莫山尼克需要知道什麼東西使得年幼的神經元過度興奮，分泌出大量的BDNF來。

有好幾個研究使他警覺到環境因素的影響。其中一個研究顯示，住在越靠近德國法蘭克福（

Frankfurt）機場的孩子，他們的智商越低；另一個實驗發現住在芝加哥靠近高速公路的國民住宅的孩子，公寓越靠近公路，孩子的智商越低。莫山尼克開始懷疑新的環境危險因素如噪音，對每一個人健康的影響，尤其那些天生有基因傾向的孩子，他們受的傷害越大（譯註：作者用 genetic predisposition 的意思是大腦是環境和基因交互作用的產物，除了極少數疾病外，有這個病的基因是得這個病的「傾向」〔predisposition〕比別人大，但是還是需要環境去引發〔trigger〕）。持續的背景噪音例如飛機、汽車或機械不停震動所發出的噪音包括了許多頻率，這對聽覺皮質是很大的刺激（譯註：我們的耳朵聽到二十到二萬赫茲的頻率，若把這些頻率全部集中起來，就是所謂的「白噪音」〔white noise〕，這是一種非常難忍受的聲音，好像無線電調電波時的刺耳聲音，過去曾有警察用這聲音來虐待犯人，晝夜播放白噪音會使人失去理性而發瘋）。

「在持續不斷的噪音環境中長大的嬰兒，都很桀聒，吵鬧。」他說，現在的生活中，白噪音無所不在，電腦、冷氣機、暖氣機的風扇，汽車引擎的聲音，這些聲音又怎麼去影響大腦的發展呢？莫山尼克需要找出答案。

為了測試他對於噪音的假設，他的團隊將剛出生的小老鼠放在白噪音的環境中長大，直到關鍵期過後才去檢查牠們的大腦皮質，結果發現嚴重不正常。

「每一次你聽到一個聲音，」莫山尼克說：「你就興奮了聽覺皮質的每一個神經元，這麼多的神經元一起發射就分泌了大量的ＢＤＮＦ。」就如他的模式所預期的，暴露在連續性的噪音底下使關鍵期提早關閉了[43]。這隻動物的大腦地圖沒有分化完成[44]，這些沒有區辨力的神經元只要有任何頻率的聲音進來都發射。

莫山尼克發現這些小老鼠，就像自閉症的孩子一樣，比較容易有癲癇，在正常的語言環境中就會引起他們癲癇發作（癲癇病人常因搖滾樂晚會中，一閃一閃來回轉的閃光燈燈光而引發癲癇，因為搖滾樂晚會的白光是由許多不同頻率的光所組成的。另外台灣的警車在巡邏時，喜歡把車頂的緊急閃燈打開，紅、藍、白光一直閃對癲癇病人很不利，它應該是緊急狀況要搶道時才做警示用，不是平常無事時巡邏用的）。莫山尼克現在有了他的自閉症動物模式了。

最近大腦掃描的研究支持了莫山尼克的假設，自閉症孩子在處理聲音時的確不正常[45]，莫山尼克認為沒有分化的皮質可以解釋為什麼他們學習有問題，因為他們的大腦皮質沒有分化完成，無法集中注意力。當老師要他們集中注意力時，他們的大腦是一片混亂，嘈雜不堪，這是為什麼自閉症的孩子不能忍受外面世界，會退縮到他們自己的殼中。莫山尼克認為輕微的這種情形可能是注意力缺失的根本原因。

現在莫山尼克的問題是：在關鍵期之後，有可能把這些沒有分化的大腦地圖正常化嗎？假如可以，這會給自閉症的孩子帶來希望。

他們第一步先用白噪音使老鼠的聽覺皮質地圖沒有分化，然後，在傷害造成後，他們用單音，一次一個音，重新分化聽覺皮質地圖，使它正常化[46]。事實上，透過訓練，他們使老鼠的地圖在正常化之上。「這正是，」莫山尼克說：「我們想對自閉症孩子做的事。」他目前正在修改Fast ForWord的電腦程式，使它適用於自閉症的孩子，即把原來蘿拉莉用的那個課程更精緻化，專門用於自閉症。

✦ ✦ ✦

那麼，有沒有可能重新打開關鍵期的可塑性，使成人也可以用孩子學語言的方式學新的語言？莫山尼克已經看到可塑性可以延伸到成年期，假如很專心、很努力，我們應該可以重新設定我們的大腦，現在他在問的是，有可能把這個不費力的關鍵期學習方式延伸到成年期嗎？

在關鍵期的學習不花力氣那是因為在那個時候，基底神經核一直都是啟動的。所以莫山尼克和他年輕的同事基爾嘉（Michael Kilgard）設計了一個實驗，用人工方式將成鼠大腦中的基底神經核啟動，同時讓老鼠做牠們無法專心去做，做對了也不會有報酬的學習作業。

他們將微電極插入老鼠的基底神經核中，用電流來使這個基底神經核活化。然後他們把老鼠放進一個九赫茲的聲音環境中，看這隻老鼠是否可以不花力氣的發展出九赫茲的大腦地圖位置出來，就像小老鼠在關鍵期時所發展出的地圖一樣。一週之後，基爾嘉和莫山尼克發現老鼠的確可以大大擴展九赫茲的大腦地圖，他們發現了一個人工的方法可以重新打開成人的關鍵期[47]。

他們用同樣的方式使大腦加速處理時間，通常，一隻正常的老鼠對一個聲音最大的反應量是一秒發射十二次。用刺激基底神經核的方式，他們可以「教育」這個神經發射更多次。

這個研究打開了生命後期高速學習的可能性，現在可以用電極的方式啟動基底神經核，或用注射某種生化物質，或用藥物的方式來活化這個基底神經核，你很難想像會沒有人不被這個新科技所吸引，因為它可以使你相當輕鬆的學會科學、歷史，或某一種專業，你惟一需要做的只是暴露在那個環境之下而已。你可以想像新移民進入一個國家，現在可以輕而易舉的學新語言，完全沒有口音，再想像失業的中年人可以再學一個新技能去就業。這種技術無疑的會被高中生或大學生拿去用在競爭很激烈的聯考上（現在已經有很多明明沒有注意力缺失的學生，用藥物來幫助他們學習）。當然這種激烈的介入性藥物可能會對大腦產生副作用，更不用說我們自律的能力，但是這會在醫學上開創一個新的領域。刺激基底神經核可以使它再活化來幫助大腦受傷的病人，使那些失去閱讀、書寫、說話或走路能力不能再學習的病人（因為他們不能集中注意），有一個再生的機會。

◆ ◆ ◆

莫山尼克成立了新公司 Posit Science，專門幫助人們老去時，保留他們大腦的可塑性，延長他們心智功能的壽命。「我很喜歡老人，我一直都喜歡老人，或許是因為我最喜歡的人是我的祖父。他是我所遇到最有智慧、最有趣的三個或四個人之一。」莫山尼克的祖父在九歲時，從德國坐帆船來到美國，他是自學成功的建築師及營造商，在平均壽命為四十歲左右的年代，他活到七十九歲。

「等到現在六十五歲的人過世時，平均壽命會升到八十多歲，但是當你八十五歲時，你會有百分之四十七的機率得到阿茲海默症（Alzheimer's disease）。」他笑著說：「所以我們創造了這個很奇怪的情境，我們使人們活得很長，長到一半的人會活到不知道自己是誰才過世，我們必須想辦法來延長人的心智生命，使它跟人的身體生命一樣長才行。」

莫山尼克認為當我們年紀大時，我們忽略了專注的學習，不再努力學習使得大腦中調節、控制可塑性的系統荒廢掉了，所以，他發展了針對老人認知功能衰退的大腦練習——如一般常見的記憶力、思想和處理的速度的衰退。

莫山尼克對付心智衰退的方法跟主流的神經科學家不同。現在有千百篇論文在討論人老時大腦中生理和化學物質的改變，當神經元死亡時，大腦處理的歷程又為何。現在市面上有許多藥是研發出來阻止老化的歷程，提升大腦中化學物質的濃度。然而，莫山尼克認為這些價值幾億美金的藥物只能提供四到六個月的改進。

「這樣做有一個非常不對的地方，」他說：「它忽略了**維持**正常能力和技術所需的物質……這就好像你在大腦年輕時所習得的技術和能力是注定要跟著大腦生理上的衰退而衰退似的。」他認為主流派的做法對大腦需要什麼來學習一個新技術並不了解，「他們想像說假如你操弄正確的神經傳導物質濃度……記憶就會回來，認知功能都可以用，你可以像羚羊一樣的開始跑跳。」

主流的治療法並沒有顧到維持一個好記憶究竟需要的是什麼東西，我們年紀大，記憶衰退的主要原因之一是我們無法在神經系統中**登錄**新的事件，因為處理的速度變慢了，所以我們看東西、聽東西時知覺處理的正確性、強度及清晰度都隨之衰退了。假如我們不能把某件事登錄得很清楚，當然不可能把它回憶得很好。

舉一個老年人最常見的例子——找不到想要講的那個字——來說好了。莫山尼克認為這個現象的發生是因為大腦的注意力系統在逐漸的萎縮和退化，而跟可塑性有關的基底神經核也是。這個萎縮現象使我們口語不流暢，因為一個聲音或字的表徵不清楚，登錄這些字或聲音的神經元沒有協調好，沒有同步發射，沒有辦法很快速送出強有力的訊號，我們就在那兒結結巴巴，找不到我們所要講的字了。當代表口語的神經元送出模糊不清的訊息時，接受訊息的下游神經元就無法精準的活化，所以模糊的輸入，當然只好模糊的輸出。這就好像我們前面看到語言障礙的孩子一樣，他們也有著「雜亂的大腦」（noisy brain）。

當我們的大腦很嘈雜時，新的記憶訊號沒有辦法跟大腦背景的電流訊號競爭，造成「訊號—雜音」（signal-noise）的問題。

莫山尼克說系統變得有雜音有兩個原因，第一是大腦沒有好好的訓練，分泌乙醯膽鹼幫助大腦集中注意力，形成清晰記憶的基底神經核被忽略了。在一個有輕度認知功能缺失的大腦中，基底神經核分泌的乙醯膽鹼竟然少到無法測量到。

在童年，我們有一段密集學習的時期，每一天都學到新的東西，然後，在我們剛就業時，我們也是密集的學習新的技術和能力，漸漸的，當我們步入中年後，我們已駕輕就熟，用的是已經熟練的技術和能力。

在心理學上，中年是人生一段美好的時光，因為跟前面比較起來，好像水流過了急湍，開始平穩下來，我們的身體不像青春期那樣劇烈變化，我們對自己是誰已有穩定的概念，對事業也比較得心應手。我們還是認為自己很活躍、很年輕，但是我們傾向於欺騙自己認為自己還是像以前一樣的學習，我們很少去做一件需要我們全神貫注學習的工作，也很少去學新的詞彙或新的技術。平常我們看報紙、上班、說母語都是在用我們已經熟練的技能，這不是學習。當我們到七十歲時，我們已經有五十年沒有系統化的去動用調節可塑性的系統了。

這是為什麼老年人學習新語言是很好的事，它增進並維持記憶的能力。因為學習新語言需要全神貫注，它會啟動可塑性的控制系統，使系統保持良好狀態，對所有東西的記憶都能登錄得很清晰。Fast ForWord 能增進思考的能力有一部分是它刺激了可塑性的控制系統，使它一直分泌乙醯膽鹼和多巴胺，任何需要全神貫注的事都對這個系統有利——學習新的運動、舞蹈，破解困難的字謎，或換個需要學會新技術和材料的工作。莫山尼克自己非常贊同老年人學習新的語言，「

你慢慢又磨利**所有的**能力，這對你是非常有利的。」

這些也可應用到老人的運動、走動能力上。只是去跳你以前學會的舞並不能幫助大腦的運動皮質維持它的狀態，要使心智活躍，你需要去學完全**新的**，需要全神貫注才學得會的東西。這不但使你有新的記憶，同時使你能輕易的活化一個系統並且保存舊的。

Posit Science 公司中的三十六名科學家在五個老年人最容易產生缺失的領域努力工作，發展大腦訓練課程的關鍵在給予大腦適量的練習，正確的順序，及恰當的時機使大腦改變。這科學上的挑戰是去找出最有效的方法來訓練大腦[48]並且能夠應用到生活上。

莫山尼克告訴我：「你在年輕大腦中所看到的每一件事情都可以應用到老年的大腦上。」惟一的條件就是這個人必須有足夠的報酬或懲罰來使他集中注意力以忍受有人認為相當無聊的訓練過程，假如能做到這一步，他說：「這個改變能夠像在嬰兒大腦中的改變一樣大。」

Posit Science 的訓練課程有字彙和語言的記憶練習，用像 Fast ForWord 一樣的聽力訓練和電腦遊戲來增加老年人的聽覺記憶。這個課程是建構在大腦處理聲音的基本能力上，讓老人聆聽緩慢的、清晰的語音，莫山尼克不認為你可以叫老人做他辦不到的事去增進他逐漸退步的記憶，「我們不能用訓練將死馬當活馬醫。」他說，老人做練習以增強他們聽的能力，這種能力自他們在嬰兒搖籃中把母親的聲音從背景雜音中分離出來後，就不曾再用過，這種練習增進處理速度，使基本的語言訊號更強壯、更清晰、更正確，這同時也刺激大腦增生多巴胺和乙醯膽鹼。坊間那種記憶課程，給你一個單子去背單子上的項目來挽回退步的記憶，他認為是無效的，需從基本能力上訓練起。

很多大學現在在用標準記憶測驗來評估這些記憶練習。Posit Science 在《美國國家科學院院刊》（*Proceedings of the National Academy of Sciences*, PNAS，譯註：這是一份相當有分量的科學期刊，它的點數與《自然》或《科學》不相上下）發表了它的第一份報告㊾。他們發現六十到八十七歲的老人，經過一天一小時，一週五天，八到十週的聽覺記憶訓練後，他們的記憶從一般七十歲老人的記憶提昇到五十到六十歲人的記憶，所以許多人撥回了他們記憶的時鐘十年左右，有的人甚至可以撥回二十五年。這個增進的效果在三個月後的追蹤調查中仍然存在，加州大學柏克萊校區（University of California at Berkeley）的賈格斯（William Jagust）研究團隊做了上課之前和之後的正子斷層掃描㊿（Positron Emission Tomography, PET），發現他們的大腦並沒有「新陳代謝退步」（metabolic decline）——神經元逐漸不活躍——這在老人大腦中常常看到。這個研究同時也比較了上過聽覺記憶課程的七十一歲老人，跟沒有上這些課但是用同樣時間在看報紙、聽有聲書或玩電腦遊戲的同年齡老人，結果發現沒有上過課的老人前腦有新陳代謝繼續下降的現象，而上過課的沒有。這些人的右頂葉及跟記憶和注意力測驗有關的其他大腦區域的新陳代謝是不降反升的（譯註：大腦在工作時，工作部位需要比較多的血流量，正子斷層掃描是計算葡萄糖的新陳代謝率，工作多的區域代謝快，在圖片呈現出來的是紅色或黃色，沒有活化的區域代謝少，呈藍綠色），這些研究顯示大腦練習不但減低跟年齡有關的認知功能退化，而且反而可以增加認知能力。最主要的是這些進步其實只花了四十到五十小時做大腦練習而已，假如花的時間更多，說不定效果會更好。

莫山尼克說他們成功的逆轉了老人認知功能的時鐘，使他們的記憶、解決問題能力和語言能力更像年輕的時候——甚至二十到三十年前的他們。一個八十歲的老人可以在操作行動方面像五十或六十歲的人，「這些訓練課程目前在三十個老人社區中使用，只要上 Posit Science 的網站便可以做這些練習。」

Posit Science 也應用到視覺方面。當我們年紀大時，我們的眼力逐漸退化，不只是眼球的關係，我們大腦視覺處理的能力也變弱了，老人比較容易分心，也比較容易失去他們的視覺注意力。Posit Science 目前在發展電腦課程來使老人集中注意力到作業上，而且加速他們視覺處理的速度，他們讓老人在電腦螢幕上搜索不同的物件。

針對前腦也有一些練習可以增加我們的「執行力」（executive functions），如鎖定目標，把目標從背景中抽離及做判斷決策。這個練習也同時幫助老人分類，將同類東西放在一起，在聽到複雜的指令後，能按部就班的執行，以及加強他們聯結記憶的能力，這可以增進老人把人、事、物放在正確情境中的能力。

Posit Science 也在研究精細運動控制的課程。當我們年紀大時，許多人放棄了繪畫、鉤針、打毛線、彈奏樂器或木雕等年輕時的愛好，因為我們的手已經不能再做精細的工作了。這些練習會使大腦中褪色的地圖重新鮮明起來。

最後他們也發展粗略的運動控制。這個功能在我們年齡增加時，逐漸下降，使老人失去平衡，容易摔跤，走動不易。這個問題除了前庭功能的失常之外，還有一個原因是我們腳的感覺回饋系統衰退了，莫山尼克說，人們穿了幾十年的鞋子，限制了從腳到大腦感覺的回饋，假如我們是打赤腳，我們的大腦會從腳踩在不同的地面上得到很多的回饋，鞋子是一個相當平扁的平台，把刺激分散掉，而且我們現在走的路面是越來越人工化，越來越平坦，這使我們大腦腳底地圖的分化越來越不顯著。於是我們開始使用拐杖、走路器，或其他幫助我們平衡的東西，我們用補救的方法而不是去練習大腦退化的系統，就加速了這個系統的衰退。

當我們年紀大時，我們下樓梯要去看我們的腳，因為我們從腳所得到的回饋不夠，當莫山尼克扶著他的岳母步下別墅的台階時，他鼓勵她不要低頭看她的腳，而要感覺她的腳在哪裡，使她可以維持並發展她大腦的腳的地圖。

◆ ◆ ◆

在花了很多時間來擴大大腦的地圖後，莫山尼克現在認為有的時候你也要縮減它。他現在致力於發展大腦橡皮擦，把有問題的大腦地圖除去。這個技術對在創傷之後，當時的影像一直在眼前出現的人，對有強迫性思考（一個念頭揮不去），有恐懼症的人或有心智聯想問題的人應該是一大福音，當然，它被濫用的結果也是很可怕的。

莫山尼克繼續在挑戰「我們生下來大腦是什麼樣，一輩子是什麼樣」的看法，他始終認為大腦結構是它不斷與外界互動的結果，它受到經驗的塑造。我們的經驗不但深入大腦，甚至進入基因，改變了基因——我們下面會談到這個主題。

莫山尼克的別墅座落在山上，他花了很多時間在這裡，他剛剛種了他自己的葡萄園，我們在園中漫步，晚上時，我們談他早年的哲學觀念，他四代同堂的家人在一旁嘻笑玩耍，沙發上坐著他最小的孫女，才幾個月大，正在她許多能力的關鍵期之中。她使圍繞她的人都很快樂，因為她是一個好的聆聽者，你搔癢她的腳趾頭，她會全神貫注的望著你，你跟她說話，她會很高興的聽，雖然她完全不知道你在說什麼，當她環顧四周時，她的大腦收錄每一個細節，絲毫不遺漏。

❶ M. M. Merzenich, P. Tallal, B. Peterson, S. Miller, and W. M. Jenkins. 1999. Some neurological principles relevant to the origins of—and the cortical plasticity-based remediation of—developmental language impairments. In J. Grafman and Y. Christen, eds., *Neuronal plasticity: Building a bridge from the laboratory to the clinic.* Berlin: Springer-Verlag, 169-87.

❷ M. M. Merzenich. 2001. Cortical plasticity contributing to childhood development. In J. L. McClelland and R. S. Siegler, eds., *Mechanisms of cognitive development: Behavioral and neural perspectives*. Mahwah, NJ: Lawrence Erlbaum Associates, 68.

❸ W. Penfield and T. Rasmussen. 1950. *The cerebral cortex of man*. New York: Macmillan.

❹ J. N. Sanes and J. P. Donoghue. 2000. Plasticity and primary motor cortex. Annual Review of Neuroscience, 23:393-415, especially 394; G. D. Schott. 1993. Penfield's homunculus: A note on cerebral cartography. *Journal of Neurology, Neurosurgery and Psychiatry*, 56:329-33.

❺ E. R. Kandel. 2006. *In search of memory*. New York: W. W. Norton & Co., 216.

❻ G. M. Edelman and G. Tononi. 2000. *A universe of consciousness*. New York: Basic Books, 38.

❼ S. P. Springer and G. Deutsch. 1999. *Left brain right brain: Perspectives from cognitive neuroscience*. New York: W. H. Freeman Co., 65.

❽ P. R. Huttenlocher. 2002. *Neural plasticity: The effects of environment on the development of the cerebral cortex*. Cambridge, MA: Harvard University Press, 141, 149, 153.

❾ T. Graham Brown and C. S. Sherrington. 1912. On the instability of a cortical point. *Proceedings of the Royal Society of London, Series B, Containing Papers of a Biological Character*, 85(579): 250-77.

❿ D. O. Hebb. 1963, commenting in the introduction to K. S. Lashley, *Brain mechanisms and intelligence: A quantitative study of the injuries to the brain*. New York: Dover Publications, xii. (Original edition, University of Chicago Press, 1929.)

⓫ R. L. Paul, H. Goodman, and M. M. Merzenich. 1972. Alterations in mechanoreceptor input to Brodmann's areas 1 and 3 of the postcentral hand area of *Macaca mulatta* after nerve section and regeneration. *Brain Research*, 39(1): 1-19. See also, R. L. Paul, M. M. Merzenich, and H. Goodman. 1972. Representation of slowly and rapidly adapting cutaneous mechanoreceptors of the hand in Brodmann's areas 3 and 1 of *Macaca mulatta*. *Brain Research*, 36(2): 229-49.

⓬ R. P. Michelson. 1985. Cochlear implants: Personal perspectives. In R. A. Schindler and M. M. Merzenich, eds., *Cochlear implants*. New York: Raven Press, 10.

⓭ M. Merzenich, J. H. Kaas, J. Wall, R. J. Nelson, M. Sur, and D. Felleman. 1983. Topographic reorganization of somatosensory cortical areas 3b and 1 in adult monkeys following restricted deafferentation. *Neuroscience*, 8(1): 33-55.

⓮ M. M. Merzenich, R. J. Nelson, M. P. Stryker, M. S. Cynader, A. Schoppmann, and J. M. Zook. 1984. Somatosensory cortical map changes following digit amputation in adult monkeys. *Journal of Comparative Neurology*, 224(4): 591-605.

⓯ T. N. Wiesel, 1999. Early explorations of the development and plasticity of the visual cortex: A personal view. *Journal of Neurobiology*, 41(1): 7-9.

⓰ 卡斯想直接去反駁早期對成人神經可塑性的偏見。他找出成人視覺皮質的地圖，然後找出視網膜輸入的對應點，把視網膜破壞。他發現幾個星期之內，新的感受區就侵入被破壞的區域，地圖就已經重組過了。《科學》期刊的一位審查者否決這個現象，認為是不可能的。這篇論文最後在一九九〇年刊登在《科學》期刊上（J. H. Kaas, L. A. Krubitzer, Y. M. Chino, A. L. Langston, E. H. Polley, and N. Balir. 1990. Reoganization of retinotopic cortical maps in adult mammals after lesions of the retina, *Science*, 248(4952): 229-31.），莫山尼克綜合神經可塑性的實驗發現，寫了一篇文獻回顧（D. V.Buonomano & M. M. Merzenich 1998. Cortical plasticity: From synapses to maps. *Annual Review of Neuroscience*, 21:149-86.）。

⓱ M. M. Merzenich, J. H. Kaas, J. T. Wall, M. Sur, R. J. Nelson, and D. Felleman. 1983. Progression of change following median nerve section in the cortical representation of the hand in areas 3b and 1 in adult owl and squirrel monkeys. *Neuroscience*, 10(3): 639-65.

⓲ 還記得巴哈—y—瑞塔認為大腦能夠重新組織自己是把舊的路再找出來用，假如大腦中一條神經迴路被切斷了，它可以使用以前的迴路，就像高速公路斷掉了，司機就會去走以前的省道或小路。就像以前的鄉下小路一樣，這些較老的地圖是比較原始的，或許是因為它們比較少用，情況不是很理想。

⓳ M. M. Merzenich, J. H. Kaas, J. T. Wall, M. Sur, R. J. Nelson, and D. Felleman. 1983. Progression of change following median nerve section in the cortical representation of the hand in areas 3b and 1 in adult owl and squirrel monkeys. *Neuroscience*, 10(3): 649.

⓴ D. O. Hebb. 1949. *The organization of behavior: A neuropsychological theory*. New York: John Wiley & Sons, 62.

㉑佛洛伊德說如果兩個神經元同時發射，這個發射會加強他們正在做的連結，一八八八年，他把這個稱為同步連結律（law of association by simultaneity）。佛洛伊德強調使神經連在一起的是它們在時間上同步發射。P. Amacher. 1965. *Freud's neurological education and its influence on psychoanalytic theory*. New York: International Universities Press, 57-59; K. H. Pribram and M. Gill. 1976. *Freud's "Project" re-assessed: Preface to contemporary cognitive theory and neuropsychology*. New York: Basic Books, 62-66; S. Freud, 1895. Project for a Scientific Psychology. Translated by J. Strachey. In *Standard edition of the complete psychological works of Sigmund Freud*, vol. 1. London: Hogarth Press, 281-397.

㉒M. M. Merzenich, W. M. Jenkins, and J. C. Middlebrooks. 1984. Observations and hypotheses on special organizational features of the central auditory nervous system. In G. Edelman, W. Einar Gall, and W. M. Cowan, eds., *Dynamic aspects of neocortical function*. New York: Wiley, 397-424; M. M. Merzenich, T. Allard, and W. M. Jenkins. 1991. Neural ontogeny of higher brain function: Implications of some recent neurophysiological findings. In O. Franzén and J. West-man, eds., *Information processing in the somatosensory system*. London: Macmillan, 193-209.

㉓S. A. Clark, T. Allard, W. M. Jenkins, and M. Merzenich. 1988. Receptive fields in the body-surface map in adult cortex defined by temporally correlated inputs. Nature, 332(6163): 444-45; T. Allard, S. A. Clark, W. M. Jenkins, and M. M. Merzenich. 1991. Reorganization of somatosensory area 3b representations in adult owl monkeys after digital syndactyly. *Journal of Neurophysiology*, 66(3): 1048-58.

㉔這個掃描技術叫做「腦磁波儀」（magnetoencephalograph, MEG）。神經元的活動會產生電流及磁場。腦磁波儀可以告訴我們這活動在哪裡發生。A. Mogilner, J. A. Grossman, U. Ribary, M. Joliot, J. Volkmann, D. Rapaport, R. W. Beasley, and R. Llinás. 1993. Somatosensory cortical plasticity in adult humans revealed by magnetoencephalography. *Proceedings of the National Academy of Sciences, USA*, 90(8): 3593-97.

㉕X. Wang, M. M. Merzenich, K. Sameshima, and W. M.Jenkins. 1995. Remodelling of hand representation in adult cortex determined by timing of tactile stimulation. *Nature*, 378(6552): 71-75.

㉖S. A. Clark, T. Allard, W. M. Jenkins, and M. M. Merzenich. 1986. Cortical map reorganization following neurovascular island skin transfers on the hand of adult owl monkeys. *Neuroscience Abstracts*, 12:391.

㉗大自然用了兩種超級聰明的方法來將身體地圖轉譯成大腦地圖：一是空間的組織（如手上的手指頭）被按時間上發生的序列來排列組織，形成空間組織（如大腦中的手指地圖）。大腦創造出地形上的次序可以在法國一個病人身上明顯看到，這個人的兩隻手在一九九六年被切除了，二〇〇〇年，醫生移植兩隻新的手來取代他舊的手。當他手被切除，新肢還沒有移植時，他的醫生替他做了功能性核磁共振來看他的運動皮質區，結果發現他的運動皮質區有關手指部分果然不正常，因為完全沒有任何刺激輸入來維持原來的手指大腦地圖。二〇〇〇年，兩隻新手被移植上去後，醫生每隔兩個月掃描他的大腦時（即手術後兩個月、四個月和六個月），發現新手已被大腦接受了而且活化了他原來的感覺皮質區，他運動皮質區的手指大腦地圖又正常了。P. Giraux, A. Sirigu, F. Schneider, and J.-M. Dubernard. 2001. Cortical reorganization in motor cortex after graft of both hands. *Nature Neuroscience*, 4(7): 691-92.

㉘莫山尼克在了解大腦地圖是因為輸入的時間性所形成的之後，他把猴子手的神經剪斷，神經就弄亂了，基本上神經交叉了，但是猴子的大腦地圖仍然沒變，即使神經重新洗牌、弄亂了，手指頭傳進來的訊息順序仍然沒有變——大拇指、食指、中指——所以大腦地圖仍然一樣。M. M. Merzenich, 2001, 69.

㉙W. M. Jenkins, M. M. Merzenich, M. T. Ochs, T. Allard, and E. Guíc-Robles. 1990. Functional reorganization of primary somatosensory cortex in adult owl monkeys after behaviorally controlled tactile stimulation. *Journal of Neurophysiology*, 63(1): 82-104.

㉚M. M. Merzenich, P. Tallal, B. Peterson, S. Miller, & W. M. Jenkins. 1999. Some neurological principles relevant to the origins of—and the cortical plasticity-based remediation of—developmental language impairments In J. Grafman and Y. Christen eds., *Neuronal plasticity: Building a bridge from laboratory to the clinic.* Berlin: Springer-Verlag, 169-187, especially 172. 這個團隊發現神經元在第一次發射完十五毫秒後就可以處理第二個訊號。他們也發現大腦可以處理和綜合訊息的範圍是從幾十毫秒到幾百毫秒，這個發現回答了下面這個問題：當我們說一起發射的神經元會連在一起時，我們所謂的一起發射究竟是什麼意思？完全同步發射嗎？莫山尼克從他的研究以及其他相關的研究中確定

這個「一起發射」指的是在一到一百毫秒的範圍之內。M. M. Merzenich 和 W. M. Jenkins 1995. Cortical plasticity, learning, and learning dysfunction. In B. Julesz and I. Kovács, eds., *Maturational windows and adult cortical plasticity. SFI studies in the sciences of complexity*. Reading, MA: Addison-Wesley, 23: 247-64.

㉛ M. P. Kilgard, and M. M. Merzenich. 1998. Cortical map reorganization enabled by nucleus basalis activity. *Science*, 279(5357): 1714-18; reviewed in M. M. Merzenich et al., 1999.

㉜ M. Barinaga. 1996. Giving language skills a boost. *Science*, 271(5245): 27-28.

㉝ P. Tallal, S. L. Miller, G. Bedi, G. Byma, X. Wang, S. S. Nagarajan, C. Schreiner, W. M. Jenkins, and M. M. Merzenich. 1996. Language comprehension in language-learning impaired children improved with acoustically modified speech. *Science*, 271(5245): 81-84.

㉞ 這個 Fast ForWord 的研究是美國的田野調查，另一個四百五十二個學生的調查也得到同樣的結果。S. L. Miller, M. M. Merzenich, P. Tallal, K. DeVivo, K. LaRossa, N. Linn, A. Pycha, B. E. Peterson, and W. M. Jenkins. 1999. Fast For Word training in children with low reading performance. *Nederlandse Vereniging voor Lopopedie en Foniatre: 1999 Jaarcongres Auditieve Vaardigheden en Spraak-taal.* [Proceedings of the 1999 Netherlands Annual Speech-Language Association Meeting.]

㉟ E. Temple, G. K. Deutsch, R. A. Poldrack, S. L. Miller, P. Tallal, M. M. Merzenich, and J. Gabrieli, 2003. Neural deficits in children with dyslexia ameliorated by behavioral remediation: Evidence from functional MRI. *Proceedings of the National Academy of Sciences, USA*, 100(5): 2860-65.

㊱ S. S. Nagarajan, D. T. Blake, B. A. Wright, N. Byl, and M. M. Merzenich. 1998. Practice-related improvements in somatosensory interval discrimination are temporally specific but generalize across skin location, hemisphere, and modality. *Journal of Neuroscience*, 18(4): 1559-70.

㊲ M. M. Merzenich, G. Saunders, W. M. Jenkins, S. L. Miller, B. E. Peterson, and P. Tallal. 1999. Pervasive developmental disorders: Listening training and language abilities. In S. H. Broman and J. M. Fletcher, eds., *The changing nervous system: Neurobehavioural consequences of early brain disorders*. New York: Oxford University Press, 365-85, especially 377.

㊳ M. Melzer and G. Poglitch. 1998. Functional changes reported after Fast ForWord training for 100 children with autistic spectrum disorders. November 1998 presentation to the American Speech Language and Hearing Association, November.

㊴ Z. J. Huang, A. Kirkwood, T. Pizzorusso, V. Porciatti, B. Morales, M. F. Bear, L. Maffei, and S. Tonegawa. 1999. BDNF regulates the maturation of inhibition and the critical period of plasticity in mouse visual cortex. *Cell*, 98: 739-55. See also M. Fagiolini and T. K. Hensch. 2000. Inhibitory threshold for critical-period activation in primary visual cortex. *Nature*, 404(6774): 183-86; E. Castrén, F. Zafra, H. Thoenen, and D. Lindholm. 1992. Light regulates expression of brain-derived neurotrophic factor mRNA in rat visual cortex. *Proceedings of the National Academy of Sciences, USA*, 89(20): 9444-48.

㊵ M. Ridley, 2003. *Nature via nurture: Genes, experience and what makes us human*. New York: HarperCollins, 166; J. L. Hanover, Z. J. Huang, S. Tonegawa, and M. P. Stryker. 1999. Brain-derived neurotrophic factor overexpression induces precocious critical period in mouse visual cortex. *Journal of Neuroscience*, 19:RC40:1-5.

㊶ J. L. R. Rubenstein, and M. M. Merzenich. 2003. Model of autism: Increased ratio of excitation/inhibition in key neural systems. *Genes, Brain and Behavior*, 2:255-67.

㊷ 大腦掃描研究顯示自閉症兒童的腦比一般人大，莫山尼克認為這個差異來自神經外面包的髓鞘長得太多了。髓鞘是包在神經纖維外面的髓磷脂，使神經的傳導可以加快。他說這個差異在孩子六到七個月大當ＢＤＮＦ大量釋放時開始出現。

㊸ L. I. Zhang, S. Bao, and M. M. Merzenich. 2002. Disruption of primary auditory cortex by synchronous auditory inputs during a critical period. *Proceedings of the National Academy of Sciences, USA*, 99(4): 2309-14.

㊹ 會損壞大腦的不只是外在的噪音，莫山尼克認為有許多先天的情況會干擾神經元，使它們不能發出強而有力的訊號，因此這個訊號不能在大腦其他活動所造成的背景噪音中突顯出來，他將這個問題稱為內在噪音。

㊺ N. Boddaert, P. Belin, N. Chabane, J. Poline, C. Barthelemy, M. Mouren-Simeoni, F. Brunelle, Y. Samson, and M. Zilbovicius. 2003. Perception of complex sounds: Abnormal pattern of cortical activation in autism. *American Journal of Psychiatry*, 160:2057-60.

(46) S. Bao, E. F. Chang, J. D. Davis, K. T. Gobeske, and M. M. Merzenich. 2003. Progressive degradation and subsequent refinement of acoustic representations in the adult auditory cortex. *Journal of Neuroscience*, 23(34): 10765-75.

(47) M. P. Kilgard and M. M. Merzenich. 1998. Cortical map reorganization enabled by nucleus basalis activity. *Science*, 279(5357): 1714-18.

(48) 大腦練習一定要能「類化」才會有用。像是你要訓練一個人增進時間處理的速度，假如你必須訓練他去辨認每一個已知的時間間距（七十五毫秒、八十毫秒、九十毫秒……），那你必須花一生的時間來增進他的時間處理速度。但是莫山尼克的研究團隊發現他們只要有效的訓練大腦去辨識幾個時間間距，就足以使人們去辨識其他的時間間距。換句話說，這個訓練可以類化，受過訓練的人可以加速他所有時間間距的處理了。

(49) H. W. Mahncke, B. B. Connor, J. Appelman, O. N. Ahsanuddin, J. L. Hardy, R. A. Wood, N. M. Joyce, T. Boniske, S. M. Atkins, and M. M. Merzenich. 2006. Memory enhancement in healthy older adults using a brain plasticity–based training program: A randomized, controlled study. *Proceedings of the National Academy of Sciences, USA*, 103 (33): 12523-28.

(50) W. Jagust, B. Mormino, C. DeCarli, J. Kramer, D. Barnes, B. Reed. 2006. Metabolic and cognitive changes with computer-based cognitive therapy for MCI. Poster presentation, at the Tenth International Conference on Alzheimer's and Related Disorders, Madrid, Spain, July 15-20.

第4章

# 喜好和愛的學習

## 大腦的可塑性教導我們對性的吸引力和愛

當快樂中心被活化時，我們所有經驗的東西都變成愉悅的。
全面性的快樂感不但使我們從世界中得到更多的快樂，
同時使我們比較不容易感受到痛苦、不愉快等負面的情緒。
愛其實是有化學機制的，而羅曼蒂克的階段反映出的是我們大腦的改變，
不但是在獲得愛情的極樂狀態時，同時也在失戀的極端痛苦時。
但是我們的大腦天生就是演化來對新奇的東西起反應的，
如果我們要充分感受到自己活著，我們就必須得不斷的學習；
當日子或愛情變得太容易預期時，就會看起來沒有什麼可學習的，
我們也會焦躁不安——這是可塑性大腦的抗議，
因為一但我們停止學新的東西，
它就沒有辦法再去執行它最重要的工作：改變大腦了。

A是一個年輕英俊的單身漢，他來找我，因為他很沮喪。他愛上了一個已有男朋友的女人，她試著鼓勵他去虐待她，她想使A跟她一起做出她性幻想中的情節，她打扮得像妓女一樣，然後要他用暴力征服她。A發現自己也希望去達成她的願望，他感到很害怕，跟她分手後，來找我治療。他過去的情史充滿了跟已有男友的女人糾纏不清，而且這些女人都精神不穩定。他的女朋友要不然就是很霸道、佔有慾很強的，要不然就是有虐待狂。但是，這種女人能使他性興奮，那種很體貼、很善良的女人他覺得無聊，他認為任何會愛上他的女人都是有毛病的。

他的母親是個嚴重的酗酒者，常常對他索求金錢和感情上的支援，他的童年是在情緒和暴力的風雨中度過的。他記得他母親拉著他妹妹的頭去撞暖氣爐的散熱器，她燒他繼兄的手指，因為他去玩火柴。她常常抑鬱、沮喪、威脅要自殺。他必須隨時保持警覺，安撫她，阻止她自殺。他跟她的關係非常不正常，母親常對他做性的挑逗，她穿著透明、一覽無遺的睡衣，跟他講話的聲音好像他是她的情人，他記得小時候母親把他抱到她的床上，當母親在自慰時叫他用腳頂著她的下體。他對那個場景有既興奮又偷偷摸摸的感覺。偶爾他離家的父親回來了，那時，他有著「永遠透不過氣來」的感覺，因為他要阻止兩人打架，最後，他父母離了婚。

他童年的時光大部分花在壓抑他對父母的憤怒上。他常常覺得自己像一座快要爆發的火山，跟人的親密關係就像暴力場景，別人像是要生吞活剝他似的。所以等到他過完童年期後，只有虐待他的那種女人才能引起他的性興奮。

跟別的動物比起來，人類的性可塑性大多了。在性行為上，我們跟性伴侶所做的事跟動物比變異性大了很多，我們可以感到性興奮和性滿足的身體部位也比動物多了很多。最主要的是能讓我們感受到性吸引力的對象也有很大的差異，人們常常說他們受到某一類型的對象吸引，而這種類型幾乎是每一個人都不一樣的。

對有些人來說，吸引他的類型會隨著年齡、經驗而改變，有一個同性戀的男子，他有許多伴侶來自不同的種族，但是在不同的期間，他只對某一種族的人有興趣，這段期間過去後，他對這個種族其他的人也沒有胃口了。似乎一個人的類型（如亞裔或非裔）對他的吸引力是高於這個人本身的。這種人在性方面口味的可塑性讓我們看到人的性慾並非先天設定的，它很容易受到我們後天心理因素及性經驗歷史的改變。我們的性慾也是很挑剔的，很多科學論文暗示我們的性慾是種生物衝動，是餵不飽的需求，永遠要求滿足。但是人其實更像個美食家，對某種特定型態有很強的偏好，這種偏好使我們可以延宕滿足直到找到心中想要類型的性伴侶，比如說，一個喜歡金髮美女的人，棕髮或紅髮美女就不會使他心動。

性偏好偶爾也是會改變的❶，雖然有些科學家一直強調先天的性偏好，但是我們的確看到有些人在生命的某一時期是異性戀，而他並沒有雙性戀的歷史，是後來才加上同性戀的，或是同性戀後來變成異性戀。

對有很多不同性伴侶的人來說，性的可塑性發展到極致，因為他們要適應不同的新愛人，但是對結婚很久又感情很好的老夫婦來說，他們在初相遇，二十幾歲時的容貌跟他們現在六十幾歲時的樣子是很不一樣的，但是他們的性慾互相調整了，所以他們仍然受到彼此吸引。

但是性的可塑性還不止於此，戀物狂（fetishists）喜歡沒有生命的東西，男的戀物狂會因為一隻鑲了毛皮邊的高跟鞋而興奮，或是看到女性內衣比看到真的女人還興奮。自古以來，有些鄉下偏遠地方的人會跟動物性交，也有人對黃色小說的情節有興趣，叫性伴侶去扮演劇本中的角色，包括各種不堪入目的性虐待，他們是受這個角色吸引而不是扮演這個角色的人。當他們在報上登廣告尋找愛的伴侶時，廣告的用詞不像是在找情侶或愛人而是像求職廣告，把所需具備的條件一一列出。

既然性是種本能，而本能一般被認為是有遺傳性的行為，是某個種族所特有的，而且種族中每個成員該行為應該沒有什麼不同（如蜘蛛結網的行為），所以人類性行為有這麼大不同是很令人驚異的事，令人好奇它為什麼跟其他本能不同。一般的本能行為是不輕易改變的，而且有清楚、確定的天生目的，如生存的本能。人的性行為似乎與它核心的目的——生殖——分離，有各種令人想不透的偏好[2]（其他動物不會有戀物狂、性虐待狂），在別的動物身上，性本能就是性本能，為了傳宗接代，沒有別的花樣。

沒有其他的本能可以在未完成它的生物使命前，得到滿足感，也沒有別的本能像性本能一樣與它的目的分離。人類學家發現，有很長一段時間，人不知道生殖必須經過性交。我們的祖先必須去學習「生命的事實」，就像今日的孩童必須上性教育的課程一樣。這種性與它主要目的的分離可能是它可塑性最初的徵兆。

愛也是非常有彈性的，它的表現方式在歷史中也一直在改變。雖然我們認為羅曼蒂克的愛是最**自然的**情感，事實上，我們成年人對同一個人要求親密行為、溫柔、至死方休的慾望在其他的社會中並非如此，而且直到最近才普遍為我們的社會所接受。幾千年來，大部分的婚姻是父母安排的，而且都有實際的理由（如政治婚姻），當然，在《聖經》中有令人難忘的愛情故事，最後有情人終成眷屬，如「歌中之歌」（Song of Songs）所描述的，當然也有變成悲劇的，如中古世紀的詩和後來莎士比亞寫的悲劇。羅曼蒂克的愛一直到十二世紀才得到社會的支持，在貴族和歐洲皇宮中開始流行開來，一開始是沒有結婚的男士和已婚的婦女，或通姦，或精神上的愛戀，通常結局都很淒慘，只有在個人主義盛行、民主觀念出現後，人應該有權力選擇自己的配偶，婚姻自主的觀念才慢慢為人接受，承認愛情是一種自然的感情，是人不可分的感情。

因此，去問性的可塑性跟神經的可塑性有沒有關係就是很自然的事了。研究發現神經的可塑性並不是住在大腦某個公寓中的小房間，也不限於我們前面探索過的感覺、運動和認知處理歷程的區域，大腦中調節本能（包括性）行為的地方在下視丘（hypothalamus），它本身是有可塑性的，杏仁核也有（杏仁核是處理情緒和焦慮的地方）❸。當然大腦的皮質有比較大的可塑性潛能，因為它們有比較多的神經元和神經連結可供改變，但是，即使是皮質下，非皮質的地區也有，可塑性可能是大腦所有的組織都有的特性。海馬迴也有可塑性❹（這是使我們的記憶從短期轉換到長期的地方），掌管我們呼吸❺，處理原始粗糙感覺❻，及處理痛感❼的地方都有可塑性，它存在於脊髓❽，電影明星飾演超人的克里斯多福・李維（Christopher Reeve）在他從馬上摔下來，脊椎嚴重受傷後七年間，透過不斷的復健，他恢復了一些感覺和運動的能力。

莫山尼克這樣說：「可塑性不會發生在隔離狀態，這是完全不可能的事。」他的實驗顯示，如果大腦的一個系統改變了，跟它有連接的系統也跟著改變❾。用進廢退的可塑性規則，或是在一起發射的神經元會連在一起的海伯定律是適用在所有的神經元上。假如不是這樣，大腦的不同區域不可能一起工作。

那麼，感覺、運動和語言大腦地圖的可塑性規則，可以適用到比較複雜的大腦地圖如親密關係、性或其他方面上嗎？莫山尼克已經看到複雜的與簡單的大腦地圖都是受到相同可塑性原則的規範。暴露在單一聲調環境中的動物，牠會發展出單一的地圖去處理它；暴露在複雜聲音如六個聲調所組成的旋律，它不會把六個不同的地圖區域連在一起，它會發展出一個登錄**整個**旋律的區域。但是這個比較複雜旋律的地圖還是遵守單一聲調地圖的可塑性原則❿，即不論地圖的複雜性為何，只要是大腦區域，就受到同樣的可塑性原則的規範。

「性本能，」佛洛伊德寫道：「因為它的可塑性被我們所注意，因為它能改變目標而被我們所注意。」⑪佛洛伊德不是第一個說性有可塑性的人——柏拉圖在他的對談錄中提到愛時，就說人類的性慾（Eros）有許多形式⑫，不過為性和羅曼蒂克愛的可塑性奠下神經科學基礎的是佛洛伊德。

佛洛伊德最大的貢獻之一是他發現了性可塑性的關鍵期。佛洛伊德認為一個成人能夠在不同階段對人產生親密與性慾的愛，源起於他在嬰兒期與他父母的強烈依附（attachment），他從父母處學習，他觀察別的孩子，在童年的早期，而非青春期，是性和親密的第一個關鍵期。孩子可以熱情的愛別人，有原始的性感覺——迷戀某人，愛的感覺，有的時候甚至是性興奮，就像A先生所經歷到的。佛洛伊德發現性虐待對孩子的傷害很大，因為它影響了童年期的性關鍵期，塑造了我們後來對性和被吸引的想法。孩子需要父母，一般都會發展出對父母強烈的依戀，假如父母是熱情、溫和、可靠的人，孩子後來常會發展出對這種關係的品味，假如父母是疏離的、冷淡的、只顧自己、憤怒的、陰晴不定的、反覆無常的、矛盾曖昧的，孩子長大了，也會去尋找這種個性的性伴侶。當然這會有例外，但是絕大多數的研究支持佛洛伊德的看法，早期跟父母的關係會影響以後的性生活⑬。當A先生第一次來看我時，他所描述的性劇本其實是重複他創傷的童年，例如他會被情緒不穩定的女人所吸引，這些女人都超越正常性行為的界線，他喜歡偷情，這些女人的丈夫隨時都可能來捉姦，這種充滿敵意的情境使他性興奮。

佛洛伊德的關鍵期看法在他開始寫性和愛時出現，有一個胚胎學家⓮觀察到胚胎的神經系統發展是有階段性的，假如這些階段受到破壞，會造成這動物或人的傷害，通常是影響一生的大傷害。雖然佛洛伊德沒有用關鍵期這個名詞，但是他所說的早期性發展的階段相當於我們現在的關鍵期。這是一個非常短暫的開窗期，是當一個新的大腦系統和地圖因環境中人們所給的刺激而發展時，最能因應這個刺激而形成內在神經連結的時期⓯。

童年感情成分在成人日常生活愛與性的行為中常可以看到，在西方文化中，當成人在前戲或表達他們最親密的感情時，常用「寶貝」或「甜心」這些他們小時候母親常用的親膩稱呼，而母親用這些字眼時，通常是在餵奶、撫摸或跟寶寶說話時，這就是佛洛伊德所謂的口腔期（oral phase），這是性的第一個關鍵期。這個時期可以用幾個詞來綜合出它主要的功能：照顧、撫育、滋養，也就是溫柔的照顧、愛與餵食。嬰兒感覺依附在他母親身上，當他被母親抱著，餵以有營養的乳汁，帶有甜味的食物時，他對別人的信任感就發展出來了。被愛、被照顧、被餵食是我們出生後第一個在大腦中正式形成網路的經驗。

當大人用對寶寶說話的語氣來對親密的伴侶說話時，佛洛伊德說他們是回歸到「口腔期」的心智狀態，我認為這種回歸會引發所有童年神經迴路的活化。這種回歸可以是無害的、愉悅的，如在性交前之前戲；但也可以是有害的，假如他的童年期攻擊性的神經迴路被活化了，這個大人會亂發脾氣，不可控制。

即使「講髒話」也是童年性階段的痕跡，畢竟，為什麼性會被認為是骯髒的事？這個態度反映出小孩子對性的觀念，從他被訓練自己大小便時發現性器官這個用來小便的東西跟性有關，這個東西又離肛門這麼近，母親竟然允許父親將這個骯髒的東西插入她身體的下端。大人通常不會被這種骯髒的觀念所困擾，因為在他們在青春期時經歷了另一個性可塑性的關鍵期，這時期他們的大腦重新組織過，性的愉悅壓過了對性的厭惡。

佛洛伊德認為許多性的神祕可以用關鍵期來了解。佛洛伊德之後，我們不再驚訝為什麼一個從小被父親遺棄的少女會去愛上一個年紀足以做她父親的已婚男子，或是被冰山母親扶養長大的男子常去找冷若冰霜的女人做伴侶。有時他們自己也變得冷漠無感情，因為他們在關鍵期從來沒有經驗到同理心，他們這一部分的大腦沒有發展。許多邪惡的壞行為可以從童年的衝突一直不能解決的持續性及可塑性來解釋。但是重點還是在關鍵期我們可以習得性和羅曼蒂克的滋味，它會被設定在大腦中，對我們一生有重大的影響，人類可以有這麼多不同的性偏好上的差異主要是來自童年期所習得的不同的性滋味。

認為人的性慾有關鍵期而關鍵期又會塑造成年以後的性行為的看法，跟目前一般人所接受的看法相抵觸，目前的看法是對吸引力的影響不是來自童年歷史而是來自生物吸引。有些人——模特兒和電影明星——被認為是美麗、性感的，有一股生物的力量告訴我們這種人是有吸引力的，因為他們身上顯現著生物上生育力和強壯的象徵：皮膚光滑、身材對稱表示這個人沒有疾病，沙漏身材的女人是具有生育力的女人，男人的肌肉表示他有能力可以保護女人及她的孩子。

但是這個觀點太簡化了生物法則，並不是每一個人都喜歡身材窈窕或滿身肌肉的人。有一個女人就說：「我第一次聽到他的聲音時，我就知道他是我的真命天子。」有的時候，悅耳的聲音比身體肌肉更是好的靈魂指標。而且性的品味會隨時代而不同，魯本斯（Peter Paul Rubens）筆下的美人以現代眼光看來太肥了點。過去幾十年來，《花花公子》（*Play Boy*）雜誌中的兔女郎及時尚模特兒也都在改變，性的喜好顯然受到文化和經驗的影響。通常是後天習得的，然後才設定在大腦中。

「習得」的定義就是後天學習而來，不像天生的口味，一個嬰兒不需要學習乳汁的口味，也不需要學習喜歡水或甜味，他們馬上知道這是愉悅的東西。需要學習才會得到的東西——開始時是不喜歡或沒有感覺的，後來才變得喜歡，如起司的味道，酒、咖啡、鵝肝醬、豬腰中所帶著的尿騷味，等等。許多人花大錢買的精緻美味食物其實是他們小時候痛恨的食物，這些喜好是需要培養出來的。

在英國伊麗莎白女王一世的時代，人們迷戀身體的味道，女人把削了皮的蘋果放在腋下，直到蘋果吸收了她身體的體臭和汗味才換掉，然後把這個吸了她體臭的蘋果送給她的情人，美其名曰「愛的蘋果」，讓他在離開她之後，可以藉著嗅這個蘋果來思念她。我們現在則是用合成的水果和花的香味來除去（比較正確的說法是蓋住）我們身體的味道，使情人不會聞到。這兩種方法中，哪一種是後天習得的，哪一種比較自然，現在還難定論。東非的馬薩伊族（Masai）人把我們認為很刺鼻的牛尿拿來當乳液塗在頭髮上——這直接表示牛在他們文化中的重要地位（家中沒有牛的人自然就沒有牛尿可塗抹了）。許多我們認為是「自然」的品味其實是需要學習才會變成第二天性（second nature）。我們無法辨識我們第二天性與天性的差別，因為我們的大腦很有可塑性，一旦被設定，變成新的天性後，它就與我們原始的、與生俱來的一樣具有生物意義了。

◆ ◆ ◆

最近色情A片的氾濫讓我們看到性嗜好或性喜好是可以後天習得的，這些色情的圖片透過高速網際網路的傳送，可以滿足任何一種性喜好。

色情圖片初看之下，完全是即時反應的東西，它立即引起性反應，這是幾百萬年來演化的結果。但是假如真的是這樣的話，色情電影應該不會改變，那些對我們祖先有挑逗性的圖片或身體部位應該也會引起我們的性慾。這是那些從事色情生意的人希望我們相信的，因為他們宣稱他們在對抗性壓抑、性禁忌，他們的目標在人類被監禁的自然的性本能。

但是事實上，色情電影的內容演變是**動態的**現象，它展現出這個習得的口味是如何進化而來的。三十年前，「硬裡子」（hard core）的色情電影通常是在銀幕上**展現**兩個人性交的鏡頭，包括他們的生殖器；「軟裡子」（soft core）的色情電影則是顯現一個人躺在床上（通常是女性），只穿著透明睡衣或是在半羅曼蒂克的情境中，羅衣半解，胸部裸露等等。

現在，硬裡子的色情進化到性虐待、射精到女性臉上、暴力的肛交，已經把性和憤怒、羞辱、仇恨混在一起了。硬裡子的色情現在已進入邪惡的世界裡，而軟裡子的色情就是幾十年前的硬裡子色情，顯現出男女性交的動作而且在有線電視上隨時可以看到。過去的軟裡子色情——女性在各種情境寬衣解帶——已經整天在主流媒體上可以看到，包括電視、搖滾錄影帶、連續劇，及各種廣告中。

色情的快速成長非常令人驚異，它佔出租錄影帶店業績的四分之一，是人們上線的第四大原因。二〇〇一年，MSNBC.com 對觀眾所做的調查中，有百分之八十的人說他們花很多的時間在色情網站上，已經危害到他們的親密關係或工作了。軟裡子色情的影響現在非常嚴重，因為現在沒有禁忌，它影響沒有性經驗的年輕人，特別是心智還沒有成熟的人，影響他們的性偏好和性慾。色情對成人的影響其實也很大，因為成人仍然有可塑性，那些看色情錄影帶的人根本不知道他們的大腦已經被色情片重新塑造過了。

在一九九〇年代的中期到末期，網際網路快速成長的時候，色情影片乘機四處傳播。我治療過好多個有著同樣故事的病人，他們對某一種色情影片有後天習得的偏好，而這個偏好其實是使他厭惡自己，結果這種不正常的性興奮影響到他的親密關係，造成陽萎。

這些人都不是不成熟、在社交上不適應，或是退縮的人，必須躲到色情電影中來尋求慰藉，他們是討人喜歡、很體貼的男人，在婚姻或男女關係上相當成功的人。

通常在我治療這種人其他毛病時，他會很不自然的說，他發現他自己花越來越多的時間在網際網路上，尋找色情網站和自慰。他可能會自我解嘲說，每個人都這樣做，有的時候，他會從花花公子那種網站開始，或是別人送給他的裸體圖片或裸體影片開始。有的時候，他會去看起來無害的網站，這些網站再引導他去某個網站，很快的，他就上鉤了。

這些人都不經意的談到一件事，引起了我的注意。他們都談到越來越難被他們真實的性伴侶引起性慾，雖然他們還是認為太太、女朋友或情人很有吸引力，當我問道，這個現象跟他們看色情影片有沒有關係時，他們都回答說一開始時，影片幫助他們在性交時更興奮，但是後來就出現相反的效應。現在他們在性交時，必須去幻想他們是色情電影中的男主角才會達到高潮，他們已經無法像以前一樣，用他們的感官去享受在床上與他們的配偶或情人即時的性交快樂。有些人想辦法去說服他們的性伴侶做出色情影片中的行為，他們逐漸只對射精有興趣而不再對做愛有興趣。他們的性幻想逐漸被他們從網路上下載到大腦中的色情情境所主控，而這些新下載的情節通常是比以前的性幻想更原始、更暴力。我感到這些人的性創造力逐漸在枯竭，他們對網路的色情越來越上癮。

我所觀察到的這個現象並不限於門診的一些病人，這種社會改變正悄悄在發生。雖然我們很難得到個人性行為的資料，在今日色情氾濫的情況下，這些資料卻不難拿到，因為它越來越公開。這種改變正好與「色情電影」（pornography）被簡稱為「A片」（porn）相吻合。在吳爾夫（Thomas Wolfe）描述美國校園生活的書《我是夏綠蒂・西蒙斯》（*I am Charlotte Simmons*）中，他花了很多年觀察美國大學生的校園生活。在這本書中，一個男生，彼得斯（Ivy Peters）走進男生宿舍中問道：「有人有A片嗎？」⓰

吳爾夫說：「這並不是不尋常的問題，許多男生公開說他們每天至少手淫一次，好像這是維持性心理系統正常的方法似的。」有一個男生告訴彼得斯：「去三樓看看，他們那裡有一些這種雜誌。」彼得斯回應說：「雜誌對我已經無效了，我需要錄影帶。」另一個男生說：「噢，老天，現在已經十點鐘了，再一個小時，妞兒們就要來這裡過夜了，你還在找色情電影自慰。」於是彼得斯聳聳肩，把他的手掌向上翻，好像說：「我就是要色情電影，這有什麼好了不起值得大驚小怪的？」

問題就在他對性的耐受性（tolerance），他自己知道他像毒品上癮者一樣，已經無法因為影像圖片而興奮，他以前是可以的，這個危險是性的耐受力會帶到他的男女關係上，像我的病人一樣，以後會有陽萎的問題，以及新的、自己並不喜歡的性偏好。當色情業者在吹牛說他們在放大性禁忌的框框，因為他們介紹了新的、更硬裡子的影片進來時，他們沒有說的是他們的顧客已經對原來的內容有耐受性，他們必須這樣做不可。在男性色情雜誌的封底和色情網站中都充滿了威而鋼那種藥的廣告，威而鋼原是為了不舉的老人所發展出來的藥，因為他們陰莖的血管被阻塞了，現在瀏覽色情網站的年輕人非常害怕他們會陽萎或有「勃起功能障礙」（erectile dysfunction）。這個名詞有誤導性，讓人以為這些男人的陰莖有問題，其實他們真正的問題在他們的大腦性地圖中。當他們看色情影片時，他們的陰莖沒有問題，他們很少想到不舉跟他們愛看色情影片有關係（不過有好幾個人在描述他們在看網路A片時是「把我的大腦都打手搶打出來了」）。

在吳爾夫的小說中有一個男生形容到男生宿舍和男生性交的女生是人盡可夫的賤貨（cum dumpsters）。他也是被色情影像所影響了，因為這些女生就像色情電影中的女人一樣，很願意寬衣解帶上床，因此自貶身價，被稱為賤貨了。

對色情網路上癮並不是一種隱喻，並不是所有的上癮都跟毒品或酒精有關，人可以對賭博上癮，甚至對慢跑上癮，一個上癮的人失去控制行為的能力，迫切地、不顧一切的尋求那個東西，完全不管負面的後果為何，他們會發展出耐受性，所以會需要更多的刺激來達到同樣的滿足感，假如他們不能完成這個上癮的行為，就會產生戒斷症狀。

所有的上癮都跟大腦的神經可塑性有關，這些改變是長期的，有時是終身的。對已經上癮的人來說，淺嚐即止是完全不可能的，他們必須完全避開上癮的行為或使他上癮的那個東西。戒酒無名會（Alcoholic Anonymous, AA）堅持沒有「前酗酒者」（former alcoholics），那些幾十年不曾碰過酒的人在聚會中做見證，介紹自己時會說：「我的名字是約翰，我是一個酒鬼。」就大腦的可塑性來說，他們是對的。

為了知道街頭的毒品有多容易讓人上癮，美國國家衛生研究院（National Institutes of Health, NIH）的研究者訓練老鼠按桿以得到一點毒品，老鼠越願意按桿，表示這種藥物越容易造成上癮。古柯鹼及所有其他毒品，甚至連慢跑，都會使大腦中的多巴胺比較活躍，而多巴胺是帶來快樂感覺的神經傳導物質[17]。它被稱為報酬傳導者，因為當我們完成一件事情——參加賽跑，贏了名次——我們的大腦就會分泌多巴胺，雖然跑完很累，但是多巴胺會帶來快樂的興奮，突然湧出的精力，以及自信，我們會高舉我們的雙手，作出勝利的跳躍，而失敗者因為沒有得到多巴胺的分泌，會馬上垂頭喪氣，倒在終點線旁，沒有力氣站起來走回更衣室，他們覺得自己糟透了。毒品強劫了我們的多巴胺系統，讓我們不勞而獲，在沒有工作下，獲得報酬的愉悅。

我們從莫山尼克的研究中看到多巴胺也跟可塑性的改變有關。使我們雀躍快樂的多巴胺同時也使達成目標那個行為的神經迴路固化，連接得更緊。當莫山尼克在聲音出現時，用電極去刺激動物的多巴胺報酬系統，多巴胺的分泌會刺激可塑性的改變[18]，擴大那隻動物聽覺地圖上那個聲音的表徵地區。當一個人在看A片時，他大腦中的多巴胺也在他性興奮時分泌出來[19]，增加他的性慾，幫助達到高潮，同時活化大腦的快樂中心，所以看色情A片會上癮。

德州大學（University of Texas）的耐斯勒（Eric Nestler）顯示上癮如何永久改變動物的大腦。一劑毒品會使大腦中產生一種蛋白質，ΔFosB（念作 delta Fos B），它會累積在神經元上，每一次使用毒品，ΔFosB 就累積多一點，直到它打開一個基因的開關，使某些基因被打開或關掉。這個開關的打開或關上會引起改變，這個改變有持久性，即使停止使用毒品，這個改變仍然存在，對大腦的多巴胺系統造成不可逆轉的傷害，使這動物更容易上癮。非藥物性的上癮，例如慢跑和喝糖水也會引起 ΔFosB 的累積，也會使多巴胺系統受到永久性的傷害[20]。

色情業者說他們提供健康的快樂，使人們從性的緊張中得到解放，但是他們提供的其實是會上癮、有耐受性，最後會減低快樂的東西。很奇怪的是，我的男性病人會渴望A片，但是卻不喜歡它。

我們一般的看法是上癮者去尋求更多使他上癮的東西，因為他喜歡這個東西所帶給他的快樂感覺，不喜歡沒有這個東西時所產生的戒斷症狀；但是毒癮者在知道藥劑不足、**不會**帶給他高潮時，還是會去吸毒，而且明知這會使他更渴望毒品，最後使他產生戒斷症狀，他還是會去吸，渴求跟喜歡是兩回事。

一個上癮者會有不可抑止的渴望，因為他的大腦已經改變了，使他對毒品或吸毒經驗更敏感[21]，敏感性跟耐受性不同。當耐受性發展出來時，上癮者需要越來越多的毒品或A片來得到快樂感覺；當敏感性發展時，他需要越來越少的毒品就可以使他產生強烈的渴望。所以敏感性增加他的動機、渴求，雖然他不一定喜歡它。接觸過會上癮的毒品或會上癮的行為會使敏感性增加，因為大腦中累積的 ΔFosB 增加了。

A片比一般的性滿足更令人興奮，因為我們大腦中有兩種不同的快樂系統[22]，一個跟興奮的快樂有關，一個跟滿足的快樂有關。興奮的系統跟「胃口」（appetitive）的快樂有關，我們在想像某些我們想要的東西時，會活化起來，例如性行為或一頓美食，它的神經傳導物質都是跟多巴胺有關的生化物質，它提昇我們的緊張程度。

第二種快樂系統跟滿足有關，或完成的快樂[23]。是完成性行為或是吃完了美食所帶來的平靜、滿足感。它的生化物質是大腦中所分泌的腦內啡（endorphins），這是一種類鴉片（opiates）的物質，給人寧靜、極樂的感覺。

A片提供無止盡的性對象，純粹是洩慾的工具，它過度活化了胃口的系統。看A片的人在大腦根據他們所看的圖片或錄影帶發展出新的地圖。因為我們的大腦是用進廢退的，當我們發展出新的大腦地圖時，我們會想要去維持它活化，使疆域不被搶走，就好像我們坐了辦公室一整天，我們的肌肉會不耐煩的想要運動。我們的感官也是急著想被刺激。

坐在電腦前面看A片的人就像美國國家衛生研究院老鼠籠中的老鼠，按桿以得到一點多巴胺。雖然他們自己並不知道，他們已經被引誘進入A片的訓練歷程了，因為一起發射的神經元會連接在一起，這些大量看A片的人會把A片的影像跟大腦的快樂中心綁在一起，他們在離開電腦後還會有這些影像出現，或當他們與女友性交時，這些影像也會出現來助興。每一次他們覺得性興奮，自慰達到性高潮時，多巴胺就會分泌出來強化當時大腦的神經迴路，不但這個獎賞報酬會加速這個行為，他們在買《花花公子》雜誌時也不會覺得不好意思，這個行為現在沒有「懲罰」，只有獎賞了。

這些會使他們興奮的內容隨著網站新的主題和新的腳本而改變，也在不知不覺間變更他們的大腦。因為可塑性是有競爭性的，一個新的、令人興奮的影像大腦地圖就會擴張，犧牲舊的、過去吸引他的影像。我認為這是為什麼他們開始覺得女朋友對他們已經失去吸引力，不再引起性慾的原因。

湯瑪士（Sean Thomas）的故事[24]最早是刊登在英國的《觀察者》（*Spectator*）雜誌上，描述一個人如何逐步墜落到色情上癮的地獄中，讓我們看到色情如何改變大腦地圖，改變性品味、性偏好，以及在這歷程中，關鍵期所扮演的角色。湯瑪士寫道：「我過去從來不喜歡A片或色情雜誌。沒錯，一九七〇年代，當我在青少年時期，我有幾本《花花公子》藏在枕頭底下。但是整體而言，我並不喜歡那種穿得很少的脫星或小電影。我覺那種電影很無聊，重複性太高，去買那種雜誌很令人尷尬。」他對色情電影的無情節感到厭倦，但是在二〇〇一年，他第一次上網後不久，他對別人所說的網路色情感到好奇，許多色情網路是免費的，是用來釣魚，誘使人們進入更色情的網站，他看到很多裸體的女孩，就是一般人們性幻想的那種很性感的女郎，設計來使人在不知不覺中按下大腦中的按鍵。還有女同性戀的圖片，卡通的色情圖片，坐在馬桶上抽煙的女人，男女多人性交以及男人對著臣服的亞洲女人射精的圖片，大部分的圖片是有故事的。

湯瑪士發現有一些影像和腳本吸引著他，這使他第二天再回去看更多的這類圖片，然後，再一天、再一天，不久他就發現，只要有一、兩分鐘的空檔，他就會飢渴的上網去搜尋網路色情。

有一天，他偶然看到一個網站有著打屁股的圖片，他很驚訝的發現，這些圖片竟然使他很興奮。湯瑪士很快就找到很多類似的網站，如「伯妮的打屁股網頁」「打屁股大學」等等。

「就在這個時候，我上癮了，」他寫道：「我開始想，我還有什麼其他的性偏好是我自己所不知道的？在我的性慾中還有什麼祕密是隱藏在牆角，我現在可以在我自己家中，不受別人干擾的把它找出來的？結果還真的不少，我發現有一系列的東西，如異族的硬裡子色情電影（男女主角不同種族），日本女孩脫掉她們的熱褲，女同性戀者的婦科檢查，喝醉的俄國女郎把衣服脫光，丹麥的女明星在淋浴時被她強勢的女伴剃毛，網路讓我看到各種不同的性幻想，在網路上滿足這些慾望只會導致更多的慾望。」

在他看到打屁股的圖片之前，他所看到的只是使他有興趣，並不會驅使他一直想去看，別人的幻想對我們來說是很無聊的，湯瑪士的經驗跟我其他病人的很相似，在他們了解自己在看什麼之前，他們已經看了幾百張圖片和場景，直到他們碰巧看到一張影像或一個色情腳本觸動了久已埋藏的主題，使他們興奮起來。

一旦湯瑪士發現了這個影像，他就改變了，那張打屁股的圖片完全吸引了他，**完全的注意力**符合大腦可塑性改變的條件，網路上的色情圖片是隨時隨地在電腦上，一叫就出來的，不像真實的女人還要看她高興。

現在湯瑪士上癮了，被釣上了。他想要控制自己，但是他發現他一天花五個小時在電腦上。他偷偷的在網路上瀏覽，一天只睡三個小時。他的女朋友覺察到他的疲倦，懷疑他是不是劈腿。他的睡眠不足使他健康亮了紅燈。他得到一連串的感染，最後進了急診室。最後使得他去檢討，他這樣做究竟丟掉了什麼，又得到了什麼。他開始詢問朋友，發現很多人都跟他一樣，上鉤了。

顯然湯瑪士的性慾中有什麼東西是他自己所不知道的，現在浮上了檯面。網路是只是突顯出這些性怪癖還是幫助創造了它？我想它是創造了新的性幻想，這一部分的性是瀏覽者自己原來所未意識到的，網路將過去這些片段湊起來形成新的性幻想，不太可能有上千個男人會看到或甚至想像到丹麥的女明星在浴室中被她的女同性戀伴侶剃毛。佛洛伊德發現這種性幻想會使人念念不忘，因為其中有關於**個人**經驗的情節，例如有些異性戀的男人會對女同性戀中，年紀大的女性挑逗年輕女性的場景感興趣，這可能是男生在童年期多半被母親所掌控，叫他穿衣服、脫衣服，替他洗澡。在童年的早期，許多男生可能經過一個階段，在那階段中，他強烈的認同他的母親，覺得自己像個小女孩，而他們後來對女同性戀的性行為感興趣表示出他們潛意識中殘留的女性認同[25]。硬裡子的色情電影揭開了一些早期的神經迴路，這些迴路是在性發展關鍵期形成的，所以帶回來那些早期、已經遺忘或被壓抑的片段，將這些片段組合在一起形成新的神經迴路。色情網站是把一些普通大家所見到的類別中奇特古怪的性圖片綜合在一起，吸引有各種喜好的人上網，但是上網者遲早會看到某一個組合正中他的要害，立刻在他大腦中按下了他的性按鈕，他就上鉤了，每一次他上網去瀏覽這些圖片，他的神經迴路就被增強一次，手淫，釋放多巴胺又更強化了這個迴路的連接。他創造了一種新的性慾，一種從埋藏已久的性傾向中長出來的新性慾。因為他通常會發展出耐受性，所以這種新性慾所帶來的快樂必須用釋放攻擊性的快樂來補充。性和攻擊性的圖片就越來越混合在一起了，因此，硬裡子的色情就越來越走向變態的性虐待和暴力了。

◆ ◆ ◆

關鍵期為我們奠下了根基，但是青少年期的戀愛及後來長大後的親密關係提供我們一個機會，第二次大大改變我們的大腦地圖。十九世紀的小說家史丹達爾（Stendhal）了解愛可以導致吸引力的巨大改變。羅曼蒂克的愛引發這麼有能量的感情，它使我們重新檢視我們認為有吸引力的東西是什麼，它甚至可以克服所謂客觀的美麗。史丹達爾在《愛》（*On Love*）這本書中描述一個年輕的男子，亞伯力克遇見了一位比他情婦更美麗的女子，但是他的情婦對他的吸引力遠大於這位美貌的婦人，因為他的情婦帶給他許多其他的快樂。史丹達爾把這叫做「被愛拔去刺的美麗」。愛這麼強烈可以改變吸引力，使情婦臉上的痘疤可以引發亞伯力克的性慾。因為他在這些痘疤中感受到這麼多正向的情緒，受到別人全神貫注的傾聽、全力的呵護，使他一看到痘疤，這些鮮明的愉悅回憶就浮上來了，所以在這裡，醜陋變成了美麗[26]。

這種喜好的改變轉換會發生，主要是因為我們不僅是為了外貌而愛上別人，在正常的情況下，我們是先認為對方有吸引力才會愛上他，但是這個人的個性，還有其他很多的人格特質，包括他能使我們對自己感覺良好，都會使我們愛上他。戀愛會引發一種非常愉悅的情緒狀態，它可以使痘疤都變得有吸引力，可塑性重新設定了我們的美感，下面是我認為它是怎麼作用的。

在一九五〇年代，研究者發現邊緣系統（limbic system）中有一些快樂中心（pleasure centers）[27]，邊緣系統是大腦處理情緒的地方。在海斯（Robert Heath）醫生的實驗中，他將電極植入病人邊緣系統的中隔區（septal region），然後通上電流，病人感受到強烈的極樂感受（euphoria），當海斯醫生要終止這個實驗時，病人懇求他不要停止。中隔區在病人談論他們所喜歡的主題或性高潮時，都會發射活化。這些快樂中心是大腦報酬系統，中邊緣多巴胺系統（mesolimbic dopamine system）的一部分。一九五四年，歐茲（James Olds）和米爾納（Peter Milner）發現當他們在教動物學習一個新作業，而在這同時把電極插入動物的快樂中心，動物會學得比較快，因為學習變得這麼愉快，帶給動物這麼多的報酬，使動物全心想去學。

當快樂中心被活化時，我們所有經驗的東西都變成愉悅的。古柯鹼的作用就是降低快樂中心的閾，使它比較容易發射。古柯鹼使我們上癮不僅僅是它帶給我們快樂，主要是它使我們的快樂中心非常容易發射，使我們經驗到的每一件事都變得非常快樂㉘。也不是只有古柯鹼可以降低快樂中心的發射閾，躁鬱症（bipolar disorder）的病人在躁症時，他的快樂中心也很容易活化起來。陷入愛河談戀愛時，快樂中心的閾也很低，很容易活化㉙。

當一個人因吸用古柯鹼而達到高潮、一個躁症的病人、一個戀愛中的女人，都會對所有的事情樂觀，因為上面這三個情形都會降低胃口快樂系統發射的閾，這個系統是以多巴胺為主的系統，跟我們預期得到想要東西的快樂有聯結。上癮的人、躁症的人、落入愛河的人都對未來充滿了希望，都對可能帶給他們快樂的東西非常敏感，如鮮花、新鮮的空氣、一個友善的手勢都使他們對人類充滿了感恩，雖然以前這些東西他可能不屑一顧，他對未來的預期降低快樂中心的閾，世界上每一樣東西都變得如此美好。我把這種情緒叫做「全面性的快樂感」（golbalization）㉚。

人在戀愛時，這種全面性的快樂感是很強烈的，在情人的眼光中，世界一切都美好，情人當然更不可能有任何缺陷。我認為愛情為什麼是這麼有力量的可塑性改變催化劑，原因之一就在於快樂中心這麼容易就活化，使這個人不但用羅曼蒂克的眼光來看他的愛人，同時用羅曼蒂克的眼光來看整個世界。因為我們的大腦感受到多巴胺大量湧出，而多巴胺固化大腦的改變，所以我們在戀愛階段所感受到的任何快樂經驗，任何與這個快樂經驗有關的聯結都深深印入我們腦海中，不忘記了。

全面性的快樂感不但使我們從世界中得到更多的快樂，同時使我們比較不容易感受到痛苦、不愉快等負面的情緒。海斯的實驗顯示當我們的快樂中心活化時，會使旁邊的痛苦中心和厭惡中心難以活化，過去會使我們不高興的東西在談戀愛時反而不會了。我們很喜歡談戀愛，不只是它使我們很容易就感到快樂，還因為它使我們不容易感到不快樂。

全面性的快樂感同時也製造了一個機會讓我們對吸引我們的東西發展新的口味和偏好，就像亞伯力克因痘疤產生快樂一樣。一起發射的神經元會連接在一起，在一般人認為不好看的痘疤，因為與快樂的感覺聯結在一起了，就被大腦設定為快樂的來源。同樣的機制也可能解釋一個已經戒毒的人在經過他第一次吸食古柯鹼的黑巷時，他會突然充滿了渴望，有時這個渴望會強到使他再回去吸毒。他在高潮時所感受到的快樂是如此的強烈，使得骯髒的黑巷透過聯結，變成可以誘惑他的東西了。

所以愛其實是有化學機制的，而羅曼蒂克的階段其實反映出的是我們大腦的改變，不但是在獲得愛情的極樂狀態時，同時也在失戀的極端痛苦時。佛洛伊德是第一個描述古柯鹼心理作用的人，也是第一個發現它的醫療效用的人，他窺視到這個化學作用。在一八八六年二月二日，寫給他未婚妻瑪塔（Martha）的信中，他描述他在寫信時正在吸食古柯鹼，因為古柯鹼在大腦系統上很快就發揮作用了，這封信讓我們看到古柯鹼的效果，他先描述這個藥物如何使他滔滔不絕的愛說話，把一切都招供出來。信一開始求恕的口氣不見了，他開始大無畏的認同他的猶太祖先，捍衛耶路撒冷的猶太教殿堂。他覺得古柯鹼的效果可以比擬跟瑪塔在一起的羅曼蒂克感覺，像魔術般消除他的疲勞。在另一封信中，他描述古柯鹼如何減少他的害羞和沮喪，使他到達極樂境界，增加他的精力、自信心、自尊心、熱情等等。他描述了一個近似「陶醉在羅曼蒂克」[31]中的情緒狀態：人們覺得心情很好，整晚說話說個不停，有無限的精力、性慾、自尊、自信、熱情，但因為他們覺得什麼都很好，判斷力就不行了，這些都是提昇多巴胺的藥物如古柯鹼造成的。最近以功能性核磁共振（functional magnetic resonance imaging, fMRI）掃描正在看愛人相片的人[32]，大腦中有最多多巴胺受體的地方活化了，情形跟吸食古柯鹼的人一樣。

但是愛情的痛苦也有它的化學機制。當情人分離太久，他們感受到無窮盡的思念、渴望愛人回來時，他們會焦慮，會對自己沒有信心、失去精力、無精打彩、沮喪，假如這時接到情人的一封信、一個電子郵件、一通電話，他們馬上恢復精力，好像打了一劑毒品似的。假如分手了、失戀了，他們會沮喪，情況跟躁症病人正好相反。這些上癮的徵狀——高潮、低落、渴望、退縮，是大腦中可塑性改變的主觀徵象，因為他們的大腦已經對情人的出現和離去作了調適性的改變。

情人之間感情再好，久了以後也會產生耐受性，就像我們對毒品會產生耐受性一樣。大腦中的多巴胺喜歡新奇的東西，當一夫一妻制的配偶對彼此產生耐受性，失去了過去曾經有過的羅曼蒂克高潮後，大腦可塑性已經非常適應彼此的一切，所以很難再像以前一樣興奮起來。

幸好，情人還是可以刺激他們的多巴胺，保持他們的高潮，他們可以把新奇感再注入舊關係中。他們可以去度個羅曼蒂克的假、嘗試新奇的活動、穿新的衣服或是想辦法讓對方驚喜。他們要用新奇感來打開大腦中的快樂中心，使他們的經驗（包括彼此）帶給他們快樂和興奮。一旦快樂中心啟動了，全面性的快樂感開始了，情人或配偶的新影像又跟不預期的快樂聯結在一起，它又連到大腦去，我們的大腦就是演化來對新奇的東西起反應的。如果我們要充分感受到自己活著，我們就必須得不斷的學習。當日子或愛情變得太容易預期時，就會看起來沒有什麼可學習的，我們也會焦躁不安——這是可塑性大腦的抗議，因為我們停止學新的東西，它就沒有辦法再去執行它最重要的工作——改變大腦了。

愛情擴大我們的視野和心胸，因為它使我們感受到本來不會感覺到的情境和物體，它同時使我們忘記或丟掉負面的聯結，這是可塑性的另一個現象。

在科學上，「去學習」（unlearning）還是一個相當新的觀念，因為可塑性是有競爭性的，當一個人發展出新的神經迴路時，這個迴路會變得很有效率，自給自足，就像習慣一樣，很難去除或是去學習。你記得在前面章節中，莫山尼克曾經尋找「橡皮擦」使他能去除壞的習慣並加速改變。

學習跟去學習所用到的化學物質不同。當我們學一個新的東西時，那些一起發射的神經元會連在一起，這時，所產生的化學變化叫做長期增進效益（long-term potentiation, LTP），這會加強神經元之間的連接。當大腦在去除一些已經有的連接時，另一些化學作用必須產生，叫做長期抑制效應（long-term depression, LTD，這個「抑制」與憂鬱症的抑制是沒有關係的）。去學習及減弱神經之間的連接也是大腦可塑性的一種，它跟學習一樣的重要。假如我們只強化而不去除，我們神經迴路會飽和，實驗證據顯示忘記或去除現有的記憶是一個必要的行為，新的記憶在我們的迴路中才有空間生存[33]。

當我們從一個發展階段進階到另一個階段時，去學習是必要的。在青春期的後期，女孩子離開家去上大學，她跟她的父母都要經過一段悲傷和大量的大腦改變，因為他們要改變舊的情緒習慣、日常生活的慣例以及自我的形象。

第一次墜入愛河也是進入一個新的發展階段，它也需要大量的「去學習」。當人們彼此承諾時，他們必須劇烈的改變現有的情況，凡事不再只為自己想，過去跟別人的依附關係也要改變，這樣才能將一個新的人融入他的生活中。現在生活需要不停的合作，調整兩人的步調才能一致前進，大腦情緒中心、性慾中心和自我中心都需要大量的重組，百萬以上的神經迴路得重新找到最適合它的地方，這是為什麼對很多人來說，談戀愛就像失去自己的認同似的。這次墜入愛河也等於跳出了上次舊的愛河，在神經的層次上，這也需要「去學習」。

當一個人的訂婚戒指被退回時，初戀情人讓他心碎，他看世界上萬千的女人，但是沒有一個比得上他的未婚妻，因為他認為她是他的真愛，她的影像在他心頭縈繞不去。他無法「去學習」第一個情人對他的吸引力。或是說，一個結婚二十年的女人突然變成了寡婦，她拒絕出去約會，因為她無法想像她會再跌入愛河，而找一個別的男人來取代他先生的念頭使她覺得被冒犯了、不舒服。許多年過去了，她的朋友勸她說現在可以拋下舊的回憶往前看了，她還是不能。

通常這種人不能往前走是因為他們還沒有悲傷夠，生活沒有所愛的人相伴對他們來說是太痛苦了，不能忍受。從神經可塑性的觀點來看，假如一個羅曼蒂克的男子或年輕的寡婦要想開始新的生活而沒有舊包袱，他們必須先重新設定大腦中千百萬的神經連接。佛洛伊德注意到哀悼是零碎的[34]，雖然現實告訴我們，所愛的人已經走了，不可能再回來了，我們還是會不時去回憶出一小段記憶，重溫一次舊愛，然後再讓它走。從大腦的神經層次來說，我們是把形成這個人的神經迴路分別的叫出來，重新經驗這個記憶，然後一一跟這些迴路道別。在哀悼時，我們**學習**沒有所愛在身邊也能繼續生活下去。但是這個歷程的困難是在於我們必須先**去學習**這個人仍然存在，我們可以依賴他的觀念。

加州大學柏克萊校區的神經科學教授佛里曼（Walter Freeman）是第一個將愛與大量「去學習」連接在一起的人，他蒐集了許多令人信服的生物學上的事實來支持大量神經重組發生在生命的兩個階段：當我們墜入愛河時，及當我們為人父母時。佛里曼認為大量的大腦重組——這個重組遠比我們在學習或去學習時多得多——主要是因為大腦有個神經調節器（neuromodulator）。

神經調節器跟神經傳導物質不同。神經傳導物質是在突觸的地方釋放出來使下一個神經元興奮或抑制。神經調節器是強化或減弱突觸連接的**整體**效果，而且使這個效果維持長久。佛里曼認為當我們對情人做出承諾時，大腦中的神經調節器催產素（oxytocin，又名激乳素）會釋放出來，讓現行的神經連結融化，能接受更大量的改變。

催產素有時被稱為承諾的神經調節器，因為它強化哺乳類動物的關係聯結。當愛人一起做愛時，它會被釋放出來——對人類來說，在性高潮時，男女都會分泌出催產素[35]——當父母在照顧他們的孩子時，也會分泌。對女人來說，在分娩和哺乳時，催產素會分泌。有一個功能性核磁共振的實驗顯示當母親在看孩子的相片時，大腦[36]催產素受體最多的地方會活化起來。對男性來說，有一種近似的神經調節器叫血管壓縮素（vasopressin），當一個人成為父親時就會分泌。許多年輕人懷疑自己是否有這能力去承擔做父母親的責任，他們一定不曉得催產素可以改變他們的大腦，使他們可以承擔演化加在他們肩頭的責任。

有一個研究一夫一妻制草原田鼠（prairie vole）的實驗顯示催產素的重要性。催產素通常是在草原田鼠交配時分泌，這使牠們白頭到老，不會花心。假如把催產素注射進母鼠的大腦中，她會跟最靠近的一隻公鼠結成夫妻，此心不渝。假如把血管壓縮素打入公鼠的大腦中，他也會和最靠近的母鼠結連理。催產素跟孩子依附到父母身上有關係，控制它分泌的神經元有它自己的關鍵期。在孤兒院長大的孩子，小時候跟人沒有密切的接觸，長大後跟人有聯結上的問題。即使被很有愛心的家庭收養很多年後，他們大腦中催產素的濃度還是很低[37]。

就像多巴胺使我們興奮、動作加快、引發性興奮，催產素使我們安靜、心情溫和、語氣婉約、容易依附到別人身上，並使我們降低戒心。最近有個研究顯示催產素也可以激發我們對別人的信任。當先給受試者從鼻子吸入催產素，然後再要他去參加一個投資遊戲時[38]，他會比較敢把錢交給別人去投資，比控制組更相信他人。雖然催產素在人類身上的作用還需要更多的研究，目前現有的證據顯示它對人類也有跟草原田鼠一樣的作用：使我們對配偶忠誠，而且全力照顧孩子。

不過催產素對「去學習」來說有另外一種作用。當母羊生小羊時，催產素分泌到母羊的嗅球（olfactory bulb）中，嗅球是大腦中負責嗅覺的器官。母羊和很多其他的動物是靠嗅覺跟孩子聯結在一起，母羊憑藉著小羊身上的味道來哺乳，牠只餵自己的小羊，不餵不熟悉味道的小羊。但是假如在母羊聞不熟悉味道的小羊時，把催產素打入牠的大腦中[39]，牠就會給這隻小羊哺乳。

催產素並不是在第一隻小羊出生時就分泌的，只有在小羊都生出來以後才分泌。這表示催產素扮演著橡皮擦的角色，把母親和第一隻小羊之間的聯結**擦掉**，使母親可以跟第二隻小羊形成聯結（佛里曼懷疑讓母羊和第一隻小羊聯結的是其他的化學物質）。催產素可以把習得的行為擦洗掉已經使科學家稱它為「失憶荷爾蒙」（amnestic hormone）[40]。佛里曼認為催產素融化了原來負責依附作用的神經連結[41]，使新的連結可以形成。在這個理論裡，催產素並沒有教父母親如何去帶孩子，它也沒有使情人互相配合或對彼此溫存，它是讓他們可以學習新的行為模式。

佛里曼的理論可以解釋愛情和可塑性如何相互影響。可塑性使我們的大腦有獨特性，因為我們每一個人的生活經驗都不同，因此反映生活經驗的大腦當然也不同，我們很難找到第二個人跟我們有同樣的觀點，喜歡我們所喜歡的東西，或者跟我們一樣的與人合作。但是生命的延續需要彼此的合作，大自然提供我們的是像催產素這樣的神經調節器，它有能力使兩個相愛的人經過一段很強的大腦可塑性時期，使他們相互影響，像捏陶一樣，塑造彼此的意圖與看法。大腦對佛里曼來說，就是一個社會化的器官，所以必須有一個機制，三不五時，校正我們太過個別化的傾向，不要我們太過自我中心，太只顧自己。

就如佛里曼所說的，性經驗最深的意義不是在快樂，甚至不是在生殖，而是在提供一個機會去克服唯我主義者的鴻溝，打開大門，不論有沒有人要進來，至少它做到打開了門，所以建構互信的其實不是前戲，而是後戲（after-play）[42]。

佛里曼的理論讓我們看到愛的各種不同型態：沒安全感的男人在做完愛後，會迅速的離開，因為他害怕如果留下來的話，會被她影響；女人比較容易愛上與她性交的男人。男人會突然的轉變，從對孩子視而不見到對自己的孩子萬般呵護。我們會說：「他成熟了。」和「孩子優先。」但他可能是得到催產素的幫忙，使他從根深柢固的自私行為模式中跳出來變成好爸爸。如果將他和從來不曾戀愛過的單身漢相比較[43]，你會發現隨著年齡的增長，單身漢會越來越自我中心，脾氣古怪，做事僵硬不妥協，大腦的可塑性透過重複發生，增強了他每天生活一成不變的慣例。

愛情的「去學習」也使我們改變對自己形象的看法。假如我們有個好配偶，這會使這個形象更好，但是它也使我們在墜入愛河時很容易受傷害。這可以解釋為什麼這麼多自我意識很強的男女，在愛上一個很有權力慾、喜歡操控、貶低別人以抬高自我的人後，會失去他所有的自我，變成自我懷疑、對自己沒有信心的人。這種傷害往往要經過很長的時間才能恢復。

了解「去學習」及大腦可塑性一些細微的重點對我治療病人很重要。到A先生上大學時，他發現自己在重演他的關鍵期經驗，對情緒不穩定的女人有偏好，喜歡像他母親一樣的女人，覺得他的責任是愛及拯救這些女人。

A先生陷在兩個可塑性的陷阱中。

第一個是跟一個體貼、穩重的女人建立親密關係，這個人可以幫助他「去學習」對有問題女人的愛，可以教他以新的方式去愛，但是這種人就是沒辦法引起他的興趣，雖然他很希望可以。

所以他陷在具有破壞性、毀滅性的致命吸引力中，而這吸引力在他童年的關鍵期就形成了。

他的第二個陷阱也可以從可塑性來解釋。最折磨他的徵狀是在他腦中性和暴力幾乎是完全的融合在一起，他感到愛一個人就是要打她、虐待她，把她活生生吞下去，而他覺得被別人所愛也是這樣，他的性交暴力狂野其實很困擾他，但是同時又令他興奮，他只要一想到性交，就馬上想到暴力，而想到暴力也會馬上想到性交。當性衝動時，他**感到**自己是危險的，他缺乏分開的大腦地圖，一個負責暴力，另一個負責性。

莫山尼克談到好幾個大腦陷阱[44]，都是當兩個地圖應該分開時卻合在一起了。如同我們前面看到的，當猴子手指的皮膚被縫在一起而必須一起動作時，因為這兩根手指的神經元是一起發射的，所以它們的地圖就連在一起了。但是他同時發現，在我們日常生活中，地圖也常常融合在一起。當一位音樂家常常用兩根手指彈奏一個樂器，假如次數非常頻繁，這兩根手指的地圖就會融合成一個。當他要去動一根手指時，另一根也會跟著動。他越是想要做一個動作，就越是動到這兩根手指，這個地圖也越被強化。他越想跳出這個陷阱，就陷得越深，變成所謂的局部肌張力不全症（focal dystonia）。這種同樣的大腦陷阱也發生在說英文的日本人身上，因為日本語中不區分r和l，所以他們大腦中沒有這兩個音的地圖，日本人聽不出r和l的差別。每一次他們想要發出這個聲音，每一次都說錯，而這個想要練習的嘗試就更增強了說錯的機會。

這正是我認為A先生所經驗到的。每一次他想到性就想到暴力，每一次他想到暴力就想到性，結果增強了大腦中這兩個地圖的融合。

莫山尼克的同事拜爾（Nancy Byl）是位復健科醫生，她教那些不能控制手指的人重新再去區分出他們手指的地圖㊺。要點是不要想去個別移動手指，而是像嬰兒一樣，重新學習如何使用手指。她在治療一個吉他手時，先讓他一陣子不要彈吉他，把融合在一起的地圖先鬆開一下。他握著沒有弦的吉他好幾天，然後在吉他上裝一根弦，彈這把吉他就跟彈正常的吉他感覺很不一樣，他要用一根手指仔細的去感覺這把吉他。然後再裝上第二根弦用第二根手指去彈，最後，融在一起的大腦地圖分開了，成為兩個不同的地圖，這位吉他手就可以再彈吉他了。

A先生來我診所做心理分析。最先，我分析出為什麼他的愛會和暴力融合在一起，找到他大腦陷阱的根源：他酗酒的母親常常同時給他性和暴力的感覺。但是當他還是不能改變吸引他的東西時，我用了莫山尼克和拜爾的方法去分開他的大腦地圖。在治療中有很長一段時間，只要A先生在性慾以外，表示出任何一種身體上的親近，我就立刻指出來，要他仔細的觀察這個行為，告訴他他是可以有正向的感情，可以有親密關係的。

當暴力的思想浮現時，我要他從經驗中搜索，去找到攻擊性和暴力是沒有跟性在一起的例子，當這些例子出現時——純粹身體上的親近，或是非毀滅性的攻擊——我提醒他去看這一點。當時間過去後，他逐漸可以形成兩個不同的地圖，一個是身體上的親近，這個跟他從母親那裡得到的誘惑經驗完全不同，另一個是攻擊性——包括健康的肯定態度——這跟他在母親喝醉酒時所得來的無意義暴力經驗完全不同。

把性和暴力在他大腦地圖上分離了以後，他對性與親密關係的感覺好了很多。這種改善是階段性的。雖然他不是馬上可以愛上健康正常的女人或被這種女人吸引，但他的確愛上了一個比他以前女朋友正常一點的女人。他從這段愛情得到一些「去學習」的好處，這個經驗使他可以逐漸進入比較健康的男女關係，每一次又多「去學習」一些以前不好的經驗。到治療結束時，他是一個健康、滿足、有著幸福婚姻的人。他的人格及他的性偏好已經大大的轉換過來了。

✦
✦
✦

重新設定我們的快樂中心以及我們的性喜好有多少是後天習得的，這兩個問題在像是性受虐狂這種性變態（perversion[46]）中最顯著，性受虐狂是把身體上的痛苦轉成性方面的高潮。要做到這一步，大腦必須把原本不愉快的變成愉快的，而且將本來會引發疼痛系統的脈衝透過大腦的可塑性與快樂系統設定在一起了。

有這種病態性偏好的人常常生活在攻擊活動和性活動混合的環境中，他們對羞辱、敵意、違抗、蔑視、鬼祟、罪惡既褒揚又崇拜，並以打破禁忌為榮，他們覺得自己不正常是很特別的事。這些違抗、蔑視的態度是他們享受性變態的主要原因。這種把性變態理想化，貶低正常的行為在納伯考夫（Vladimir Nabokov）的小說《羅莉塔》（*Lolita*）中表現得最清楚。在這部小說中，一個中年男子崇拜並與未發情前的十二歲女孩性交，同時對年長一點的女孩表示輕蔑。

性虐待狂[47]是性和攻擊性兩個相似的傾向在大腦中融合起來的緣故，這兩者都各自能帶來愉悅，合起來時愉悅就雙倍了。但是，性受虐狂就比這個更厲害了，因為他們把原本是不愉快的痛苦轉換成快樂，從根本上改變了性驅力，更清楚的讓我們看到愉悅和痛苦系統的可塑性。

多年來，警察突擊搜查性虐待的場所，所以警察對這方面的知識比大部分的臨床醫生多。有輕度這種毛病的病人常常是為了焦慮、沮喪而來求醫，但是嚴重的病人很少求醫，因為他們喜歡性虐待。

史托勒（Robert Stoller）醫生是加州的心理分析師，從實際參觀洛杉磯性虐待俱樂部學到很多東西[48]。他訪談參與硬裡子性的受虐狂，他們被打到皮肉開花，實際遭受到肉體上的痛苦，他發現這些人在孩提時代都得過嚴重的身體疾病，都經歷各種可怕的、痛苦的醫療過程。他們必須住院很長一陣子，完全沒有辦法卸下他們的挫折、絕望與憤怒，所以造成他們的性變態[49]。在童年時期，他們有意識的把痛苦、無法表達的憤怒組織進白日夢中，或是進入手淫的幻想中，所以他們可以重演這個創傷的故事而得到好的結尾，然後跟自己說，這一次我贏了。他們贏的方式是將他們的痛苦色情化。

這種把原本是痛苦的感覺變成愉悅乍聽之下很難相信，因為我們一向都認為感覺和情緒要不然是快樂的（如喜悅、勝利、性愉悅），要不然是痛苦的（如悲傷、恐懼、哀悼）。事實上這個假設是不正確的，我們可以快樂的流下眼淚來，也可以有苦樂參半的勝利。精神病者可能對性愉悅有罪惡感，或根本沒有感覺，有的人則覺得非常高興。傳統上我們認為不愉快的情緒，如悲哀，可以透過音樂、詩歌、藝術表現出來，使人不只感到沈痛的悲哀而且還可以將情緒昇華。恐懼也可以是很興奮的，如在鬼怪電影中或在坐雲霄飛車的時候。我們的大腦似乎可以把很多的情緒分到快樂系統或痛苦系統去。每一個連結都需要新奇的可塑性連接才能在大腦中定位。

史托勒醫生訪談的這些硬裡子性受虐狂一定是把痛的系統連到了性愉悅的系統上，形成了神經迴路，才會得出新的痛苦快感的混合經驗。這些人在小時候都受過很多的痛苦其實就讓我們知道他們在性可塑性的關鍵期大腦重新設定了。

一九九七年，有一部紀錄片讓我們看到可塑性與性受虐之間的關係，它的題目是《生病：超級性受虐狂法蘭納根的生與死》（*Sick: The Life and Death of Bob Flanagan, Supermasochist*）。法蘭納根在大庭廣眾之下進行他的性受虐表演，他是以藝術表演者和展覽者的身分上場，他很會說話，很有詩意，有的時候，甚至很好笑。

在法蘭納根開幕第一場戲中，我們看到他是全裸的、被羞辱的，別人把派擲到他臉上，用漏斗強餵他吃東西，這些肉體的痛苦、哽噎暗示著更多的我們不忍心看的各種痛苦折磨。

法蘭納根生在一九五二年，有著纖維性囊腫（cystic fibrosis）。這是一種基因上的毛病，主要在肺和胰臟上分泌過多的黏液，阻塞肺的空氣管道，使患者不能正常的呼吸，引出許多慢性的疾病。他每一口氣都是經過努力才得來的，常常一不小心就因為缺氧而變成藍色，有這種病的人通常很小就死亡了，很少人活到二十歲以後。

法蘭納根的父母從醫院把他抱回家就注意到他在受苦，他十八個月大時，醫生發現他肺裡有膿，開始把長長的針插入他的肺中治療。他非常恐懼這種療程，絕望的喊叫。他的童年基本上是在醫院度過的，通常是全裸關在一個像汽球一樣的空間，使醫生可以監控他流汗的情形——這是診斷纖維性囊腫的一個方式——他想到陌生人可以看到他全裸的身體簡直嚇呆了。為了幫助他呼吸及抵抗感染，醫生在他身上插滿了管子。他也知道自己病情的嚴重性，他的兩個妹妹都有纖維性囊腫，一個六個月大就死了，另一個活到二十一歲。

雖然他後來成為美國加州橘郡纖維囊腫協會（Orange County Cystic Fibrosis Society）海報上的那個孩子，變成了公眾人物，他開始有自己的祕密生活。當他還是小孩子時，如果胃一直痛，他就去玩弄他的陰莖以分散他對胃痛的注意力。等到他進高中時，他晚上會全裸躺在床上，全身塗滿黏黏的膠水，他自己也不知道為什麼要這樣做。他在門上綁了很多皮帶來傷害他自己，後來他又在皮帶上插針來穿透他的皮膚。

當他三十一歲時，他愛上了一個來自不幸家庭的女孩羅斯（Sheree Rose）。在影片裡，我們看到羅斯的媽媽當眾羞辱她的先生，羅斯的老爸。羅斯說她的父親非常被動，從來不曾對她表示過關愛。羅斯說她從小就愛指揮別人，她是法蘭納根的施虐者。

在這電影裡，羅斯把法蘭納根當作奴隸看待，但是這是法蘭納根自己同意的。她羞辱他，用小刀割他乳頭旁邊的皮膚，用鉗子夾他的乳頭，強迫灌食他，用繩子勒他的頸子直到他的臉變成藍色，把一顆像撞球那麼大的鋼球強迫塞入他的肛門，在他性敏感的地方插針，把他的嘴唇用針線縫起來，他用嬰兒吃奶的奶瓶喝羅斯的尿，我們看到他的陰莖上塗了大便，他的每一個「口」（譯註：中國人所謂的七孔）都被褻瀆。這些行為使法蘭納根性興奮，在隨之而來的性交中可以達到高潮。

法蘭納根活過了二十歲、三十歲，到他四十歲時，成為醫學史上活得最長的纖維性囊腫患者，他把他的性受虐狂帶到性虐待俱樂部去表演，也到藝術館去表演，不過他都帶著氧氣罩來幫助他呼吸。

在最後一個鏡頭，全裸的法蘭納根拿著榔頭將釘子釘入他的陰莖，從中間直接釘下去，使陰莖掛在後面的木板上，然後，他若無其事的拔出釘子，使血噴出來，濺到攝影師的鏡頭上。

要了解一個完全新奇的大腦迴路可以發展到什麼程度，把痛苦的系統連接到快樂系統上，我們必須了解法蘭納根的神經系統可以忍受到什麼程度。

法蘭納根從孩童時期就認為他的痛苦可以變得快樂，這是他的幻想、白日夢。他不可思議的病痛歷史確定了我的看法，他的病態性行為是來自他童年特殊的經驗，連接到他創傷的記憶上。嬰兒的時候，護士把他綁在醫院的病床上，使他不能逃跑或傷害他自己。七歲時，他已把這種監禁變成被限制的樂趣。到成年後，他喜歡被人把手腳綁起來，或用手銬銬住，甚至吊起來打，就是拷問犯人那種形式。當他是孩子時，他必須忍受強有力的護士或醫生加諸在肉體上的痛苦，長大後，他自動把這個權力給羅斯，變成她的奴隸，她可以在他身上進行假的醫療行為來虐待他，甚至他童年跟醫生的關係也在他成年期重複出現。他讓羅斯刺穿他，讓他流血，因為在童年時，醫生抽他的血，刺穿他的皮膚，傷害他，而他讓醫生這樣做，因為他知道他的生命決定在這些檢驗行為上。

像這種童年的創傷重複在成年後的生活中出現其實是非常典型的性變態現象。戀物狂也有同樣的童年痕跡。史托勒醫生說，戀物狂是某個物體抓住了童年的一個創傷回憶，這個回憶使他性興奮。有一個人對橡膠內衣和雨衣產生戀物現象，原來是他小時候會尿床，他被強迫睡在橡膠床單上，這種經驗在當時使他覺得非常羞辱，而且不舒服。法蘭納根也有好幾個使他性興奮的工具：螺絲、釘子、夾子、槌子。他用這些做為性受虐的刺激物，用來穿刺、夾住、敲打他的肉體，因為在醫院裡，這些是醫療的輔具。

法蘭納根的快樂中心無疑的被設定成兩種方式。第一，像焦慮這種一般來說是不愉快的情緒變得愉快了，他解釋說：他隨時都在和死神拋媚眼，因為他知道他會早死，他必須克服自己的恐懼。在他一九八五年的詩〈為什麼〉（Why）中，他指出他的超級性受虐狂使他覺得自己是勇敢的、不可侵害的，是勝利者。但是他不僅僅克服恐懼，他被醫生羞辱，醫生把他衣服脫光，放在透明塑膠帳蓬中測量他的流汗程度，他現在很驕傲的在藝術館中公然的把衣服脫掉，為了克服他在小孩子時被脫光、被羞辱的感覺，他現在變成勝利的暴露狂。他把羞恥變成快樂，把它變成不羞恥。

這個大腦重組的第二層面是肉體的痛苦變成了快樂，肉體內的金屬現在使他感覺很好，讓他興奮、達到高潮。有些人會在強大壓力之下，釋放出腦內啡，這個成分很像鴉片的物質是我們身體製造出來減輕痛苦的東西，它會帶給我們極樂的感覺。但是法蘭納根解釋他並不是不感受到痛——他是被痛所吸引，他越傷害他自己，他就對痛越敏感，也越感受到痛，因為痛覺與快樂的系統已經融合在一起了，所以越痛，快感越高。

孩子生下來是無助的，在性可塑性的關鍵期會做任何事情去避免被大人遺棄，盡量黏著大人，依附可能可以保護他的人，即使他們必須學習去喜歡大人所引發的痛苦和創傷。在小法蘭納根的世界裡，大人是「為了要他好」，使他受苦，現在，他變成一個超級的性受虐狂，他真的把痛當成對他好的事。他很清楚他是陷在過去之中，重新過他的嬰兒期，而且也說他傷害自己是因為

「我已經是個大寶寶了，我願意要這個樣子。」或許他停留在被虐待的幻想中，是因為他不想長大，他知道死神一直在他身邊伺機而動，他知道他的病會讓他活不到成人，假如他一直停留在孩子階段，像小飛俠彼得潘那樣，做個長不大的孩子，受著羅斯的虐待，說不定他不會早夭。

電影結束時，我們看到法蘭納根奄奄一息，在做垂死的掙扎，他不再說笑話，開始看起來像隻驚恐的困獸。觀眾看到他是一個小孩時一定是多麼的害怕，在他發現用性虐待的方式來對抗他的痛苦和恐懼之前，他的日子真是無日無夜的恐懼。就在這時，電影告訴我們，羅斯想跟他分手，這引起他童年最大的恐懼——被拋棄。羅斯說問題出在法蘭納根已經不再臣服於她，他看起來是完全心碎的樣子，最後，她留下，溫柔的照顧他。

在他彌留的時候，他很震驚的問道：「我要死了嗎？我不了解……這是怎麼一回事？我從不相信我會死。」他擁抱痛苦死亡的性受虐幻想、性遊戲和性儀式的力量那麼強大，使他真的以為他打敗了這個疾病，自己不會死了。

至於那些沈迷色情影片的病人，大部分在了解自己的問題出在哪裡，也知道自己一再搜尋色情影片其實是在加強大腦地圖的可塑性後，都能說戒就戒，不再看色情網站。他們發現久一點之後，他們又覺得自己原來的伴侶有吸引力。這些人都沒有上癮的人格或嚴重的童年創傷，當他們了解自己的行為對大腦帶來什麼樣的後果時，他們就立刻停止使用電腦一陣子，使神經網路聯結變鬆一點，也使自己對色情的胃口減弱一點。這種後天習得的性嗜好比那種在性的關鍵期形成的性變態更容易治療得多，然而，即使像A先生這樣的男人也可以改變他們的性偏好，因為讓我們形成性變態的神經可塑性同時也使我們在經過嚴密治療後習得新的、健康的性態度，有時甚至可以拋棄舊的、不好的性偏好，這種用進廢退的大腦原則在性慾和愛情方面也都適用。

❶有些異性戀的人在缺少異性時，會發展出同性戀的趨向，這個在歷史上是常見的，例如在軍隊或監獄中。而這種對同性的吸引力是外加（add-ons）的，不是取代原有的。專門研究男同性戀的 Richard C. Friedman 說當男同性戀者發展出對異性的喜好時，它幾乎全是「外加」的吸引力，而非取代性的（私人通信）。

❷這種可塑性是為什麼佛洛伊德把性叫做「驅力」（drive）而不叫做「本能」的原因之一。驅力是一種強有力的渴求，它的根源來自本能，但是比本能有彈性，比較受到心智的影響。

❸下視丘同時也調節吃、睡眠和重要的荷爾蒙的分泌。G. I. Hatton. 1997. Function-related plasticity in hypothalamus. *Annual Review of Neuroscience*, 20:375-97; J. LeDoux. 2002. Synaptic self: How our brains become who we are. New York: Viking; S. Maren. 2001. Neurobiology of Pavlovian fear conditioning. *Annual Review of Neuroscience*, 24:897-931, especially 914.

❹ B. S. McEwen. 1999. Stress and hippocampal plasticity. *Annual Review of Neuroscience*, 22:105-22.

❺ J. L. Feldman, G. S. Mitchell, and E. E. Nattie. 2003. Breathing: Rhythmicity, plasticity, chemosensitivity. *Annual Review of Neuroscience*, 26:239-66.

❻ E. G. Jones. 2000. Cortical and subcortical contributions to activity-dependent plasticity in primate somatosensory cortex.

*Annual Review of Neuroscience*, 23:1-37.

❼ G. Baranauskas. 2001. Pain-induced plasticity in the spinal cord. In C. A. Shaw and J. C. McEachern, eds., *Toward a theory of neuroplasticity*, Philadelphia: Psychology Press, 373-86.

❽ J. W. McDonald, D. Becker, C. L. Sadowsky, J. A. Jane, T. E. Conturo, & L. M. Schultz. 2002. Late recovery following spinal cord injury: Case report and review of the literature. *Journal of Neurosurgery (Spine 2)* 97: 252-65. J. R. Wolpaw and A. M. Tennissen. 2001. Activity-dependent spinal cord plasticity in health and disease. *Annual Review of Neuroscience*, 24:807-43.

❾ 莫山尼克曾經做過實驗顯示，當感覺處理區有改變時，例如聽覺皮質，它會引起額葉的改變，額葉是掌管計畫的地方，聽覺皮質跟它有連接。「你不可能改變主要聽覺皮質而不改變額葉，」莫山尼克說：「這是完全不可能的事。」

❿ M. M. Merzenich. personal communication; H. Nakahara, L. I. Zhang, and M. Merzenich. 2004. Specialization of primary auditory cortex processing by sound exposure in the "critical period." *Proceedings of the National Academy of Sciences, USA*, 101(18): 7170-74.

⓫ S. Freud. 1932/1933/1964. *New introductory lectures on psycho-analysis*. Translated by J. Stratchey. In Standard edition of the complete psychological works of Sigmund Freud, vol. 22. London: Hogarth Press, 97.

⓬ 柏拉圖的 Eros 跟佛洛伊德的 libido 並不完全相同，但是有重複的地方。柏拉圖的 Eros 是我們對自己是個不完整的人這個覺識所產生的渴望反應，它是一種希望自己是一個完整的人的渴望。要克服自己的不完整性有一個方法便是找到另外一個人去愛並與他性交。但是在柏拉圖的《饗宴》（*Symposium*）中，他也強調這個 Eros 可以有很多其他形式，有一些在乍看之下，並不覺得是色情的，但是性愛的渴望可以來自很多不同的物體。

⓭ A. N. Schore. 1994. *Affect regulation and the origin of the self: The neurobiology of emotional development*. Hillsdale, NJ: Lawrence Erlbaum Associates; A. N. Schore. 2003. *Affect dysregulation and disorders of the self*. New York: W. W. Norton & Co.; A. N. Schore. 2003. *Affect regulation and the repair of the self*. New York: W. W. Norton & Co.

⓮ M. C. Dareste. 1891. Recherches sur la production artificielle des monstruosités. [Studies of the artificial production of monsters. ] Paris: C. Reinwald; C. R. Stockard. 1921. Developmental rate and structural expression: An experimental study of twins, "double monsters," and single deformities and their interaction among embryonic organs during their origin and development. *American Journal of Anatomy*, 28(2): 115–277.

⓯ 在出生的頭一年，大腦的平均重量從剛出生的四百克長到十二個月時的一千克。我們這麼依賴照顧我們的人和早期的愛有一個原因是腦的大部分是在我們出生後才開始長的。調節我們情緒的額葉神經元是在出生後的頭兩年才開始互相連接，這需要大人的幫忙，在大部分的情況是母親，我們可以說母親塑造了嬰兒的腦。

⓰ T. Wolfe. 2004. *I Am Charlotte Simmons*. New York: HarperCollins, 92-93.

⓱ E. Nestler. 2001. Molecular basis of long-term plasticity underlying addiction. *Nature Reviews Neuroscience*, 2(2):119-28.

⓲ S. Bao, V. T. Chan, L. I. Zhang, and M. M. Merzenich. 2003. Suppression of cortical representation through backward conditioning. *Proceedings of the National Academy of Science, USA*, 100(3): 1405-8.

⓳ T. L. Crenshaw. 1996. *The alchemy of love and lust*. New York: G.P. Putnam's Sons, 135.

⓴ E. Nestler. 2003. *Brain plasticity and drug addiction*. Presentation at "Reprogramming the Human Brain" Conference, Center for Brain Health, University of Texas at Dallas, April 11.

㉑ K. C. Berridge and T. E. Robinson. 2002. The mind of an addicted brain: Neural sensitization of wanting versus liking. In J. T. Cacioppo, G. G. Bernston, and R. Adolphs, et al., eds., *Foundations in social neuroscience*. Cambridge, MA: MIT Press, 565-72.

㉒ N. Doidge. 1990. Appetitive pleasure states: A biopsychoanalytic model of the pleasure threshold, mental representation, and defense. In R. A. Glick and S. Bone, eds., *Pleasure beyond the pleasure principle*. New Haven: Yale University Press, 138-73.

㉓ 有些憂鬱的人無法經驗到任何快樂，他們的胃口和滿足系統失效，無法預期行為會帶來快樂，你要拖他們出來吃飯，他們即使出來吃了，也不會感受到吃飯的樂趣。不過有些憂鬱的人，雖然也是無法預期行為會帶來什麼快樂，但是在把他們拖出來參加社交活動或吃飯後，他們的心情會提昇，因為雖然他們的胃口系統還未恢復功能，他們的滿足系統卻已經可以運作了。

㉔ S. Thomas. 2003. How Internet porn landed me in hospital. *National Post*, June 30, 2003, A14. These quotes are from the National Post version of an article originally published in the Spectator, June 28, 2003, called, "Self abuse."

㉕ E. Person. 1986. The omni-available woman and lesbian sex: Two fantasy themes and their relationship to the male developmental experience. In G. I. Fogel, F. M. Lane, and R. S. Liebert, eds., *The psychology of men*. New York: Basic Books, 71-94, especially 90.

㉖ Stendhal. 1947. *On love*. Translated by H.B.V. under the direction of C. K. Scott-Moncrieff. New York: Grosset & Dunlap, 44, 46-47.

㉗ R. G. Heath. 1972. Pleasure and pain activity in man. *Journal of Nervous and Mental Disease*, 154(1): 13-18.

㉘ N. Doidge, 1990.

㉙ Ibid.

㉚ Ibid.

㉛ M. Liebowitz, 1983. *The chemistry of love*. Boston: Little, Brown & Co.

㉜ A. Bartels, and S. Zeki. 2000. The neural basis for romantic love. *NeuroReport*, 11(17):3829-34; see also H. Fisher. 2004. *Why we love: The nature and chemistry of romantic love*. New York: Henry Holt & Co.

㉝ E. S. Rosenzweig, C. A. Barnes, and B. L. Mc-Naughton. 2002. Making room for new memories. *Nature Neuroscience*, 5(1): 6-8.

㉞ S. Freud, 1917/1957. Mourning and melancholia. Translated by J. Stratchey. In *Standard edition of the complete psychological works of Sigmund Freud*, vol. 14. London: Hogarth Press, 237-58, especially 245.

㉟ W. J. Freeman.1999. *How brains make up their minds*. London: Weidenfeld & Nicolson, 160; J. Panksepp. 1998. *Affective neuroscience: The foundations of human and animal emotions*. New York: Oxford University Press, 231; L. J. Young and Z. Wang. 2004. The neurobiology of pair bonding. *Nature neuroscience*, 7(10):1048-54.

㊱ A. Bartels and S. Zeki. 2004. The neural correlates of maternal and romantic love. *NeuroImage*, 21:1155-66.

37 A. B. Wismer Fries, T. E. Ziegler, J. R. Kurian, S. Jacoris, and S. D. Pollak. 2005. Early experience in humans is associated with changes in neuropeptides critical for regulating social behavior. *Proceedings of the National Academy of Sciences, USA*, 102(47): 17237-40.

38 M. Kosfeld, M. Heinrichs, P. J. Zak, U. Fischbacher, and E. Fehr. 2005. Oxytocin increases trust in humans. *Nature*, 435(7042): 673-76.

39 C. S. Carter. 2002. Neuroendocrine perspectives on social attachment and love. In J. T. Cacioppo, G. G. Berntson, and R. Adolphs, et al., eds., *Foundations in social neuroscience*. Cambridge: MIT Press, 853-90, especially 864.

40 T. R. Insel. 1992. Oxytocin—a neuropeptide for affiliation: Evidence from behavioral, receptor, autoradiographic, and comparative studies. *Psychoneuroendocrinology*, 17(1): 3-35, especially 12; Z. Sarnyai and G. L. Kovács. 1994. Role of oxytocin in the neuroadaptation to drugs of abuse. *Psychoneuroendocrinology*, 19(1): 85-117, especially 86.

41 W. J. Freeman. 1995. *Societies of brains: A study in the neuroscience of love and hate*. Hillsdale, NJ: Lawrence Erlbaum Associates, 122-23; W. J. Freeman, 1999, 160-61.

佛利曼指出影響行為的荷爾蒙，如雌激素或甲狀腺素，通常必須定期的釋放入身體內才能有功能，但是催產素卻是短暫的分泌出來，並非長期穩定的分泌，這強烈指出它的角色是設定舞台，好讓新的行為來取代舊的行為。

對哺乳動物來說，「去學習」可能更重要，因為生育的週期和養育幼小的時期很長，它需要很深且強的配偶聯結來共同養大下一代。要一個母親從全心全意照顧這個孩子到轉移目標去照顧下一個孩子，需要改變她的神經迴路來達到這個目的。

42 W. J. Freeman 1995, 122-23.

43 對老處女或老處男的怪癖和固執，過去的解釋是他們自己一個人住得久了，變得固執、僵化，沒有辦法溝通了，所以沒有辦法找到意中人結婚。但是或許有另外一個原因是他們不曾戀愛過，所以催產素不曾大量湧出，而催產素對彈性的改變是有幫助的。同樣的，我們也可以說，一個人會不會是好的父母親受到他過去戀愛經驗的影響。成熟的戀愛，不是少年維特的煩惱那種戀愛，是可以使他「去學習」過去的自私，而對別人開啟他的胸襟，假如每一個成熟的戀愛經驗都能使我們「去學習」以前比較自私的意圖，變得比較不自我中心，那麼，一個成熟的戀愛自然就是會不會成為好父母的最佳指標了。

㊹ M. M. Merzenich, F. Spengler, N. Byl, X. Wang, and W. Jenkins. 1996. Representational plasticity underlying learning: Contributions to the origins and expressions of neurobehavioral disabilities. In T. Ono, B. L. McNaughton, S. Molochnikoff, E. T. Rolls, and H. Nishijo, eds., *Perception, memory and emotion: Frontiers in neuroscience.* Oxford: Elsevier Science, 45-61, especially 50.

㊺ N. N. Byl, S. Nagarajan 和 A. L. McKenzie. 2003. Effect of sensory discrimination training on structure and function in patients with focal hand dystonia: A case series. *Archives of Physical Medicine and Rehabilitation*, 84(10): 1505-14. 莫山尼克曾經幫助日本人跳脫他們大腦的陷阱，使他們說英文沒有日本腔，因為他知道日本人的問題在於他們的聽覺皮質缺少區辨某些音的能力，所以他用的方法跟 Fast ForWord 一樣，他訓練大腦區辨 r 跟 l，擴大這兩個音的差異使大腦對這兩個音的處理區變大，當日本人可以分辨這兩個音的差異後，他再慢慢把這它們復原成我們一般聽到的正常的聲音。他要求受試者非常專注的聽，這是一般我們在說話時不會做到的。他發現大約要十到二十小時的訓練，日本人才聽得出 r 和 l 的差別，莫山尼克說：「你可以訓練任何一個大人說沒有口音的第二語言，但是需要很長、很密集的訓練。」

㊻ Perversion 這個字本來是說我們的性慾好像一條河，大多數的時候，河水在河床中安靜的流著，但是，一旦有變故，河床改道，河水就氾濫了，走偏道路了。那些叫自己「古怪的」（kinky）的人其實已經承認了這點，kink 是歪曲的意思。

㊼ 沒錯，有人不贊同性變態是攻擊性跟性慾連結的看法。文學評論家帕格麗雅（Camille Paglia）認為性行為本來就是具有攻擊性的，她說：「我的理論是不論什麼時候當一個人尋求性自由或達到性自由時，性虐待狂一定在旁邊不遠的地方等候著。」她攻擊女性主義，說她們竟然會相信性是蜜糖和香料，誤以為是父權社會造成性暴力。性，對帕格麗雅來說，是權力競爭，社會並不是性暴力的來源，性本身不可壓抑下的力量才是暴力

的來源。社會其實是抑制這個與生俱來性暴力的功臣，帕格麗雅的確比那些否認性變態就是暴力的人理性多了，但是在假設性行為基本上就是有攻擊性，是虐待狂，她就否認了人類性愛的可塑性與變異性。不能因為性愛和攻擊性可以在有可塑性的大腦中結合，就認為這是它們惟一的表現方式。我們看到在性交時有某些化學物質被分泌出來，如催產素，這些化學物質使我們變得溫柔，現在說性愛是暴力的就跟說性愛是溫柔的、甜蜜的一樣錯誤。C. Paglia. 1990. *Sexual Personae*. New Haven: Yale University Press, 3.

㊽ R. J. Stoller. 1991. *Pain and passion: A psychoanalyst explores the world of S & M*. New York: Plenum Press.

㊾ Ibid., 25.

# 第5章

## 午夜的復活

### 中風的病人學習如何行動與說話

一般的復健療程通常一次只做一個小時，一週三天。這裡的復健是一天六個小時，十天到十五天中間不休息。病人一天做十到十二種作業，每一種作業要重複十次，他們的進步會很快，作業的難度也逐漸提高。陶伯原始的研究是發現只要還有一點動手指頭能力的病人幾乎都可以恢復——也就是說，一半的中風病人都可以受到這個療程的好處；後來發展出的訓練可以讓完全癱瘓的手再動起來，現在，百分之八十已經失去手臂功能的人有顯著的進步。安德魯在陶伯診所的進步讓我們看到大腦的可塑性和重組神經的能力，我們對有動機復健的中風病人不應該太快下斷語，說他頂多只能復原到什麼地步。

伯恩斯坦（Michael Bernstein）是一位眼科外科醫生，也是位網球迷，他一週打六天的球。他已婚有四個小孩，在正值盛年五十四歲時，不幸中風。當我與他在阿拉巴馬州伯明罕市（Birmingham）的診所會面，他已經做完了新的神經可塑性療程，復原而且回去上班了。因為他的診所有許多房間，我以為一定有許多醫生跟他一起看診，但他說沒有，很多的房間是因為他有很多老年病人，與其叫病人走動到診間去，不如他自己去看他們還快些。

「這些老人，有些人走得不是這麼好，他們中風過。」他笑著說。

在他中風的那天早上，伯恩斯坦醫生動了七個手術：例行的切除白內障、青光眼，以及精細的眼球屈光手術。

手術之後，他慰勞自己，去打網球，他的對手告訴他他的平衡好像不太好，表現異常。打完球後，他開車去銀行辦點小事，當他想抬腿跨出底盤很低的跑車時，卻沒有辦法。當他回到辦公室時，祕書告訴他他看起來不對勁。他的家庭醫生路易斯醫生的診所正好也在同一幢樓，知道伯恩斯坦醫生有輕微的糖尿病，也有膽固醇的問題，而且他的母親曾經中風很多次，所以路易斯醫生就先給他注射了一針肝磷脂（heparin）阻止血液凝塊，然後伯恩斯坦的太太開車送他去醫院。

在接下來的十二到十四小時，中風情況惡化了，他的整個左邊癱瘓，這表示他的運動皮質區嚴重受損。

核磁共振的大腦掃描確定了這個診斷，醫生看到他的右腦果然有損傷。他在加護病房住了一個星期，情況有改善；又在醫院做了一個星期的復健，包括物理治療、職能治療和語言治療後，他就轉到復健中心住了兩個星期，然後出院回家。後續他又做了三個多星期的復健治療，直到被告知療程已做完，不必再來了。這是標準的中風後治療。

但是他其實沒有完全復原，他走路仍然需要手杖，左手仍然沒有力氣，他連把大拇指和食指捏在一起都不行。雖然他原來是慣用右手的，但其實他左、右手都能用，在中風前，他可以用左手開白內障。現在他完全做不到了，他沒有辦法拿叉子，把湯匙送到自己的嘴巴，或扣襯衫的鈕扣。在他復健的療程中，他們把他用輪椅推到網球場，給他一支網球拍，看他能不能握拍子，他沒有辦法，而且開始認為這一輩子不可能再打網球了。雖然他被告知永遠不可能再開他的保時捷，他等到有一天沒有人在家時，坐進他五萬美金的跑車，倒出車庫。他說：「我倒車到車道時，左右看看有沒有人，好像青少年在偷車一樣。我開到巷子盡頭時，車子熄火了，鑰匙在車子方向盤的左邊，我沒有辦法用左手扭轉鑰匙，我必須橫過身子用右手才能轉動鑰匙，我的左腳沒有力氣，不是很容易踩離合器，不過我知道我是不可能自己離開車子，只好打電話叫家人來把我接回去。」

伯恩斯坦醫生是最早去到陶伯診所（Taub Therapy Clinic）求醫，接受陶伯（Edward Taub）所創「限制—引發」（constraint-induced, CI）運動治療法的人之一（譯註：陶伯博士是最早在動物身上看到大腦神經連接會因外界刺激的要求而改變，是個有創意又勤奮做實驗的神經心理學家，不幸生不逢時，碰到八〇年代動物解放陣營〔Animal Liberation〕蓬勃的時候，他的實驗室被「動物解放軍」〔Animal Liberation Army〕攻入，破壞一切，並將他告上法院，說他虐待動物，事實上，所有醫療研究在用到人體實驗之前，都是先用動物做實驗。他被美國國家科學基金會及美國國家衛生研究院停權，不准做實驗，官司纏訟許多年，最後他贏了，但青春已去，他去到德國，又做出幾個有名的實驗，最後改行開復健診所，將他早期在動物身上看到，在他打官司期間已經被別的實驗室確認可行的改變大腦結構方式，拿來用在中風病人身上）。在伯恩斯坦醫生參加這個療程時，這個療程尚在研究階段，但是伯恩斯坦想，反正他沒什麼可損失的，姑且死馬當活馬醫，試一下吧！

他在限制—引發療程上的進步非常快，他說：「療程非常的緊湊，早上八點開始，一直不停到下午四點半才結束，連午餐時也不停止。在那裡，只有兩個病人，因為這是限制—引發治療的開創時期，還沒有很多外人知道。另一個病人是位護士，比我年輕。大約只有四十一、二歲。她是在生產完後中風，不知為何，她一直在與我競爭。」他笑道：「不過我們相處得很好，我們相互幫忙，他們要我們做很多勞役的事，比如說，把罐頭從架子上拿下來，搬到另外一個架子上。因為她矮，所以我放上層的架子，把下層留給她用。」

他們要洗桌子、擦窗戶來訓練他們的手臂畫圓圈，為了要強化手的大腦迴路，他們要用無力的手去拉很緊的橡皮筋，盡量把橡皮筋撐開。「然後我得坐在那裡用我的左手練習寫ＡＢＣ。」

兩個星期之內，他學會了用虛弱的左手寫字母，到療程結束時，他可以用左手撿出小片的字母玩拼字遊戲，把字母放到對的位置上，他精細的肌肉控制回復了。他回家後，繼續這個練習，所以情況一直在改善。他還接受電療法，用電流刺激他的左手臂，使他的手臂神經活化。

他現在回到診所，繼續每天繁忙的看診，他一週還是打三天的網球。他的左腳仍有問題，使他在打球時跑不快，他現在正在改進左腿的力量。

他還有一些其他的小毛病，他覺得他的左臂並未完全正常，這在限制─引發治療法上是很正常的，功能有回復，但是不能回到未發病前的情況。當我要他寫ＡＢＣ時，他的左手寫出來的字很好看，並沒有歪歪扭扭，我絕對猜不出他曾經中風過，或他是個慣用右手的人。

雖然他覺得他可以回去重新操刀了，但他決定還是不要，因為萬一病人決定告他醫療不當時，律師第一個想到的就是他曾經中風過，根本不應該操刀做手術。誰會相信一個中風的病人可以恢復得這麼好呢？

中風是一個突如其來的打擊，大腦從裡面受到一拳。一團血塊阻礙了大腦血液流通，使大腦的組織缺氧而死亡。嚴重的情況是使中風者變成以前自己的影子，終身監禁在療養院中，鎖在自己的身體中，像嬰兒一樣被人餵食，不能照顧自己，也不會動、不會說話。中風是造成美國成人殘障主要的原因之一❶。雖然它主要為害老年人，但是現在已有三、四十歲中風的病例出現了。

急診室的醫生可以用溶血栓藥物或停止大腦出血的方式，減輕中風的後遺症，使它不要變得更糟，但是一旦傷害已造成，現代醫學可以著力的地方很少——直到陶伯發明以神經可塑性為基礎的限制—引發治療法。在限制—引發治療法之前，醫學上對中風病人癱瘓的手臂並沒有一個有效的治療法❷。有一些個案報告恢復功能，如前面提的巴哈—y—瑞塔的父親，有些病人自己復健，恢復了，但是一旦他們的情況停止改善，傳統的醫療是幫不上忙的。陶伯的治療法改變了這一切，他幫助病人重新組織大腦。許多中風多年的病人，已經被告知情況不可能改善了，經過陶伯的限制—引發治療法後，可以走動了。有些人恢復了說話能力，還有腦性麻痺的孩子重新學會控制手腳的肌肉。這同樣的治療法也替脊椎損傷的病人帶來了希望，帕金森症的病人、多發性硬化症（multiple sclerosis）的病人，甚至關節炎病人都蒙其惠。

但是很少人聽過陶伯的突破性研究，他四分之一世紀之前就已經為神經可塑性打下了基礎。在一九八一年，他被禁止發表他的研究成果，因為媒體、輿論把他塑造成本世紀最邪惡的科學家。他研究所用的猴子變成歷史上最有名的實驗室動物，不是因為從這些猴子身上得出來的實驗成果，而是這些猴子被認為受到虐待。這個控訴使他幾十年來不得做研究，也找不到工作。這些控訴在當時看起來合理，因為陶伯的研究走在時代的尖端，他的同儕遠遠落後他。他認為長期中風的病人可以用神經可塑性為基礎的治療法去復健，他的同儕完全看不到這一點，他被認為是異端邪說，只差沒有綁在火柱上燒死。在歷史上，走在風氣之先的人，都要付出這個代價。

陶伯是一個整潔、自律、注意細節的人，他現在已經七十多歲了，不過看起來比實際年齡年輕得多。他穿著整齊，頭髮一絲不亂，每一根頭髮都貼在它應該在的地方。在談話中，他很仔細以確定他所講的每一句話都是正確的，他的聲音柔和，態度溫文有禮。他住在阿拉巴馬州的伯明罕市，在那裡的大學內他終於可以自由發展治療中風病人的方法。他的太太米爾德瑞（Mildred），是個女高音，曾與紐約的大都會歌劇團一起演唱，也曾跟史特拉文斯基（Stravinsky）一起錄音過。她雖然年紀大了，仍然是美國南方的美女，有著豐厚的頭髮，南方婦女的溫柔、熱情。

陶伯是在一九三三年生於紐約的布魯克林區（Brooklyn），上紐約的公立學校，十五歲就從高中畢業。他在哥倫比亞大學（Columbia University）時，跟隨凱勒（Fred Keller）主修行為主義（behaviorism）。當時行為主義是控制在哈佛大學心理系的史金納（B. F. Skinner）手上，而凱勒是史金納的弟子。那時的行為主義認為心理學應該是「客觀的科學」（objective science，譯註：越是要強調客觀的學門，它的主體越是不能客觀，越是要強調自己是科學的學門，越難達到科學的標準。五十年前，美國國家科學院的院士，耶魯大學教授李伯曼（Al Liberman）就說，政治學〔political science〕、圖書館學〔liberty science〕和社會科學〔social science〕都是自己沒有信心，要去擠科學的窄門，好像冠上了科學，就會成為科學，行為主義的錯誤觀念，誤導了心理學五十年）。史金納認為心理學應該只去測量那些可以看到的東西。行為主義是當時為了對抗心理學只研究心智（mind）而演變出來的學門。對行為主義來說，思想、感覺、慾望都是主觀的經驗，沒有辦法客觀的測量，所以不必去研究它們。他們對大腦也沒有興趣，把它看成一個「黑盒子」。史金納的老師華生（John B. Watson）曾經以輕蔑、嘲笑的口氣寫過：「大部分心理學家只會暢談大腦中神經迴路的形成❸，好像他們是一群火神（Vulcan）的僕人，在神經迴路上用他們的槌子和鑿子挖出新的塹道，挖深舊的溝渠。」對行為主義來說，大腦是無關緊要的，只要把刺激加諸動物或人身上就可以觀察到反應，從反應可以得到行為的法則。

在哥倫比亞大學，行為主義的實驗多半用老鼠來做，當陶伯還是研究生的時候，他就研發了一個「老鼠日記」（rat diary）來觀察和記錄老鼠的行為，但是當他用這個方法測試指導教授凱勒的理論時，卻發現結果不支持凱勒的理論，這把他嚇壞了。陶伯非常敬重凱勒，所以不敢去跟他談實驗的結果。凱勒發現後告訴陶伯一定要永遠依數據來說話，不要管別的。

那時的行為主義堅持所有的行為都是對刺激的反應。把人當作一個被動的機器，所以對人為什麼會主動做一些事情難以解釋。陶伯了解到，大腦和心智一定跟主動去做很多行為有關，行為主義把大腦和心智排除在外、不予理會是個致命的錯誤。陶伯在實驗神經學的實驗室找了一個研究助理的工作，想更了解人的大腦神經系統，在當時，這是任何一個行為主義者想都不必想就認為是不可思議的選擇。在那個實驗室裡，他們對猴子做切斷輸入神經（deafferentation）的實驗。

切斷輸入神經是一個非常古老的技術，一八九五年諾貝爾醫學獎的得主薛林頓爵士最先開始用的。「輸入神經」（afferent nerve）在這裡指的是感覺神經，將感覺脈衝送入脊椎，然後再到大腦的神經。切斷輸入神經是用外科手術將運送感覺訊息進來的神經剪斷，使它們的脈衝不能再送到大腦。被剪斷感覺神經的猴子不再知道牠的手臂在什麼位置上，你碰牠時，牠也不會感到觸覺或痛覺。陶伯當時仍然只是一名研究生，他設計的實驗是去推翻薛林頓一個最重要的理論，這個實驗為他後來對中風病人的治療打下了基礎。

薛林頓認為我們所有的動作**都是**因為對某些刺激做出反應而發生，我們會動，不是因為我們的大腦命令我們動，而是我們的脊椎反應使我們動，這個理論叫做「運動的反射反應理論」（reflexological theory of movement）。在當時，這是神經科學的主流理論。

脊椎的反射反應並不牽涉到大腦，我們的脊椎有許多的反射反應，最為人知的就是膝反射（knee reflex）。當醫生輕敲你的膝蓋時，皮膚下的感覺受體就接受到敲的訊息，把它轉變成脈衝，從大腦的神經元一路傳到脊椎，它啟動脊椎上的運動神經元，又把脈衝送回到大腿肌肉，使它收縮，你的腿便不由自主的往前彈起來了。另一個例子是在走路時，一隻腿的運動會引發另一隻腿的反射動作。

這個理論很快的被拿來解釋所有的運動，薛林頓根據他和莫特（F. W. Mott）所做的切斷輸入神經實驗得出運動的反射反應理論，他們把猴子的感覺神經在進入脊椎之前剪斷，所以感覺的訊息沒有辦法傳到大腦，他們發現猴子不再用牠的手了。這看起來很奇怪，因為他們只剪斷**感覺**神經（這是輸送感覺的），他們並沒有剪斷從大腦到肌肉的**運動**神經（這是刺激運動的）。薛林頓了解為什麼猴子的手沒有感覺，但是他不了解為什麼牠的手不會動。為了解決這個問題，他提出運動是基於脊椎反射反應的感覺部分，也是從那裡啟動的，他的猴子不能移動手，因為他破壞了牠們反射反應的感覺輸入。

其他的人很快的將薛林頓的這個理論發揚光大，認為人類所有的動作，甚至複雜的行為，都是來自反射反應的連鎖反應。甚至像寫字這種自主的反應也都需要運動皮質區去修正**先天設定**（preexisting）反射反應[4]。雖然行為主義者反對研究神經系統，但他們接受所有的動作都是基於先前刺激的反射反應，因為這解釋把行為與心智和腦的關係都排除掉了。這種看法轉過來就支持了所有的行為都是由先前發生在我們身上的刺激所決定，所謂的自由意志是個錯覺，薛林頓的實驗變成醫學院和大學教學中的標準教材。

陶伯跟神經外科醫生伯曼（A. J. Berman）一起做研究，他想試試看能不能重複薛林頓的實驗，他以為他一定會得到跟薛林頓一樣的結果。不過他的實驗多走了一步，他決定不但把猴子一邊的感覺神經剪斷，他還把猴子好的、沒有被剪斷的手用繃帶綁起來，使牠不能動。他想到猴子不去動那隻被剪斷神經的手，可能是牠還有一隻好的手可以用，假如他把猴子好的手臂也用繃帶綁起來，使它不能動時，也許會強迫猴子去用那隻剪斷神經的手來進食，因為不進食就會餓死，那隻手可能會動。

結果他成功了，猴子在沒有辦法動用好的手的情況下，果然去動用那隻被剪斷感覺神經的手。陶伯說：「我記得非常清楚，我看到猴子用牠們的手好幾個星期了，但是我沒有講出來，因為我並不預期會看到這樣。」

陶伯知道他的發現有重大的意義，假如猴子在沒有感覺的情況下可以動牠的手，這表示薛林頓的理論是錯的，他的老師凱勒等人的理論也是錯的。在大腦裡一定有一個獨立的運動程式可以啟動自主的動作；行為主義者和神經科學家這七十年來都在走一條死巷。陶伯也想到他的發現可能對中風病人會有幫助，因為猴子跟中風的病人一樣，原來都是沒有辦法移動牠的手的。或許他可以強迫中風的病人動他的手，就像他強迫猴子一樣。

陶伯很快就發現，並不是所有的科學家都像凱勒那樣，優雅的接受別人推翻自己的理論。薛林頓的忠實信徒開始找他麻煩，挑他實驗的毛病，給研究經費的審核單位開始質疑是否應該給年輕的研究生經費，會不會浪費納稅人的錢。陶伯在哥倫比亞的教授熊費爾（Nat Schoenfeld）已經根據薛林頓的切斷輸入神經實驗建構了一個有名的行為主義理論。所以當陶伯要去考博士論文口試時，整個大廳都擠滿了人，本來口試是沒什麼人要旁聽的。陶伯自己的指導教授凱勒不能來，但是熊費爾卻來了。陶伯講了他的資料，以及他對這份資料的看法，熊費爾跟他爭辯之後，抗議退席。然後接著就是期末考試了。這個時候陶伯手邊的研究案比很多老師都還多，他選擇在期末考的那個星期去做兩個重要的研究計劃案，以為他可以延後再考。當他發現學校不允許他補考，而且因為他的「不禮貌」而當掉他時，他決定到紐約大學完成他的博士學位。這個領域大部分的科學家拒絕相信他的發現，他在科學的會議中被人攻擊，而且大家不承認他的成就，也不給他獎賞。但是他在紐約大學很快樂，「我像在天堂似的，我做我的研究，沒有什麼比做研究更令我高興的了。」

陶伯開拓了這個從行為主義的精華及大腦科學兩者融合中衍生出來的新領域，事實上，這是行為主義的創始者巴夫洛夫（Ivan Pavlov）所預期的，許多人不知道，巴夫洛夫晚年曾經想把他的發現與大腦科學綜合起來，他甚至說了大腦是有可塑性的❺。很諷刺的，行為主義其實在某一方面，已經幫助陶伯準備好去發現這重要的可塑性。因為行為主義者對大腦這麼沒興趣，他們並沒有像大多數的神經學家那樣，下結論說大腦沒有可塑性。許多行為主義者認為他們可以訓練動物去做幾乎所有的事，雖然他們沒有說「神經可塑性」這個詞，但他們是相信行為可塑性的。

因為陶伯對可塑性沒有忌諱，所以他就敢用切斷輸入神經這個研究模式去衝鋒。他認為假如猴子兩隻手的感覺神經都剪斷了，牠應該很快兩隻手都能動，因為牠一定要動才能存活下去。所以他把猴子兩隻手的輸入神經都剪斷，結果猴子兩隻手都會動了。

這個發現是很弔詭的：假如一隻手的感覺神經被剪斷，猴子就不用這隻手了；假如兩隻手的感覺神經都剪斷，猴子兩隻手都會用了。

於是陶伯把整個脊髓神經的輸入神經都剪斷，現在全身沒有任何一個脊椎反射反應留下來了，猴子不能從四肢接受到任何感覺的輸入，牠還是能用牠的四肢，薛林頓的反射反應理論到此宣告死亡。

然後陶伯又有了另一個點子，這個點子將他的想法轉換成治療中風的方法。他認為猴子在一隻手的感覺神經被切斷後，不去用這隻手的原因是他「學會」了不去用它，因為在手術剛剛做完時，會有一段「脊髓神經休克」（spinal shock）的期間。

這個脊髓神經休克期間從二個月到六個月不等❻。在這期間，神經元不容易發射，一隻動物在脊髓神經休克期間會想去動牠被剪斷神經的手，但是發現動不了，經過幾次以後，動物就會放棄用這隻手，用另一隻手來進食。這樣每一次牠拿東西吃，都會得到正回饋，越用越多時，牠大腦中運動皮質區關於這隻手的地圖就會改變，而另外一隻手的地圖因為不用就會縮減，同時不用這隻手會使動用這隻手的程式變弱、神經萎縮。陶伯把這叫做「習得的不用」（learned nonuse）。他認為兩隻手都被剪斷的猴子可以用牠的手是因為牠們從來沒有機會去學習不用，牠們必須用才能生存下去。

但是陶伯想，習得的不用理論目前支持的證據是個間接的證據，所以他馬上再去做一序列非常聰明的實驗，來防止猴子習得不用牠的手。在一個實驗裡，他把猴子一隻手臂的感覺神經剪斷了，然後，他沒有把好的一隻手纏上綳帶使牠不能動，他反而把剛剪完神經的手臂綁上綳帶，使這隻手不能動，所以這隻猴子在脊髓神經休克期間沒有機會去動牠的手，牠就沒有學到牠的手是不能動的。果然，當他在三個月後解除繃帶時（這時休克期已過了），猴子就能動牠被剪斷感覺神經的手臂。陶伯下一個實驗是想知道能否成功的教會猴子克服「習得的無用」，然後再看習得的無用已經發展出來很多年後❼，他可不可以成功的改正習得的無用。他發現可以，而且這種方式使猴子的改善能夠持續終身。陶伯現在有動物模式，不但可以模擬中風病人神經訊息被中斷，四肢不能運動，他同時還有克服這個困難的解決方法。

陶伯認為他的實驗發現表示人們即使是好幾年前中風的，都可能還受到習得的無用之害❽。他知道有一些輕微中風的病人都經過相當於脊髓神經休克的「皮質休克」（cortical shock），可以持續好幾個月，在這期間，每一次要動這隻手都動不了，可能就使病人學會不用這隻手。

在運動皮質區有嚴重損壞的中風病人，他們有很長一陣子沒有辦法改進，即使改進也是只能部分恢復。陶伯認為任何治療中風病人的方法都必須同時顧到大腦大面積的損傷及習得的無用，因為習得的無用可能遮蔽了病人復原的能力。只有先克服習得的無用後，他才能評估病人的情況到底有多嚴重。陶伯認為即使中風後，使我們能夠做動作的運動程式可能還保留在神經系統中，所以他必須對病人使用他對待猴子的方式：限制使用好的手臂，強迫癱瘓的手去動。

在早期猴子的實驗中，他學到一個重要的教訓。假如他只是給猴子東西吃，每一次牠動牠切斷神經的手，就給牠**獎勵**，即行為主義者所謂的制約（conditioning），這猴子不會進步。他必須用「塑造」（shaping）的方式，一點一點去引誘猴子做出他要的動作才行。所以被切斷神經的猴子不但在成功拿到食物時可以吃它，在做出有一點像實驗者要的行為時也有東西吃。

一九八一年五月，陶伯四十九歲，正領導位於馬里蘭州銀泉（Sliver Spring）的行為生物中心（Behavioral Biology Center），心中充滿了大計劃要把他在猴子身上看到的方法轉用到中風病人身上，這時有個二十二歲喬治華盛頓大學（George Washington University）政治系的學生，帕契可（Alex Pacheco）志願要來他實驗室工作。

帕契可告訴陶伯他想成為醫學研究者，陶伯覺得他和藹可親又熱心幫忙就收了他。帕契可沒有告訴陶伯，他其實是善待動物協會（People for the Ethical Treatment Animals, PETA）這個好戰的保護動物權利組織的共同發起人及主席，另一個發起人為紐寇克（Ingrid Newkirk），三十一歲，華盛頓特區流浪狗中心的主任。紐寇克和帕契可是對戀人，在他們華盛頓特區的公寓裡經營這個組織。

善待動物協會過去是、現在仍然是反對所有用動物做實驗的醫學研究，即使是癌症、心臟病、愛滋病的研究都不可以。他們激烈反對人類吃葷，也不可以喝牛奶、吃蜂蜜（他們說這是食母牛和蜜蜂），也不准養寵物（他們說這是蓄奴）。當帕契可自願來替陶伯工作時，他真正的目的是解放十七隻銀泉猴子，使牠們成為動物權宣傳的口號和主角。

雖然切斷感覺神經的實驗不會很痛苦，但也不是很賞心悅目，因為被切斷神經的猴子不再感覺到痛，牠們有時會傷到自己而不自覺，當牠們受傷的手綁上紗布時，有時會把這隻手當作其他猴子的手或別的東西，會去用力咬它。

一九八一年的夏天，當陶伯去度三週的假時，帕契可闖入他的實驗室，拍了許多猴子看起來非常痛苦的照片，被虐待到受傷，又沒人照顧。牠們被迫在沾有大便的盤子中進食。

憑著這些相片，帕契可說動了馬里蘭州的警察去突襲陶伯的實驗室，並沒收這批猴子，這是一九八一年九月十一日。馬里蘭州的法律規定，即使為醫學研究也不可以對動物殘忍，所以陶伯會有麻煩。

當陶伯回到他的實驗室時，被門口包圍的媒體嚇壞了。幾哩外，美國國家衛生研究院這個美國最大的醫學研究機構聽說警察的突襲，他們害怕了。美國國家衛生研究院的實驗室是全世界用最多動物來做生物醫學實驗的地方，顯然會是善待動物協會的下一個目標。他們必須馬上決定是要站在陶伯這一邊，還是要棄車保帥，附和善待動物協會，說陶伯是個爛蘋果，然後劃清界線。他們選擇了背棄陶伯。

善待動物協會變成法律的捍衛者，雖然帕契可自己說過，為了減輕動物的痛苦，他們不惜放火、破壞財產、偷竊、搶劫[9]。陶伯的案子變成華盛頓的著名訴訟案例。《華盛頓郵報》（*Washington Post*）刊登動物實驗室的正反意見，它的專欄將陶伯釘上十字架，動物權力的激進分子把陶伯惡魔化，說他是納粹的孟格勒醫生（Dr. Mengele）⓾。銀泉猴所得到的曝光率把善待動物協會變成美國最大的動物權力組織，而陶伯變成人盡可誅的魔鬼。

陶伯後來被逮捕，以虐待動物的罪名受審，檢察官起訴他一百一十九項罪名。在他開庭之前，三分之二的國會議員投票停止他的研究經費，因為他們接收到大批選民寄來的抗議信，陶伯被他的同儕孤立，失去薪水、研究經費、他的動物，他被停止做實驗的權利，並且從銀泉趕出來。他的太太出門被跟蹤，兩人都接到死亡威脅。有一次，有人跟蹤米爾德瑞去到紐約，然後打電話給陶伯，詳細報告米爾德瑞在紐約的一舉一動，不久，陶伯接到一通電話，那個人自稱是蒙哥馬利郡（Montgomery County）的警官，他說他剛剛接到紐約市警察局的通知，米爾德瑞出了一個「不幸的意外」，當然這是謊言，但是陶伯並不知道。

陶伯在後來的六年裡，一週工作七天，一天十六小時，來洗刷名譽，他通常必須擔任自己的律師，在官司開始時，他銀行的戶頭有十萬美元的存款，官司打贏時，存款只剩四千。他無法在任何一所大學找到教職，但是逐漸的，一次又一次開庭，一次又一次上訴，一個又一個控訴，他打敗了善待動物協會。

陶伯指出相片是作假，加工過的，他宣稱帕契可的相片是故意排演拍攝的⓫，相片的說明是虛構的。例如，在一張相片中，猴子本來是在實驗室椅子上舒適的吃東西，卻被拍攝成猴子面孔扭曲，表情痛苦萬分，陶伯說這種表情只在有人對椅子動過手腳，把螺釘和螺帽拆下來重新調整過才會如此。帕契可否認他動過手腳。

警察突襲有個很奇怪的地方是，警察把這些猴子從陶伯的實驗室中帶走，交給善待動物協會的一個成員列納（Lori Lehner）。列納把這些猴子關在她家的地下室，突然之間，所有的猴子都不見了。陶伯知道帕契可和善待動物協會一定把猴子移走了。《紐約客》（*New Yorker*）雜誌的撰稿人佛瑞瑟（Caroline Fraser）問帕契可這些猴子是不是被移到佛羅里達州的根茲維（Gainesville）去了，他回答說：「這是一個很好的猜測。」[12]

當善待動物協會發現陶伯沒有那些猴子就不能被起訴，而偷取法庭證物是重罪時，這些猴子又突然出現了。而且短暫的送還給陶伯，沒有人追究猴子的離奇失蹤和出現，但是陶伯從血液中看到這二千哩的搬運對猴子來說是件壓力很大的事，而且牠們有運輸熱（transport fever），不久，一隻猴子查理，就被另一隻暴怒的猴子咬傷，法庭任命的獸醫給了查理過量的藥物，查理就死了。

到一九八一年十一月，陶伯的第一審即將結束時，檢察官所起訴的一百一十九件控訴中已有一百一十三件被撤銷了[13]。到第二審時，馬里蘭高等法院發現州的反虐待法其實並不適用於研究者，陶伯在無異議一致同意的情況下被開釋了。

潮流似乎反轉過來了，六十七個美國職業協會為陶伯案向美國國家衛生研究院陳情，請求改變先前不再支持他做研究的決定[14]，因為先前的控訴並沒有實質的證據。

但是陶伯仍然沒有工作，也沒有猴子，他的朋友告訴他沒有人敢要他。當一九八六年，阿拉巴馬大學（University of Alabama）終於決定聘任他時，學校有示威遊行反對他，威脅要停止學校所有的動物實驗，但是心理系系主任麥克法蘭（Carl McFarland）及其他了解他研究的人，都站出來支持他。

這麼多年來第一次，陶伯拿到研究經費去研究中風並且成立一家診所。

我們在陶伯的診所中最先看到的東西是厚厚的棉布手套和吊腕帶：一走進室內，就看到成人在他們好的手上戴著厚重的棉布手套，在他們好的手臂上吊著吊腕帶，他們醒著百分之九十的時間都要這樣戴。

這家診所裡有許多小房間及一個大房間，大房間是做陶伯運動訓練的地方。陶伯跟物理治療師克瑞哥（Jean Crago）一起發展出這種運動。有些像比較強烈的每日復健運動，一般復健中心也有用，只是這裡的更進階。在這裡，他們用「塑造」的行為主義訓練方式，一點一點的引誘病人朝目標走去。大人在玩小孩子的遊戲：有些人把木棍插進有很多洞的板子中，板上的洞跟木棍的直徑配合；有人在拋接大球；有人把桌上一大堆銅板撿起來，放進撲滿中。這些遊戲都不是隨便叫他們玩的，他們在重新學習如何走路，像嬰兒最初學走路時那樣，一小步一小步的練習，他們要把大腦中的運動程式重新叫出來。

一般的復健療程通常一次只做一個小時，一週三天。這裡的復健是一天六個小時，十天到十五天中間不休息。病人都累極了，有時必須睡午覺，病人一天做十到十二種作業，每一種作業要重複十次，他們的進步會很快，作業的難度也逐漸提高。陶伯原始的研究是發現只要還有一點動手指頭能力的病人幾乎都可以恢復——也就是說，一半的中風病人都可以受到這個療程的好處。陶伯診所後來發展出的訓練可以讓完全癱瘓的手再動起來。他們一開始只治療中度中風的病人，但是現在，用控制組來對照，顯示百分之八十已經失去手臂功能的人有顯著的進步⓯。許多嚴重中風患者有顯著的進步⓰。甚至有中風四年以上⓱，在接受這種限制—引發療法後，也有顯著的進步。

安德魯（化名）就是這種病人，他是個五十三歲的律師，在中風超過四十五年後才去找陶伯。他沒有想到在幾乎半世紀的童年中風後，限制—引發治療法居然仍然對他有效。他在七歲、念一年級時中風，那時他在玩棒球。「我站在邊線上，」他告訴我：「突然之間，我倒在地上，說：『我的手不見了，我的腳不見了。』我爸把我揹回家。」他失去右邊身體的感覺，不能抬起右腳或用右手，後來發展出顫動現象。他只好用左手來寫字，因為右手非常虛弱而且使不上力。他接受了一般性的復健，但是情況並沒有改善，雖然他用枴杖走路，他還是常常摔跤。到他四十歲時，一年大約要摔跤一百五十次，跌斷過手、腳，四十九歲時，他的骨盤也跌傷了。在這之後，復健科醫生幫助他將跌倒減到一年三十六次。後來他聽說了陶伯的診所，接受兩週右手的訓練，然後是三週右腳的訓練，他的平衡改善了很多。他的右手在短短的兩週內進步了許多。「他們給我鉛筆叫我用右手寫我的名字——我真是驚訝極了。」他繼續做練習，情況一直有改善，在離開診所的三年裡，他只有跌七次跤。「三年後，我繼續有進步，」他說：「因為這些練習，我比離開陶伯診所時進步很多，非常多。」

安德魯在陶伯診所的進步讓我們看到大腦的可塑性和重組神經的能力，我們對有動機復健的中風病人不應該太快下斷語，說他頂多只能復原到什麼地步。我們第一次看到安德魯時，可能會以為他的平衡、走路、用手的機制都已經退化光了，但是給予適當的刺激，大腦還是可以重新組織它自己，發現新的方法來做舊的功能，這點現在在腦造影的掃描上可以得到證據了。

陶伯、利波特（Joachim Liepert）和德國吉納大學（University of Jena）的同事一起做實驗，發現中風後，受損的手大腦地圖大約萎縮了一半。所以中風的病人大約只有一半的神經元可以用，陶伯認為這是為什麼中風的病人都說用受損過的手要比以前用力。這不只是肌肉的萎縮，使得動起來比較困難，其中還有大腦神經萎縮的問題，當限制—引發治療重新回復大腦中運動皮質的區域時，動那隻受損的手就沒有那麼吃力了。

有兩個研究證實了限制—引發療法可以回復已經縮減的大腦地圖。其中一個研究是測量六位平均中風六年，有手麻痺現象病人的大腦地圖，六年是遠超過自然回復所預期的時限。在經過限制—引發療法後，這六位病人大腦中手的地圖都擴大了兩倍[18]。第二個實驗是讓我們看到這改變在兩邊的腦半球都發生了[19]，表示神經可塑性的改變比我們想像的更廣泛。這兩個是最初讓我們看到限制—引發療法可以改變中風病人大腦的結構，而且給了我們線索去了解安德魯如何過了四十多年還可以恢復。

目前陶伯在研究究竟要給病人訓練多久是最恰當的。有研究者回報說一天三小時的效果最好，增加每一小時內運動的量比一天六小時令人疲倦的訓練效果更好。

能夠使大腦重新組合的當然不是棉手套和吊腕帶，這個治療最重要的是**循序漸進**的訓練或行為塑造，困難度是慢慢增加的。「大量練習」——兩週內集中火力練習——是為了引發啟動大腦的可塑性改變，幫助大腦重新組織。但是在大腦細胞曾經大量死亡後，重新組織並不能馬上做到十全十美。新的神經元必須接過死去神經元的工作，它們一開始時，不可能像老手一樣那麼熟練有效率[20]，但是我們可以在伯恩斯坦醫生身上看到，他的進步是很顯著的，我們也在下面的魯登（Nicole Von Ruden）身上看到改進。

他們告訴我，只要魯登在，整個房間的氣氛都會不一樣，魯登生在一九六七年，曾擔任過小學老師，也做過美國有線電視新聞網（CNN）的節目製作人，更製作過當紅節目《今夜娛樂》（*Entertainment Tonight*）。她在盲人學校作義工，也幫助過癌症兒童，和因為被強暴或從母親身上得到愛滋病的兒童。她喜歡在湍急的河流裡划橡皮艇，也喜歡登山，更參加過馬拉松，去過南美秘魯的印加古道健行。

她三十三歲時，已經訂婚正準備結婚前的某一天，她去加州貝殼灘（Shell Beach）住家附近的一家眼科診所求醫，因為兩個月來，她的眼睛都看到雙重影像，醫生覺得不對勁，叫她在同一天立刻去照核磁共振，照完，醫生讓她住院，因為她大腦裡長了一顆無法開刀割除的腫瘤。那一天是千禧年的一月十九日，這顆瘤長在腦幹，是神經膠質瘤（glioma）。她有三到九個月的時間可活。

魯登的父母親立刻把她帶到加州大學舊金山校區的醫院，那天晚上，神經外科主任告訴她，惟一的希望是接受大量的放射治療，因為瘤長在腦幹這個掌管我們呼吸、循環等重要功能的區域，在這麼小的地方動刀是不可能的事，醫生的刀會要了她的命。在一月二十一日早上，她開始了第一次放射治療，六個星期後，又接受了一次人體所能承載的最大量放射治療，因為這是人體所能承載的最大量，她之後一年都不能再接受放射線了。醫生同時給她高劑量的類固醇（steroids），以減少腦幹腫脹，腦幹腫脹也同樣會要她的命。

放射線救了她的命，但是同時開始了一個新的毛病。「在接受放射治療後，二到三個星期，」魯登說：「我的右腳開始有麻麻的感覺，它爬上我的右膝，到右腿，到右邊的身體，最後我的右臉麻痺。」她是慣用右手的，所以右邊整個麻痺，她就不能寫字了。她說：「情況糟到我不能坐起來，也不能在床上翻身，就好像你坐太久，腿麻痺了，想站起來時，腿無法支撐，就會跌倒。」醫生很快就知道，這不是中風，而是放射線的副作用，損害了她的大腦。她無奈的笑說：「這就是生命。」

她從醫院回到父母的家，「我必須坐輪椅進去，等著人抱我上床，或坐上椅子。」她無法坐直，所以要吃飯時，父母必須把她綁在椅子上，以防她跌下來，摔跤對她來說很危險，她無法用手去支撐。因為大量的類固醇，加上不能運動，她的體重從一百二十五磅直線上升到一百九十磅，她臉變成南瓜臉（譯註：台灣叫月亮臉），放射線使她的頭髮一塊一塊掉下來。

她為自己的病拖累了家人感到很難過。有六個月的時間，她嚴重沮喪，不願說話，也不願下床，甚至連坐起來都不肯。「我記得這段時間，但是我不了解它，我記得每天望著鐘，等時間過去，我起床只為吃飯，因為我不願讓父母擔心。」

她的父母年輕時曾經參加過「和平工作團」（Peace Corps），他們的態度是沒有不可能做到的事。她的父親是位家庭醫生，他把診所關掉，每天在家裡陪她，他們帶她去看電影，去海邊推輪椅散步，想辦法讓她跟生活不要脫節。「他們告訴我，我一定可以走過這一段，這一切都會過去。」在這同時，朋友和家人都盡量收集可能的治療法。有一個人告訴魯登有關陶伯診所的事，她決定去試一下限制—引發治療法。

在那裡，他們給她帶棉布手套，使她無法使用左手。她發現那裡的工作人員很堅持，她笑著說：「第一天晚上，他們做了很好笑的事。」當她在旅館跟她媽媽在一起時，電話響了一聲，她很自然的脫掉手套，很快接起電話。「我的治療師立刻破口大罵，她是來突襲檢查的，她知道假如我用了受損的右手去接電話，一定不會這麼快，我馬上就被逮到了。」

她不但得戴手套。「他們還必須把我的手套用魔鬼粘黏到我的腿上，因為我說話時，手會動，我是愛說故事的人，一定會比手劃腳，他們用魔鬼粘把我的手綁住，我覺得很好笑，這絕對會降低你的自尊心。

「我們每個人都有一位治療師，我的治療師叫克里斯汀，我們兩人是一拍即合。」魯登的左手戴了手套，她只好用右手寫字或打字。剛開始的練習是把撲克牌的賭具籌碼放進大的麥片罐中。一個星期後，她要把籌碼放入網球大小的撲滿中。一次又一次她練習把嬰兒玩的彩色圓圈套入柱子中，把曬衣服的夾子夾在一把尺上。起初克里斯汀會幫助她，後來克里斯汀就拿著一只馬表站在旁邊計時，看她有沒有進步，每一次魯登做完了作業說：「這是我所能做到最好的了。」克里斯汀就立刻回應她：「不是，你還可以更好。」

魯登說：「這真是不可思議，我親眼看到五分鐘之內，我進步了多少，兩週之後，那真是大地震。他們不准你說你不能，can't變成克里斯汀的四個字母字，不准用的（譯註：通常四個字母字指的是fuck，老師聽到會叫學生用肥皂洗嘴巴，因為是髒話，所以孩子就改用四個字母字來替代）。扣鈕扣是令我發狂的挫折事，只扣一個就像在做一件不可能的事，但是兩週後，你扣上又解開實驗衣上的扣子時，真是驕傲極了，你知道自己可以做到了。

在兩週治療流程過了一半的時候，有一天，所有的病人都去外面上館子，我們真是把桌子搞得一塌糊塗，侍者知道我們是來自陶伯診所，他知道我們會怎樣，我們全體都用受損的手吃飯，食物滿天飛，我們有十六個人，你可以想像那天餐館的情形。等到第二週快結束時，我用受損的手煮咖啡，假如我想要喝咖啡，他們說，你自己去煮，我要把咖啡量出來，放進壺中，還要量水，全部都用我受損的手去完成，我不知道那咖啡煮出來味道如何，我太興奮，嚐不出來了。」

我問她，離開那裡的感覺。

「像浴火重生一樣，在心理上的意義大過身體上的，它給了我再求進步的毅力與決心，使我的生活正常化。」有三年的時間，她不曾用她受損的手擁抱過任何人，但是現在，她又可以了。「我現在還無法擲標槍，但是我可以用我的手開冰箱、關電燈、關水龍頭，把洗髮精倒在我頭上。」這些小小的進步使她可以獨立生活，在高速公路上開車，用兩隻手來控制方向盤。她現在開始游泳，在我跟她面談的前一週，她去猶他州滑雪，沒有用滑雪杖。

在她整個生病的過程中，她在有線電視新聞網的老闆及同事都很支持她，當他們在紐約有一個不必簽約的自由作家工作出缺時，通知了她去應徵，到九月，她已變成全職的工作人員了，二〇〇一年九月十一日，她坐在辦公室，望著窗外，正好看到第二架飛機撞上世貿大樓。她被派到新聞組支援報導，他們的態度是：「你有很好的心智，就應該發揮。」她說：「這是發生在我身上最好的事情。」

當那份工作結束後，魯登回到加州去教小學，孩子立刻就喜歡上她，他們甚至有「魯登小姐日」，每個孩子在那一天戴上母親廚房烤東西用的厚棉手套，而且戴一整天。他們開她的玩笑，因為她的右手比較弱，寫出來的字不好看，所以她讓孩子們也用非慣用手去寫字。魯登說；「他們也不准用can't這個字。事實上，我在學校裡也有小治療師，我的一年級小朋友要我在他們學數數時，把手高舉過頭，每一天我都得舉得比前一天更久……這些是非常強悍的治療師，你一點都不能偷懶的。」

魯登現在是《今夜娛樂》的全職製作人，她的工作包括寫腳本、查證事實、協調攝影（她負責轟動一時的麥可・傑克森〔Michael Jackson〕審判的新聞採訪），那個以前連翻身都不行的女人，現在早晨五點就得去上班，一週工作五十小時以上，體重已經回復到以前的一百二十六磅。她還是有一點麻麻的感覺，右邊仍然比較弱，但是她的右手可以拿東西、舉起來，自己穿衣服，照顧自己的生活。她現在也回去服務有愛滋病的孩子了。

這種限制—引發療法目前在德國由普佛米勒（Friedemann Pulvermüller）博士的團隊在推廣，

他曾與陶伯一起合作，幫助那些布羅卡區中風受損而不能講話的病人[21]，大約有百分之四十的病人，左半球受損後會有失語症（aphasia）的問題出現。有些人，如布羅卡醫生那位著名的病人「唐」只能說一個字，唐，這是為什麼他被稱為唐。其他的雖然可以講比較多的字，但是仍然有嚴重的語言缺失。有些人過一陣子後會自然恢復，有一些字可以被找回來，過去一般是認為假如在一年內沒有恢復的話，就不會恢復了。

在語言治療上，什麼樣的做法是相當於厚棉布的手套或手腕的吊帶？有失語症的病人就跟那些手麻痺的病人會用沒有麻痺的手一樣，他們會用手勢或畫圖來取代說話，假如還可以說話，他們會挑最簡單的句子來表達心中的意思。

所以用在失語症病人身上的限制就不能是身體上的，但是必須是有生活真實性的：一系列的語言規則。因為行為是要慢慢建立而成，這些語言規則也是得慢慢教，病人先玩一種有治療功能的紙牌遊戲。四個人手上拿著三十二張牌，內有十六種圖片，每種圖片兩張，一個病人如果拿到一張牌上面畫著石頭，他就必須問別人要一張同樣花色的紙牌，一開始時，惟一的要求是不准用指的，這是為了不要強化「習得的無用」，他們可以用任何方式，只要是語言都可以，假如你要一張上面畫有太陽的牌，而你找不到「太陽」這個字，你可以說：「那個使你白天很熱的東西。」一旦拿到兩張一樣的，就可以把牌放下來，贏的人就是手上最先沒有牌的人。

下面一個階段就是要正確叫出物體的名稱，現在他們必須用確定的名稱來要牌：「我可不可以要一張狗的牌？」然後，他們必須把人的名字加上去，而且還要有禮貌。「史密特先生，我可以要一張太陽的牌嗎？」在訓練的後期，使用的紙牌變得更複雜，顏色、數字都加上去——一張紙牌上有三隻藍色的襪子，兩塊石頭。一開始時，病人只要做對了簡單的作業就會得到稱讚，後來是必須完成很困難的作業才會得到治療師的稱讚。

德國的團隊找了一群相當有挑戰性的病人，平均中風時間八年四個月，這是一群一般已經放棄的病人。在這十七人中，有七個是控制組，接受傳統的治療法，重複念誦一些字。另外的十個人接受限制—引發治療法，要去玩語言規則的遊戲，一天三小時，一共十天。兩組人花一樣的時間學習，十天過後，一起接受標準化的語言測驗。結果限制—引發組的病人在溝通能力上，增加了百分之三十㉒，控制組一點進步都沒有。

陶伯根據他的可塑性研究，發現了一些訓練的法則：訓練的項目越接近日常生活用到的技術，效果越好；訓練應該慢慢進階、循序而上；訓練應該集中在很短的時間內完成，所謂的「大量練習」，他發現短時間內大量練習遠比時間拖得長、次數不頻繁的練習效果好。

這些原則有許多也能用在學習外國語言上。我們之中有多少人，學了多年的外國語，結果成績遠不及去到那個國家住一陣子，浸淫在那個語言環境中的人。當我們去跟不說我們母語的人溝通時，我們被迫說他們的語言，那就是「限制」，每天浸淫在那個語言之中，使我們有大量的練習。我們的口音讓別人知道，他們必須用比較簡單的句子跟我們說話，所以我們是慢慢接受挑戰或被塑造。習得的無用就慢慢融解了，因為我的生存決定於我們跟當地人的溝通。

陶伯把這種限制──引發原則應用到許多其他的毛病上，他已經開始治療腦性麻痺的孩子[23]，這些孩子在發展期由於中風、感染或是在出生時缺氧造成的複雜的失功能狀態。他們常常不太能走路，一輩子坐在輪椅裡，也不能清楚的說話，或控制他們肢體的動作。在限制──引發療法之前，治療腦性麻痺孩子癱瘓肢體的方法都被認為是沒有效果的。陶伯做了一個研究，一半的孩子接受傳統一般的治療法，另一半的孩子接受限制──引發治療法。他先把孩子比較能夠動的手放在輕的玻璃纖維做的夾板上固定。限制──引發治療法包括用不好用的手去拍肥皂泡泡球，把泥土做的球塞入一個小洞中，用手拿起一小片拼圖。每一次孩子做成功時，他們就大力獎勵他、稱讚他。然後他們鼓勵孩子增進正確率、速度，以及動作的流暢性，即使孩子已經很累了，仍不停止。結果在三週訓練後，就有可觀的成績出現，有些孩子開始平生第一次爬行，一個十八個月的孩子可以爬樓梯，並且第一次可以自己把食物放進嘴裡，自己進食。一個四歲半的男孩，從來沒有用過他的手和手臂，現在開始玩球，下面是林肯（Frederick Lincoln）的故事。

林肯在他母親肚子裡就中風了，當他四個月半大時，他母親就看出他不對勁：「我注意到他沒有做其他托兒所孩子所做的事，他們會坐起來，抱著奶瓶吃奶，而我的兒子不會。我知道他不對勁，但是不知道去找誰好。」他整個左邊身體都受到影響，左手和左腳沒有什麼功能，眼皮下垂。他不能發出聲音，因為他的舌頭有一半是麻痺的。林肯不能爬，也不會走，他一直到三歲才會說話。

當林肯七個月大時，他癲癇發作，左手縮到胸口的位置，拉不開，當他去照核磁共振時，醫生告訴他媽媽：「他大腦有四分之一已經死了，他可能永遠不會爬、走或說話。」醫生認為他的中風可能發生在懷孕十二週時。

他被診斷為腦性麻痺，加上左邊身體癱瘓，他的母親本來在聯邦法庭工作，後來辭去工作全心在家帶他，這使家庭經濟來源立刻發生困難。林肯的殘障同時也影響到他八歲半的姐姐。

「我必須跟他姐姐解釋，」他母親說：「她弟弟無法照顧自己，媽媽必須照顧他，我們不知道這要多久，我們甚至不知道林肯以後會不會照顧自己。」當林肯十八個月大時，他的母親聽到陶伯診所的消息，急忙去問林肯可不可以接受治療；不過當時陶伯只有給大人的療程，過了好幾年才發展出兒童專用的療程。

當林肯到陶伯的診所時，他已經四歲了。傳統的復健有使他的情況好一些，他的腿穿了鐵鞋可以走路，不過還是很困難，只是當他來求診時，進步曲線已經停止再上升了。他可以動左臂，但是無法用左手，他的大拇指無法碰觸任何一根手指頭，所以無法撿起一顆球，握在他的手掌上。當他要握住一顆球時，他必須用右手的手掌加上左手的手背。

一開始時，林肯不願意上陶伯的治療課，大哭大鬧，用上了夾板的手去吃馬鈴薯泥，不肯用他受損的手。

為了確定林肯能接受二十一天不間斷的療程，限制—引發治療法不是在診所進行。「為了我們的方便，」他母親說：「這個治療在托兒所、家、教堂、祖母家，我們在任何地方，就在那裡進行，治療師跟我一起去教堂，在車上，她訓練他，然後跟他一起去上主日學。她依我們的生活作息而調整，週一到週五大部分在林肯的托兒所進行治療，他知道我們在想辦法使左邊更好。」

到治療第十九天時，林肯的左手可以握東西了。「現在，」他母親說：「他可以用左手做任何事情了，只是左手還是比右手弱，他現在可以打開夾鏈袋，可以握棒球棒，他每天持續在進步，他的運動技巧進步得最多。他從陶伯教他開始，一直進步到現在。就幫助他而言，我現在所做的跟其他父母沒有差別了。」因為林肯變得比較獨立，母親又可以回去上班了。

林肯現在八歲，他不認為自己是殘障，他可以跑，他打好幾種球，包括排球，但是他最愛棒球，他的母親在棒球手套裡面縫了一塊魔鬼粘，可以使手套黏在他手臂上的一個小手環。

林肯的進步真是令人不敢相信，他參加一般的棒球隊，而不是殘障兒童的棒球隊。「他打的這麼好，」他母親說：「他被教練選做明星隊球員，當他們告訴我這個消息時，我整整哭了兩個小時。」林肯是慣用右手的，握球棒的方式與別人一樣，偶爾，他的左手會失去握球棒的力氣，但是他的右手非常強，他可以用一隻手揮棒。

「在二〇〇二年，」她說：「他打少棒的五到六歲組，而且打了五場明星賽，這五場中他贏了三場，他贏了打點冠軍，我把這一切都錄下來了，他真是棒極了。」

◆ ◆ ◆

銀泉猴子和神經可塑性的故事還沒有完。猴子被帶離陶伯的實驗室已經好多年了，在這期間，神經科學家開始看到陶伯研究的重要性，他們對陶伯研究的新興趣，導致可塑性實驗中最重要的一個實驗完成。

莫山尼克在他的實驗中顯示當一根手指頭的感覺輸入被切斷時，大腦地圖通常在皮質一到二毫米處改變。科學家認為這原因是神經元長了新的分叉出來。大腦神經元受傷後，會長出小的新芽或分叉，去和別的神經元相連。假如一個神經元死亡或失去輸入訊息，它旁邊的神經元可以長一到二毫米來幫助連接，但是假如這是可塑性發生的機制，那麼改變只限於受損神經元附近的幾個神經元而已。所以大腦損傷附近區塊會有可塑性改變出現，比較遠的區域就不應該有。

莫山尼克在范德堡大學的同事卡斯跟一個研究生旁斯（Tim Pons）一起挑戰這一到二毫米的上限，真的只有一到二毫米嗎？還是莫山尼克觀察的神經元不夠，因為在一些重要的實驗裡，他只有切斷一根神經。

旁斯在想如果所有的神經都切斷了，大腦會怎麼樣？會不會影響的地方超越兩毫米？會在不同的區塊看到改變嗎？

可以回答這個問題的是銀泉的猴子，因為牠們有十二年不曾有任何訊息進入大腦地圖。很諷刺的是，因為善待動物協會的干擾，時間越過去，這批猴子對科學家就越重要，假如任何動物有大量的皮質重組可以被測量到的話，非這些猴子莫屬。

但是他們搞不清楚現在誰擁有這些猴子，雖然牠們應該在美國國家衛生研究院管轄之下，他們卻堅持他們並不擁有這些猴子，這些猴子是燙手山芋，沒有人敢用牠們做實驗，因為害怕善待動物協會找麻煩。不過現在主要的科學團體，包括國家衛生研究院，已經受夠了這些亂咬人的團體，在一九八七年，善待動物協會向最高法院提出監護權的要求，法院駁回不予審理。

當這些猴子逐漸老化，牠們的健康開始走下坡，保羅這隻猴子瘦了很多，善待動物協會開始遊說國家衛生研究院給牠安樂死，他們去向法院提出申請，到一九八九年十二月，另外一隻猴子比利，也快死了。

神經科學學會（Society for Neuroscience）的主席密希金（Mortimer Mishkin），也是國家衛生研究院神經心理學實驗室的主任，很多年前，他曾經看過陶伯第一個切斷輸入神經的實驗，也就是推翻薛林頓反射反應理論的那個實驗。在銀泉猴子事件時，密希金站出來替陶伯講話，是少數極力反對國家衛生研究院停止陶伯研究經費的人之一。密希金跟旁斯見面，同意他在猴子安樂死之前，做最後一個實驗。這是一個很勇敢的決定，因為國會是同情善待動物協會的，科學家很知道他們會大反彈，所以沒有用政府的經費，而用私人捐助的錢來做這個實驗。

在這個實驗裡，比利被麻醉後，科學家把一個微電極植入大腦來分析牠手臂在大腦地圖的位置。因為科學家和外科醫生承受到很大的壓力，所以他們把本來要一天才能完成的實驗在四小時內做完了。他們移除猴子腦殼的一部分，植入一百二十四個電極到感覺皮質中，有關手臂的區域，他們碰觸已經被切斷輸入神經的手臂，如他們所料，手臂沒有送出任何電脈衝到大腦去。然後，旁斯輕觸猴子的臉，因為大腦地圖中，臉跟手是緊鄰的。

他很驚訝的看到，當他碰觸猴子的臉時，猴子被切斷感覺神經那隻手臂的大腦地圖神經元開始發射了——臉的地圖已經佔用手的地圖了。就如莫山尼克在他自己的實驗中所看到的一樣，當大腦地圖沒有用時，大腦可以重新組織，使別的心智功能可以接管沒有使用的空間。最驚訝的是重新組織範圍之大，整整十四毫米，手臂地圖半吋以上的地方已經被臉的感覺輸入佔據了——這是最大範圍的神經重組紀錄[24]。

做完實驗後，他們給比利安樂死，六個月以後，這個實驗在三隻猴子身上重複，都得到同樣的結果。

這個實驗給陶伯帶來很大的鼓舞，他是這篇論文的作者之一，這篇論文也給其他的神經可塑性支持者很大的鼓舞，大腦的神經元在受損後，不但在少數區域**之內**可以長出新的分叉，這個實驗顯示，大腦的重組甚至跨越區域，可以發生在很大的範圍。

像很多的神經可塑性學者一樣，陶伯也跟很多人一起做實驗，他為不能來到診所的病人設計了一個限制─引發的電腦療程，叫作自動化限制─引發療程（Automated CI Therapy, Auto CITE），目前已有很好的效果出現。美國現在全國都在使用限制─引發療法，陶伯的團隊現在正在設計一部機器來幫助肌萎縮性脊髓側索硬化症（amyotrophic lateral sclerosis）患者，物理學家霍金（Steven Hawkins）就是得到這種病。這機器可以將他們的思想透過腦波轉換去指揮電腦的游標，選擇字母拼出字來構成短句。他也參加治療耳鳴（tinnitus）的團隊，這可能是聽覺皮質地圖改變所引起的。陶伯也想知道中風病人能不能透過限制─引發療法完全恢復正常。病人現在只接受兩週的治療，他想知道如果持續一年，效果會怎樣。

或許陶伯最大的貢獻是他對大腦受損的看法應用到了很多領域，幫助了很多人，甚至是非神經性的疾病，因為他看到了「習得的無用」，如關節炎病人因為痛而不再用他們的四肢或關節，也能因此而得到改善。

◆　◆　◆

在所有的疾病中，很少像中風那樣使人聞虎變色，恐懼不已，因為大腦的組織死亡，人生也就失去尊嚴了。陶伯讓他們知道，只要受損組織附近還有活的細胞，都還有希望恢復一些功能，因為細胞有可塑性，可能可以把功能接手過來。很諷刺的是，整個銀泉猴子事件中，惟一讓動物忍受無意義的壓力、緊張和挫折的時期，是善待動物協會介入的時期，牠們神祕的消失，被送到二千哩外的佛羅里達州又送回來，經歷完全不必要的旅途顛簸，顯現在牠們血液中的壓力荷爾蒙上，使牠們易怒、咬人。

陶伯的研究每一天都在幫助病人，大部分人是在他們生命的盛年受到病變打擊，倒地不起。每一次他們練習用他們麻痺的手和身體或說話，他們不但自己復活了，也使陶伯坎坷的學術生涯重新發出生命之光。

❶ P. W. Duncan. 2002. Guest editorial. *Journal of Rehabilitation Research and Development*, 39(3): ix-xi.

❷ P. W. Duncan. 1997. Synthesis of intervention trials to improve motor recovery following stroke. *Topics in Stroke Rehabilitation*, 3(4): 1-20; E. Ernst. 1990. A review of stroke rehabilitation and physiotherapy. *Stroke*, 21(7): 1081-85; K. J. Ottenbacher and S. Jannell. 1993. The results of clinical trials in stroke rehabilitation research. *Archives of Neurology*, 50(1): 37-44; J. de Pedro-Cuesta, L. Widen-Holmquist, and P. Bach-y-Rita. 1992. Evaluation of stroke rehabilitation by randomized controlled studies: A review. *Acta Neurologica Scandinavica*, 86: 433-39.

❸ J. B. Watson. 1925. *Behaviorism*. New York: W. W. Norton & Co.

❹ 這個認為我們所做的每一件事都是反射反應的看法在薛靈頓之前便有了。了解它的來源幫助我們了解為什麼這種看法會被這麼多人接受而且深信不疑這麼久。德國生理學家布呂克（Ernst Brücke）認為大腦的所有功能都是反射反應。他對當時很流行的說法，說神經系統是靈性的、有魔力的，是一個生命的力量，抱著謹慎小心的態度，他希望能用牛頓的定律來解釋神經系統的運作和反應，也想用當時已知的電學觀念來解釋神經系

統。對他來說，神經系統如果是一個系統，就必須是機械式的，有機制在內的。行為主義者非常欣賞下面這個看法：一個物理刺激可以引起神經興奮，傳導到感覺神經，到運動神經，當運動神經興奮時，引起反應。這種反射反應的概念，因為這個複雜運動過程都不牽涉到心智。對行為主義者來說，心智是個被動的觀察者，它怎麼影響神經系統，或怎麼被神經系統影響，行為主義者並沒有詳加說明，史金納在他所有書中都是只談反射反應理論，對心避而不談。

❺ 他寫道：「我們的系統是自我調節的——它自我維持、自我修護、重新調整，甚至自我改進。用我的方法所得到最強、最主要而且在每個研究中都存在的現象就是大腦活動的超級可塑性，它有巨大的可能性：在大腦中，沒有東西是靜止不變的，每一件事可被改變成更好的事，只要給予恰當的制約。」此段引用自D. L. Grimsley and G. Windholz. 2000. The neurophysiological aspects of Pavlov's theory of higher nervous activity: In honor of the 150th anniversary of Pavlov's birth. *Journal of the History of the Neurosciences*, 9(2) 152-163, especially 161. 原始資料來自I. P. Pavlov. 1932. The reply of a physiologist to Psychologists. *Psychological Review*, 39(2) 91-127, 127.

❻ G. Uswatte and E. Taub. 1999. Constraint-induced movement therapy: New approaches to outcomes measurement in rehabilitation. In D. T. Stuss, G. Winocur, and I. H. Robertson, eds., *Cognitive neurorehabilitation*. Cambridge: Cambridge University Press, 215-29.

❼ E. Taub. 1977. Movement in nonhuman primates deprived of somatosensory feedback. In J. F. Keogh, ed., *Exercise and sport sciences reviews*. Santa Barbara: Journal Publishing Affiliates, 4:335-74; E. Taub. 1980. Somatosensory deafferentation research with monkeys: Implications for rehabilitation medicine. In L. P. Ince, ed., *Behavioral psychology in rehabilitation medicine: Clinical applications*. Baltimore: Williams & Wilkins, 371-401.

❽ E. Taub., 1980.

❾ K. Bartlett. 1989. The animal-right battle: A jungle of pros and cons. *Seattle Times*, January 15, A2.

❿ C. Fraser. 1993. The raid at Silver Spring. *New Yorker*, April 19, 66.

⓫ E. Taub. 1991. The Silver Spring monkey incident: The untold story. *Coalition for Animals and Animal Research*, Winter/

Spring, 4(1): 2-3.

⓬ C. Fraser. 1993, 74.

⓭ 帕契可在陶伯實驗室實習時去突擊檢查實驗室的農業部獸醫出來作證，說他並沒有看到帕契可所說的動物被虐待的情形。陶伯在對動物殘忍、不人性待遇這一項控訴上被判無罪，但是還是為了其他事被罰三千五百美元。因為法庭認為他應該請外面的獸醫來做猴子的輸入神經切除手術，雖然沒有任何獸醫有陶伯的專業，或比他更懂得如何切除猴子的輸入神經。法庭最後仍然判他六項有罪，因為他有六隻猴子，每一隻猴子的手術算是一項。

因為陶伯在第一審的定罪是屬於輕罪，所以法律規定他現在可以接受陪審團審判，到一九八二年六月，第二審結束時，六項裡面有五項已被開脫，也就是說，原始的一百一十九項罪名中有一百一十八項已被開脫。留下惟一的一項是：實驗室沒有提供合格的獸醫來照顧一隻猴子——尼洛，因為後來尼洛的骨頭發炎。陶伯在答辯書中寫道尼洛的病理報告說牠的骨頭並沒有發炎。E. Taub, 1991, 6.

⓮ T. Dajer. 1992. Monkeying with the brain. *Discover*, January, 70-71. 只有少數科學家站出來幫忙陶伯，在這少數人中有米勒（Neal Miller）和蒙特卡索（莫山尼克的指導教授），他們站出來支持陶伯，在他開庭時，幫他說話。

⓯ E. Taub, G. Uswatte, M. Bowman, A. Delgado, C. Bryson, D. Morris, and V. W. Mark. 2005. Use of CI therapy for plegic hands after chronic stroke. Presentation at the Society for Neuroscience, Washington, DC, November 16, 2005. An earlier paper documented a 50 percent improvement rate: G. Uswatte and E. Taub. 1999. Constraint-induced movement therapy: New approaches to outcomes measurement in rehabilitation. In D. T. Stuss, G. Winocur, and I. H. Robertson, eds., *Cognitive neurorehabilitation*. Cambridge: Cambridge University Press, 215-29.

⓰ E. Taub, G. Uswatte, D. K. King, D. Morris, J. E. Crago, and A. Chatterjee. 2006. A placebo-controlled trial of constraint-induced movement therapy for upper extremity after stroke. *Stroke*, 37(4):1045-49. E. Taub, G. Uswatte, and T. Elbert. 2002. New treatments in neurorehabilitation founded on basic research. *Nature Reviews Neuroscience*, 3(3): 228-36.

⓱ E. Taub, N. E. Miller, T. A. Novack, E. W. Cook, W. C. Fleming, C. S. Nepomuceno, J. S. Connell, and J. E. Crago. 1993.

Technique to improve chronic motor deficit after stroke. *Archives of Physical Medicine and Rehabilitation*, 74(4): 347-54.

⓲ J. Liepert, W. H. R. Miltner, H. Bauder, M. Sommer, C. Dettmers, E. Taub, and C. Weiller. 1998. Motor cortex plasticity during constraint-induced movement therapy in stroke patients. *Neuroscience Letters*, 250:5-8.

⓳ B. Kopp, A. Kunkel, W. Mühlnickel, K. Villringer, E. Taub, and H. Flor. 1999. Plasticity in the motor system related to therapy-induced improvement of movement after stroke. *NeuroReport*, 10(4): 807-10.

⓴ 當大腦的可塑性使得復原能夠進行時，接受傳統治療的病人也可能受到可塑性競爭的影響，限制了病人復原的成效。大腦的神經元可以適應新工作，接替已經失去的動作或已經失去的認知功能的神經元，讓這些動作或認知功能可以恢復。多倫多大學（University of Toronto）的研究者，格林（Robin Green）研究這個現象，他的病人不是接受陶伯新方法而是住院接受神經復健療程的病人，他初步發現，有些因中風而導致認知和運動功能缺失的病人在復健上有「取捨」（trade-off）現象，假如認知功能恢復得多，他運動功能就恢復得少，或是有反過來的情況。R. E. A. Green B. Christensen. B. Melo, G. Monette, M. Bayley, D. Hebert E. Inness, W. Meitroy, 2006. Is there a trade-off between cognitine and motor recovery after traumatic brain injury dev to competition for limited neural resource? *Brain & Cognition*, 60(2): 199-201.

㉑ F. Pulvermüller, B. Neininger, T. Elbert, B. Mohr, B. Rockstroh, M. A. Koebbel, and E. Taub. 2001. Constraint-induced therapy of chronic aphasia after stroke. *Stroke*, 32(7):1621-26.

㉒ Ibid.

㉓ E. Taub, S. Landesman Ramey, S. DeLuca, and K. Echols. 2004. Efficacy of contraint-induced movement therapy for children with cerebral palsy with asymmetric motor impairment. *Pediatrics*, 113(2): 305-12.

㉔ T. P. Pons, P. E. Garraghty, A. K. Ommaya, J. H. Kaas, E. Taub, and M. Mishkin. 1991. Massive cortical reorganization after sensory deafferentation in adult macaques. *Science*, 252(5014): 1857-60.

## 第6章

# 打開鎖住的腦

## 利用大腦可塑性停止憂慮、偏執想法、強迫性行為和壞習慣

一般來說，當我們犯錯時，有三件事情會發生：

第一，我們會有犯錯的感覺，那種揮之不去的有事情不對勁的感覺；

第二，我們變得焦慮，焦慮促使我們去改正錯誤；

第三，當改正了錯誤之後，大腦會自動換檔，使我們可以去想或做下一件事。

於是前面犯錯的感覺和焦慮都會消失。

但是有強迫症的人他的大腦不會自動換檔，讓他可以做下一件事，

即使他已經改正了拼字的錯誤，洗過了他的手，或為忘記朋友生日道過歉了，

他還是會不停的想。

大腦的自動換檔功能沒有作用，犯錯的感覺和焦慮會因為一直想而被強化。

用重新聚焦的方式，病人學習不再困在跳不出的偏執內容中，而繞過它、避開它。

我建議我的病人去想用進廢退原則。

人都有煩惱，因為我們是智慧的動物，所以才會擔憂。智慧的本質就是預測，它使我們能夠做計劃、訂策略、有想像力、敢夢想、可以形成假設，同時也使我們擔憂，預期壞的事情要發生。但是有些人比別人更會擔憂，他們擔憂的程度使他們自成一群，他們擔憂的事不見得都是真的。事實上，想法「都在他們的腦中」，也因為都在他們的腦中，所以逃避不掉。這些人因為不停的受到自己大腦的折磨，而常常考慮自殺，一個年輕的大學生因為忍受不了他強迫性的憂鬱，最後把槍放進嘴裡，飲彈自盡。子彈穿過了他的額葉，使醫生必須切除他的額葉，在當時，這種手術正好是治療強迫症的方式。他活下來了，他的強迫性焦慮不見了[1]，他回到學校把書讀完。

憂慮有很多種，焦慮也有很多種：恐懼症（phobia）、創傷後壓力症候群（post-tramatic stress disorder, PTSD）、恐慌症（panic attack）。在這些病人中最常見的是強迫症（obsessive-compulsive disorder, OCD）。他們通常很害怕不好的事情會發生，他們會受到傷害，有時不只是自己，還包括他們所愛的人。雖然他們在小時候可能就是一個相當焦慮的孩子，但是在人生某一個階段，通常是青春期，他們的焦慮會突然提升到一個新階段而發病。一旦發病後，他們就覺得自己像個受驚的孩子，覺得失去自我控制是件很羞恥的事，他們會隱藏這個毛病不讓別人知道，有人甚至隱藏了很多年後才去求醫。情況嚴重的話，有人幾個月無法從這個惡夢中醒過來，更有人受苦幾十年。藥物可以減輕他們的焦慮，但是無法使它消失。

強迫症如果不治療通常會變得更糟，逐漸改變病人大腦的結構，為了減輕強迫症狀，就得專注在使他們擔心的原因上——確定所有的門窗都關好了，小偷絕對進不來了——結果他越去想門窗有沒有關好、有沒有漏掉檢查，他就越擔心，強迫症使他們越來越擔心。

第一次發作時，通常會有一個情緒上的原因使病症出現。患者可能是想到母親逝世的日子，聽到競爭對手車禍死亡，感到身體疼痛或有個腫瘤，看到報紙上登某種食物內有化學物質，或在電影裡看到一隻手著火了。然後他開始擔憂自己快要到母親過世的年齡，雖然他平常不是個迷信的人，但是他感覺自己會在那一天死亡；或是覺得競爭對手的早夭也會降臨到自己身上；或是他發現身體出現了不治之症的第一個徵狀；或是他已經中毒了，因為他平日對吃什麼不夠小心。

我們都曾經有過這些想法，但是有強迫症的人無法放手讓這些憂慮的想法走開，他們的大腦和心智帶領著他們走過各種不同的可能場景，雖然他們想要抵抗這些想法，不去想它，卻做不到。他們覺得這些威脅這麼真實，一定要注意防範。最常見的強迫想法是害怕感染到不治之症，被細菌感染了，化學中毒了，被電磁波、放射線照到了，甚至擔心被自己的基因背叛。有時強迫症病人的心思會被對稱性纏繞：看到圖片不是完全對稱，牙齒不是完全整齊，或是東西不是完全按次序排好，他們會花幾個小時，把東西排整齊。他們會對某個數字迷信，鬧鐘只能設定在偶數的時間上，音量的轉鈕只能停留在偶數上。有人有性和攻擊的想法——害怕他們會傷害所愛之人，但是這些想法從何而來，他們並不知道。很常見的強迫性想法可能是：「我剛剛開車時聽到聲音，可能是我撞到了人。」假如他們是虔誠的教徒，褻瀆的念頭可能會出現，使他有罪惡感，外加憂慮。許多強迫症患者都有揮不去的懷疑，一直在猜測自己：爐火關掉了嗎？門鎖了嗎？有沒有在無意中傷害到別人的感情？

有些擔憂是很奇怪的，即使對擔憂的人本身也是沒有意義的，但是這並不會使他們的擔憂減輕。一個好媽媽會一直想：我會傷害我的寶寶；另一個好太太會想：我會在睡覺時，起來用菜刀砍殺我先生。一個丈夫有個偏執的想法，他的手指頭上黏了刀片❷，所以不能擁抱孩子，不能跟太太做愛，或拍拍狗的頭，因為他會傷害到他們。他的眼睛並沒有看到刀片，但是他的心智堅持有，他會一直問他太太，他有沒有傷害到她。

通常有強迫性想法的人很擔心他們在過去所犯的錯會傷害到未來，而且並不限於過去真正犯的錯，很多時候是他們**想像**自己可能犯下的錯誤，擔心萬一有一天他們一疏忽，禍事就發生了，而做為一個人，不可能每天都很警覺，所以他們總是擔心禍事要發生了。這種恐懼會引發出偏執性的焦慮，無法關掉。這種有強迫性想法的人只要有一點點壞的可能性，就馬上**認為**在劫難逃、死定了。

我有好幾個病人對自己健康的擔憂強烈到好像他們是死刑犯，每天都等著被槍斃。但是他們的痛苦還不僅於此，即便醫生告訴他，他的身體好得很，他們也只會暫時的鬆一口氣，馬上又給自己下了更嚴重的診斷，如喪失心智、瘋狂。

一般來說，當偏執性的憂慮念頭出現時，強迫症的病人會想辦法消滅這個念頭，於是就出現強迫行為了。假如他們覺得自己被細菌污染了，就會不停的洗手、清洗自己，假如這不能使焦慮停止，他們就開始洗衣服、洗地板、洗牆壁。假如一個女人害怕她會殺死自己的寶寶，她就會把菜刀用衣服包起來，放在盒子裡，鎖在地下室。加州大學洛杉磯校區的精神科醫生史華滋（Jeffrey M. Schwartz）描述有一個男子很害怕被車禍時電瓶漏出來的酸液污染❸，所以每天晚上他躺在床上聽有沒有警笛的聲音，因為有的話表示附近有車禍。當他聽到時就會起床，不論當時是幾點鐘，他穿上特別的跑鞋，開車出去晃，直到找到車禍的現場。在警察離開之後，他會用刷子洗刷柏油路面幾個小時，然後躡手躡腳的回家，把穿過的鞋子丟掉。

強迫症的人常發展出檢查的偏執行為，假如他們懷疑自己沒有關掉廚房的爐火，或沒有鎖上大門，他們會一直回去檢查有沒有關好、有沒有鎖好，千百遍以上，因為這個懷疑的念頭一直去不掉，所以他們出了門通常要一直回去看，幾個小時以後才能離開。

那些害怕他們會撞死人的強迫症患者開車時會一直繞回去看，以確定馬路上沒有躺著死人。假如他們害怕的是得某一種可怕的病，他們會一直掃描、再掃描他們的身體以確定沒有徵狀出現，他們會去診所幾十次以確定醫生沒有看走眼。這些檢查的行為後來會變成一種儀式，假如他們覺得他們被污染了，就一定要以某一種固定的順序來清潔自己：先戴上手套，開水龍頭，以某個固定程序洗刷自己的身體。假如他們有不敬神的念頭或性方面的想法，就要進行特定的祈禱形式，還有特定的祈禱次數。這些儀式可能跟他個人的迷信有關，假如他們躲開了惡運或災難，即是因為他們以某種程序檢查的關係，所以只有繼續加強這種程序的檢查才可以避開每一次的災難。

這種強迫症患者因為一直都在懷疑自己有沒有做好，所以他們絲毫不敢犯錯，一犯錯就嚇得要死，更加嚴厲的改正自己。有一個女人，花了幾百個小時才寫了一封短信，因為她無法找到讓她覺得沒錯的字，許多博士候選人無法交出博士論文，這不是因為他們是完美主義者，而是因為他們擔心所寫出來的東西會錯，他們無法找到覺得完全沒錯的字。

當一個人想去抵抗這種偏執的念頭時，緊張程度就高漲，假如他去進行那些儀式，這種緊張的壓力會暫時解除，但是又會使強迫症的念頭出現，迫使他再去做儀式性的行為來減輕強迫性念頭的壓力，如此惡性循環下去，這可憐的人就永無安寧之日了。

強迫症以前很難治療，藥物和行為治療只能改善一部分。史華滋發展了一種有效的，以大腦可塑性為基礎的治療法❹，不但幫助那些有強迫症的人，也對每天喜歡擔憂的人有幫助，這些人明知這些憂慮是不必要的，但是無法終止。這種治療法也對喜歡以咬手指甲、抓頭髮、拔頭髮、購物、賭博和吃東西來減低壓力的人有幫助，甚至對某些無可控制的嫉妒、物質成癮、強迫性的性行為、特別在意別人對自己的看法，對自我形象、身材、自尊都有幫助。

史華滋是在比較強迫症病人與正常人的大腦掃描圖時，突然得到靈感，發明了這種新的治療法。據我所知這是第一次像正子斷層掃描（PET）這種技術不但幫助醫生了解疾病，而且幫助醫生發展出心理治療的方式。他在病人進行這種療程之前和之後都做了大腦掃描，發現治療之後的大腦有跟正常人一樣的趨勢。這又是另外一個第一，證明談話治療也可以改變大腦。

一般來說，當我們犯錯時，有三件事情會發生：第一，我們會有犯錯的感覺，那種揮之不去的有事情不對勁的感覺；第二，我們變得焦慮，焦慮促使我們去改正錯誤；第三，當改正了錯誤之後，大腦會自動換檔，使我們可以去想或做下一件事，於是前面犯錯的感覺和焦慮都會消失。

但是強迫症患者的大腦不會自動換檔，讓他可以做下一件事，即使他已經改正了拼字的錯誤，洗過了他的手，或為忘記朋友生日道過歉了，他還是會不停的想。大腦的自動換檔功能沒有作用，犯錯的感覺和焦慮會因為一直想而被強化。

我們現在從大腦的掃描中知道，有三個部位跟強迫症有關。

我們發現錯誤是發生在**眼眶額葉皮質**（orbital frontal cortex），它在額葉下面，眼睛的後面。大腦掃描顯示病人的強迫性行為越厲害，眼眶皮質活化的程度就越高。

一旦眼眶皮質發射「犯錯感覺」後，它就送訊息到位在皮質深處的**扣帶迴**（cingulate gyrus），扣帶迴的活化會使我們焦慮，覺得不好的事情要發生了，除非我們馬上改正錯誤，把訊息送到胃和心，使它們不要產生抽搐和狂跳這些跟不好的、害怕的事情連在一起的生理感覺。

負責自動換檔的**尾狀核**（caudate nucleus），也位在大腦的深處，它使我們的想法能夠從一件事流到另一件[5]，除非像強迫症的病人一樣，它「卡」住了，變成非常的黏。

強迫症病人的大腦掃描顯現這三個區域都超級活化，眼眶皮質和扣帶迴活化起來後就一直保持活化，好像鎖定在「開」的位置上了，這是為什麼史華滋叫強迫症為「大腦鎖住」（brain lock）。因為尾狀核沒有換檔，眼眶皮質和扣帶迴就繼續發射它們的訊號，增加了犯錯的感覺和焦慮，因為這個人已經改正了他的錯誤，所以這些都是假警報（false alarm）。功能失常的尾狀核可能會過度活化，因為它被卡住了，不能換檔，但是又不停接到眼眶皮質送過來的訊息。

引起大腦鎖住的原因很多，很多時候有家族遺傳的因素，是基因方面的問題，但是也可能由於尾狀核受到感染而腫脹[6]。我們下面會看到，學習也在強迫症的發展上扮演了重要角色。

史華滋開始發展治療的方法來解開強迫症大腦的鎖，他要改變從眼眶皮質和扣帶迴的神經迴路，使尾狀核的功能正常[7]。他在想，病人可以用不停的集中注意，保持警覺的「人工」方式來替尾狀核換檔嗎？他要病人轉移注意力到別的東西上，一個新的、他有興趣、帶來快樂感覺的活動上。這種做法符合可塑性的本質，因為快樂會引發多巴胺的釋放，我們前面提到，新活動帶來的報酬會固化這個迴路而且長出新的神經連結，這個新連結慢慢就可以和舊連結根據用進廢退的原則競爭。用這個方法，我們不是打破壞習慣，而是用好的行為去取代壞的。

史華滋把治療過程分成很多的階段，其中有兩個關鍵。

第一是使強迫症病人在發作時把發生的事情**重貼標籤**；使他了解他正在經歷的恐懼並不是來自細菌的打擊，也不是愛滋病，更不是汽車電瓶裡的酸液，而是強迫症的症狀。他要記得大腦的鎖是鎖在三個部位上的。做為一個治療師，我鼓勵強迫症的病人對自己講下面的話：「是的，我現在真的有大問題，但是它不是細菌，而是我的強迫症。」這個標籤使他抽離偏執的內容，跳出來看這件事，這種方式好像是佛教徒在打坐時看眾生的苦一樣，**觀察**但不捲入。

強迫症病人還要記住這個念頭揮之不去是大腦迴路出了問題，有些病人覺得這樣做很有幫助，在發作的當下，跳出來，去看史華滋醫生所寫的書《大腦鎖住》（*Brain Lock*）裡面不正常的強迫症大腦掃描圖[8]，然後將它與經過治療後正常的大腦圖相比較，提醒自己改變大腦迴路是有可能的。

史華滋醫生教他的病人分辨強迫症的一般、普遍**形式**（擔憂的思想和想要做的衝動闖入意識），以及偏執的**內容**（危險的細菌）。病人越注意內容，他們的情況就越糟。

有很長一段時間，治療師只注意病人發病的內容，最常見的治療叫做「暴露及防止反應」（exposure and response prevention），這是行為治療法的一種，有一半的強迫症病人會有進步[9]，不過大部分的人不會完全好。假如一個人害怕細菌，治療師就讓他慢慢接觸越來越多的細菌，想用這種方法減低敏感。在實作上是讓病人待在廁所裡（我第一次聽到這個治療法時，那個精神科醫生是叫病人把骯髒的內衣蓋在他的臉上），你可以了解為什麼有百分之三十的病人拒絕這種治療[10]。讓病人暴露在他所害怕的細菌底下並不會使尾狀核換檔到下一個想法。它只會使人對細菌更加恐懼，至少有一陣子會。行為主義治療法的第二部分是防止反應，禁止病人去做他強烈想要做的事。另外一種治療法是認知治療法，它的前提是問題的情緒和焦慮來自認知的失常——不正確或誇大的思想。認知治療師叫他們的病人寫下他所害怕的東西，然後叫他們寫出這些害怕不合理的理由，但是這種方法也是使病人浸淫在強迫症的內容裡，史華滋說：「叫病人說我的手不髒其實是重複他已經知道的事情，認知的扭曲不是這種病症主要的問題[11]。病人基本上都知道不去數今天宴會上有多少個瓶子並不會真的使他母親今夜就死掉。問題是他的感覺跟他的理智是分家的。」心理分析師也是著重在害怕的內容上，他們認為問題是出在性和攻擊的念頭上。他們發現一個偏執揮之不去的念頭，如「我會傷害我的小孩」，可能是對小孩壓抑的憤怒。對問題有這樣的了解，在輕微的病例中，可能會使強迫性的行為消失，但是這對中度或嚴重的強迫症來說就沒有效。雖然史華滋相信這些偏執的思想是來自性、攻擊及罪惡感的衝突，如佛洛伊德所強調的，但是他看到了一點很重要，這些衝突可以解釋強迫症的內容，不能解釋它的成因。

在病人承認他的憂慮其實是強迫症的症狀後，下面關鍵性的一步就是**重新聚焦**到一個正向、有意義，可以帶來快樂的行為上，只要他一發現自己的強迫症又發作了，就要馬上將注意力轉移到新的目標上。這個新行為可以是種花蒔草，幫助別人，從事愛好的活動，演奏樂器、聽音樂、外出散步或打籃球。有別人加入的任何活動，可以幫助病人重新聚焦。假如強迫症在病人開車時發作了，車上應該準備好有聲書或音樂光碟，這最主要是去**做**某一件事，用人為的方式換檔。

這對一般人來說看起來好像是理所當然的事，聽起來也很簡單，對有強迫症的人就不見得了。史華滋跟他的病人說，雖然他們大腦的手排檔很緊，很難操作，但是只要肯努力，他們可以用皮質來換檔。

當然，換檔是種機械比喻，大腦並不是一部機器，它是一個活著、有可塑性的東西。每一次病人想要換檔，大腦就會去長新的迴路來修理這個排檔，這就改變了尾狀核。用重新聚焦的方式，病人學習不再困在跳不出的偏執內容中，而繞過它、避開它。我建議我的病人去想用進廢退原則。每一次他們去想那個徵狀——認為細菌會造成威脅，他就強化了偏執的迴路。但是繞過它時，慢慢就可以不理它，強迫症是你越做，就越想做；你越不做，就越不會想去做。

史華滋發現到你的感覺不重要，實際怎麼做才是一件很重要的事。他說，病人掙扎的不是讓感覺走開，他們掙扎的是不要向感覺投降[12]——去做你覺得非做不可的事，去思考你偏執的想法——這就是投降。這種療法不會馬上得到效果，因為神經可塑性的改變需要時間。所以一開始，病人會覺得他要去做，也會感到抵抗不去做時的緊張和壓力。治療的目標是當強迫症徵狀出現時，立刻轉台到新活動上十五到三十分鐘。假如你可以抵抗那麼久的話，任何花在抵抗舊行為的時間都是值得的，即使只有幾分鐘。抵抗的努力會鋪下新神經連結的基礎。

我們可以看到史華滋治療強迫症病人的方法和陶伯的限制—引發療法有異曲同工的地方，強迫病人去「轉台」，重新聚焦在新的活動上，史華滋給病人的就好像陶伯的棉布手套。使病人專注在新的行為上三十分鐘，他給他們大量練習的機會。

在第三章〈重新設計大腦〉中，我們學到可塑性的兩個法則，第一是在**一起發射的神經元會連在一起**，在想做強迫性行為時，改用愉悅的行為去取代，病人會形成新的神經迴路，它會逐漸取代舊的。第二條法則是**不在一起發射的神經元不連在一起**，不去做強迫性行為時，那個行為與念頭之間的連結會變弱，因此可以減輕焦慮。這個連結的切斷很重要，我們在前面看到，做強迫性的行為會暫時減輕焦慮，但是長遠來講，會使強迫症變得更糟。

史華滋的治療法也在嚴重的強迫症病人身上得到好效果。他的病人用藥物治療與他的方法雙管齊下時，有百分之八十情況得到改善。使用的藥物是一般抗鬱劑如百憂解（Prozac）或安納福寧（Anafranil）等。藥物的作用像小孩子初學腳踏車時加裝的輔助輪，它是為了減輕焦慮使病人可以感受到治療法的好處，不久之後許多病人便不再吃藥，也有些人是一開始便不需要藥物的幫忙。

我自己看過這個大腦鎖住療法對害怕細菌，洗手症，不停回頭去檢查等強迫症的效用，它使病人自己手動換檔越來越自動化，發病的期間變得比較短，比較不那麼頻繁，雖然病人在緊張的時候還是會復發，他們可以用新的方法，很快又控制住自己。

當史華滋的團隊掃描這些病情有改善的病人大腦時，他們發現過去三個部分鎖住、一起過度發射的現象沒有了。現在他們正常的分開發射，大腦的鎖被解開了。

◆ ◆ ◆

我在一家餐館與我的朋友艾瑪、她的作家先生施而朵，以及幾個其他的作家吃晚餐。艾瑪大約四十多歲，當她二十三歲時，一個基因突變使她得到色素性視網膜炎（retinits pigmentosa），這個疾病使她的視網膜細胞死亡。五年前她已經完全看不見，開始用導盲狗瑪帝來帶路。

艾瑪的盲已經重新組織了她的大腦以及生活。在餐桌上，好幾個客人對文學很有興趣，自從艾瑪看不見以後，她讀的書比我們還多，科茲威爾（Kurzweil）教育系統的電腦程式會用電腦語音念書給她聽，碰到逗點就停頓一下，碰到句點就停較久一點，碰到問號，聲音就上揚，這種電腦語音的速度很快，我一個字也聽不懂。但是艾瑪可以，她是經過學習逐漸變快的，她現在一分鐘可以讀到三百四十個字，還繼續在讀所有的經典名著。「我進入一個作者的網站，讀這個作者所有的作品，然後我再去讀下一個作者的作品。」她已經讀完杜斯妥也夫斯基（Dostoyevsky，她的最愛）、果戈里（Gogol）、托爾斯泰（Tolstoy）、屠格涅夫（Turgenev）、狄更斯（Dickens）、卻斯特頓（Chesterton）、巴爾札克（Balzac）、雨果（Hugo）、左拉（Zola）、福樓拜（

Flaubert）、普魯斯特（Proust）、史丹達爾，以及其他許多作家。最近她一天之內讀了三本特羅洛普（Trollope）的小說。她問我，她怎麼可能比她未盲時讀得更快？我認為她的視覺皮質因為長久不用已經被她的聽覺處理佔用了，所以她的聽覺處理的速度可以變快。

那天晚上，艾瑪問我關於她要一直檢查不然不安心的症狀。她告訴我她要出一趟門是很不容易的，因為她要一直回去看爐子有沒有關好、門有沒有鎖好。在她還去辦公上班時，出門上班走到一半，還會折回去看門有沒有鎖好，回去後又覺得應該去看一下爐子有沒有關好，電器的插頭有沒有拔掉，水龍頭有沒有關緊，都好了以後，她再度離家，走到一半又折回去，從頭再檢查一次，她要重複這個動作很多次，而且要拚命抵抗回去檢查的衝動。她告訴我，在她成長過程中，她權威的父親使她非常焦慮，當她離家獨立時，她不再焦慮，但是現在這個焦慮好像被一直回去檢查所取代，而且這現象有越來越嚴重的趨勢。

我解釋大腦鎖住的理論給她聽，我告訴她，通常我們檢查再檢查電器用品是沒有集中注意力的，所以我建議她檢查一次，而且只有一次，但是要非常注意，完全不漏掉任何一個細節。

第二次我看到她時，她很高興，「我現在好多了，」她說：「我只檢查一次，然後我就去做下一件事，我還是會感到那種想要檢查的渴望，但是我抵抗它，然後它就過去了。當我練習得越多時，它過去得就越快。」

她假裝瞪她先生一眼，因為他開玩笑的說，在宴會中，拖著精神科醫生一直問自己的病情是不禮貌的事。

「施而朵，」她說：「我並沒有**發瘋**，只是我的大腦卡住了，沒有翻到下一頁而已。」

❶ Associated Press story, February 24, 1988. Cited in J. L. Rapoport. 1989. *The boy who couldn't stop washing*. New York: E. P. Dutton, 8-9.

❷ J. M. Schwartz and S. Begley. 2002. *The mind and the brain: Neuroplasticity and the power of mental force*. New York: ReganBooks/HarperCollins, 19.

❸ Ibid., xxvii, 63.

❹ J. M. Schwartz and B. Beyette. 1996. Brain lock: Free yourself from obsessive-compulsive behavior. New York: ReganBooks/Harper-Collins.

❺ 尾狀核緊鄰晶狀核外層淺黑部分（putamen），都有著動作的自動排檔的功能，將個別的動作連起來，成為一個流利的動作表現出來。當杭丁頓舞蹈症的病人晶狀核外層淺黑部分受損時，病人就沒有辦法很自然的從一個動作接到下一個動作上，他們要想每一個動作才能做得出來，不然就停頓在那裡。做每一個動作都像他們第一次學習時那麼困難，那麼費力，每一個動作，例如刷牙、起床、接電話，都需要全神貫注才能執行。J. J. Ratey & C. Johnson. 1997. *Shadow Syndromes*.（中譯本《人人有怪癖》，遠流出版）New York: Pantheon Books 308-9.

❻ 美國國家衛生研究院的學者最近發現有些沒有強迫症的孩子突然一夜之間發展出強迫症來，但是他們都曾得到喉炎（strep throat），有些變成不可抑制的強迫性洗手症。核磁共振掃描發現他們的尾狀核比一般人腫脹了百分之二十四。這些孩子都曾得過A型鏈球菌感染的喉炎（group A streptococcal infection）。他們身體的免

疫系統攻擊病菌，但同時也攻擊了尾狀核，發展成自體免疫系統的疾病，通常治療自體免疫系統毛病用的藥都是壓抑免疫系統的，把抗體沖洗出體外，用這些方法治療，孩子的強迫症會消失。有一些得到喉炎的孩子如果之前已經有強迫症的症狀，他們的情況會更糟，有研究發現強迫症的嚴重情況跟他大腦尾狀核的腫脹情況成正比。

❼ J. M. Schwartz and S. Begley, 2002, 75.
❽ J. M. Schwartz and B. Beyette, 1996.
❾ J. S. Abramowitz. 2006. The psychological treatment of obsessive-compulsive disorder. *Canadian Journal of Psychiatry*, 51(7): 407-16, especially 411, 415.
❿ Ibid., 414.
⓫ J. M. Schwartz and S. Begley, 2002, 77.
⓬ J. M. Schwartz and B. Beyette, 1996, 18.

第7章

# 疼痛

## 可塑性的黑暗面

正常的痛、急性的疼痛，警告我們受傷了或生病了，
它送訊息到大腦說「就是這裡受傷了，趕快去處理它。」
但是有的時候，傷害可以同時損壞我們的身體組織和疼痛系統中的神經，
結果就是神經痛，沒有外在的原因。
我們的疼痛地圖受到損壞，它就一直發射，其實是假警報，
它使我們相信這問題出自我們的身體，實際上是來自大腦。
在身體已經復原很久後，疼痛系統還在發射，
這痛就「永垂不朽」，死後仍有生命了。
拉馬錢德朗的鏡盒用改變病人對他自己身體的知覺來去除痛感，
這是一個非常了不起的發現，因為它讓我們知道心智是怎樣在運作，
也讓我們知道我們是怎樣經驗到痛覺。

當我們希望我們的感覺完美時，神經可塑性是一個福賜，但是當它為疼痛效勞時，可塑性是一個詛咒。

疼痛是神經可塑性專家拉馬錢德朗（V. S. Ramachandran）最感興趣的一個題目。拉馬錢德朗生在印度的馬德拉斯市（Madras），他是有印度教背景的神經學家，他是位醫生，也是位心理學博士，他的學位得自英國劍橋的三一學院（Trinity College）。我們是在美國加州的聖地牙哥（San Diego）會面的，他是加州大學大腦與認知中心的主任。拉馬有著黑而捲、像波浪般的頭髮，穿著黑色皮夾克，他的聲音低沈有力，有英國口音，但是當他興奮起來時，他的r音拖得很長，像鼓聲隆隆。

當許多神經可塑性專家致力於幫助人們發展或找回讀書、運動的技能或克服學習障礙時，拉馬用可塑性去找出心智的內容。他讓我們看到我們可以用相當短暫而無痛的療程去改變我們的大腦，他指的是用想像力和知覺（perception）。

他的辦公室裡並沒有高科技的儀器，只有十九世紀簡單的機器，一些吸引孩子接觸科學的簡單發明，如使兩張圖片放在一起變成三度空間影像的立體鏡（stereoscope），過去治療歇斯底里的電磁儀器，一些像遊樂場的哈哈鏡、早期的放大鏡、化石，及一個年輕人的大腦標本，房間裡還有佛洛伊德的半身像，一張達爾文的肖像，還有一些性感的印度藝術品。

這個房間只可能是一個人的辦公室，現代神經學的福爾摩斯，拉馬錢德朗。他是一個偵探，一次解開一個神祕的案子，好像完全不知道現在科學講求的是統計上大樣本群的研究。他認為個案對科學也有貢獻。他說：「想像我把一隻豬呈現給一位充滿懷疑的科學家，堅持這隻豬會說英文，我揮一下手，這隻豬就說英文了，你認為這個科學家說：『但是這只有一隻豬，拉馬錢德朗，再給我看一隻會說英文的豬，我才會相信你。』這句話合理嗎？」（譯註：個案〔individual case〕和團體平均〔group data〕一直是神經心理學上的爭辯，哪一種研究法才是有代表性到現在還未定論，加州大學聖地牙哥校區〔University of California, San Diego〕還是個案研究法的大本營，代表人物為貝茲（Liz Bates）博士及拉馬，團體平均的代表人為當時在約翰霍普金斯大學的卡拉馬撒〔Alfonso Caramazza〕博士。）

他一直認為神經學上奇怪的案例可以幫助我們了解正常的腦功能。「我很討厭科學上的一窩蜂。」他告訴我。他不喜歡去參加科學大拜拜，幾千人的研討會。「我告訴我的學生，當你們去科學會議時，看別人去哪一個方向，你就朝相反的方向走，不必錦上添花。」

他告訴我，八歲開始，他就躲避運動、宴會，他發展一個又一個的興趣：古生物學（paleotology，他收集罕見的化石）、貝類學（conchology）、昆蟲學（entomology，他特別喜歡甲蟲），以及植物學（botany，他培養蘭花）。他的興趣在辦公室中到處可見，都是一些美麗的自然物體：化石，貝殼，昆蟲和花卉。他告訴我，假如不是成為神經學家的話，他會是一個考古學家，研究美索不達米亞的蘇美人（Sumer）或是印度河谷。

這些維多利亞時代的興趣顯現他對那個時代科學的興趣，那是分類學的黃金時代，人們的足跡遍布全世界，用肉眼和達爾文的觀察方式將大自然的萬物分類，將它們納入廣泛的理論中，來解釋生物界的各種主題。

拉馬錢德朗也是用同樣的方式來研究神經學，他早期的研究是調查有幻覺的病人。他研究大腦受傷後認為自己是宗教上的先知，或是有卡卜葛拉斯症候群（Capgras syndrome）的病人，這些人認為他們的父母或配偶是冒名頂替者，不是真的父母或配偶。他研究視幻覺及眼睛的盲點。他沒有用現代的技術就找出這些病的原因，他的確為正常的大腦功能帶來了新認知。

「我很瞧不起那些複雜昂貴的機器，」他說：「因為你要花很多的時間去學會用它，我對數據要經過太多處理才得到的結論都很疑心，你有很多的機會去操弄數據，不管是不是科學家，人都喜歡自我欺騙，人傾向於看到他所期待的數據。」

拉馬錢德朗拿出一個正方形大盒子，裡頭有一面鏡子，看起來很像小孩子玩的魔術盒子，他用這個盒子與他對可塑性的洞察力，解開了幾百年來幻肢的神祕面紗以及它所帶來的長期痛苦。

我們承受了許多不知名的疼痛，也不知它是從哪裡來的，疼痛是沒有退件地址的。英國海軍大將尼爾遜爵士（Lord Nelson）在一七九七年的戰役中失去了他的右臂，一隻可以感覺到，卻看不到的手臂，尼爾遜最後說他這隻手的存在是「靈魂存在的直接證據」，假如一隻手可以在切除後，仍然存在，那麼一個人在形體消失後，也仍然可以存在。

百分之九十五的人在切除四肢後會有長期性的痛覺❶，這種「幻痛」（phantom pain）甚至一生都去不掉❷，你如何去除一個不存在的器官上的疼痛？

幻痛折磨被切除四肢的士兵以及在意外中失去肢體的人，它是幾千年來困擾醫生的「神祕不可思議的痛」，因為它不是來自身體，即使在一般例行的手術之後，有些人會有同樣神祕的手術後疼痛，也可以痛上一生。疼痛的文獻包括婦女在切除子宮後，仍然有經痛和產痛❸，也有男性在胃潰瘍的胃和神經都切除後，仍然感到胃潰瘍時的疼痛❹，也有人在直腸切除後，還感到肛門和直腸的痛❺。也有人在膀胱切除後，仍然會感到慢性的疼痛和尿急❻。這些故事在我們了解它們都是幻痛後，可以理解，它們是內在器官被切除的結果。

正常的痛、急性的疼痛，警告我們受傷了❼或生病了，它送訊息到大腦說「就是這裡受傷了，趕快去處理它。」但是有的時候，傷害可以同時損壞我們的身體組織**和**我們疼痛系統中的神經。結果就是神經痛（neuropathic pain），沒有外在的原因。我們的疼痛地圖受到損壞，它就一直發射，其實是假警報，它使我們相信這問題出自我們的身體，實際上是來自大腦。在身體已經復原很久後，疼痛系統還在發射，這痛就「永垂不朽」，死後仍有生命了。

幻肢最早是美國醫生米契爾（Silas Weir Mitchell）在照顧蓋茨堡（Gettysburg）傷兵時發現的，他對這種幻覺深感興趣。美國內戰時，還沒有抗生素，救受傷士兵惟一的方式就是把受傷的肢體切除，以免壞疽蔓延開來。很快的，被截肢的士兵報告他們的肢體回來折磨他們，米契爾最初叫這種經驗為感官的鬼魂，後來把它們叫做「幻肢」。

這些幻肢通常具有真實性，手被截肢的人在說話時，常覺得切除的手臂在打手勢，在跟朋友揮手說哈囉，或在電話響時，伸手去接電話。

少數醫生認為幻肢是來自病人心中期待的念頭——否認失去肢體的痛苦。不過大部分人是假設被切除肢體的神經終端因為運動受到刺激，有些醫生治療這個幻痛的方式就是把肢體和神經再多切斷一點，結果一次一次的切，疼痛一次又一次的在手術後又回來。

拉馬錢德朗在醫學院念書時，就對這個幻痛現象感到興趣。一九九一年時，他讀到旁斯和陶伯合寫的關於銀泉猴最後一個實驗的報告。他記得旁斯在猴子被安樂死之前，找出牠們被切斷手部感覺神經的大腦地圖，發現原來手部的大腦地圖並未因神經切斷沒有訊息進來而萎縮，相反的，它們現在活躍的在處理臉部送來的訊息。這個現象，根據潘菲爾的理論是個很正常的事，因為臉與手的地圖是緊鄰的。

拉馬錢德朗立刻想到可塑性可以解釋幻肢的現象，因為陶伯的猴子和病人的大腦地圖被剝奪了從四肢送來的訊息，有沒有可能這些被截肢的人，他們的臉部地圖已經侵入了手部地圖？所以當被截肢的人他們的臉被觸摸時，他們感覺被觸摸的是他們的手？拉馬錢德朗懷疑，當陶伯的猴子被觸摸臉時，牠們的感覺是臉呢？還是已經被切斷神經的手？

蘇倫生（化名）在一場車禍中失去了他的手，當時他才十七歲。當他被拋到空中時，他往下看，看到他的手仍然緊握著椅墊，已經跟身體分離了，後來它必須從手肘以下切除。

大約四週之後，他開始感覺到幻肢，那隻已經切除的手在做許多它原來在做的事。當他跌倒時，那隻幻肢反射反應要伸出來去支撐住他的身體，使他不會摔得那麼重，或在看到弟弟時，伸出手去拍拍他的肩膀。他的幻肢還有其他的徵狀，包括一個令他捉狂的現象，他的幻肢會癢而他抓不到癢處。

拉馬錢德朗從同事那兒聽到蘇倫生被截肢的事，他請蘇倫生來看他以驗證他的幻肢理論：幻肢是來自大腦地圖的重組。他用手帕把蘇倫生的眼睛矇住，然後用棉花棒輕觸蘇倫生的身體各部位，問蘇倫生感覺到什麼。當他輕觸蘇倫生的臉頰時，蘇倫生報告說他感到臉和幻肢上有東西，當拉馬錢德朗輕觸蘇倫生的上唇時，他感到上唇及幻肢的食指有東西撫過。拉馬錢德朗發現到輕觸湯姆臉上其他部分時，他感到幻肢的其他部分也有東西輕撫過。拉馬錢德朗滴了一滴溫水到湯姆的臉頰上，他感到有東西流下他的臉頰，但是同時也感到有東西流下他的幻肢手臂。最後蘇倫生發現他終於有辦法去抓幻肢的癢了，他只要抓他的面頰即可。

在拉馬錢德朗成功的應用棉花棒證實了他的理論之後，他用最新進的腦磁波儀（magneto-encephalography, MEG）來確定湯姆手臂和手的大腦地圖，腦造影的結果證實了湯姆手部的大腦地圖已經用來處理臉部的感覺了，他的臉跟手的地圖已經混合在一起了。

拉馬錢德朗在湯姆身上的發現[8]一開始在臨床神經學家之間引起了很大的爭議，因為他們不相信大腦地圖是有可塑性的，不過現在大多數人都接受了這樣的看法。跟陶伯合作的德國團隊所做的大腦掃描實驗，也證實了大腦可塑性改變的程度與截肢者經驗到的幻肢痛之間的相關[9]。

拉馬錢德朗強烈的懷疑地圖受到入侵是因為大腦神經長出新的連結，他認為當身體的某部分沒有了，它在大腦中所留下的地圖渴望著訊息的再輸入[10]，於是分泌神經生長因素邀請鄰近地圖的神經元送一些神經新芽到它們這邊來。

一般來說，這些新芽是連接到相似的神經元上，觸覺的神經新芽會連到其他的觸覺神經上，但是我們的皮膚傳遞的訊息不只是觸覺，它有個別的感受體偵察溫度、震動及痛覺。每一個感受體都有它自己的神經纖維通到大腦。在大腦中，它們有自己的大腦地圖，有些地圖彼此很接近，有的時候，因為觸覺、溫度、痛覺的地圖這麼靠近，在受傷後會有交叉接錯線的情形，所以拉馬錢德朗在想，會不會因為接錯了線，在觸摸這個人時，他感覺到痛或溫度[11]?有沒有可能輕觸一個人的臉而讓他感到截肢的手臂會痛？

幻肢這麼不可預測又引起這麼大麻煩的一個原因是大腦地圖是動態的，一直不停改變的，甚至在正常的情況下，前面我們在莫山尼克的實驗上看到臉部的大腦地圖會移動一些。幻肢的地圖會移動是因為它們的輸入是突然被切斷，有劇烈的改變。拉馬錢德朗和陶伯以及他們的同事在重複掃描大腦地圖時，都發現幻肢的地圖形狀也在不停的改變。他認為人會感到幻肢的痛是因為當截肢時，肢體原來的地圖不但縮小，還因此分崩離析，無法正常運作了。

並非所有的幻肢都會痛。在拉馬錢德朗發表他的發現後，截肢者紛紛來找他，好幾個腳截肢者很不好意思的告訴他，當他們性交時，常常在截去的腿和腳上感到高潮。有一個人說因為他的腳和腿比他的生殖器大了許多，所以他的高潮也比過去大了許多。過去這些病人的報告都被嗤之以鼻，被認為是想像力太豐富，拉馬錢德朗卻認為這些報告有神經學上的道理。潘菲爾的大腦地圖顯示性器官的位置是在腳的旁邊⓬，因為腳不再接受訊息輸入了，性器官的地圖就擴張到腳的地圖，所以當性器官經驗到愉快感時，幻肢也經驗到了。拉馬錢德朗開始想，有些看到別人的腳會引起性興奮的戀足狂是不是因為腳和性器官的地圖緊鄰的關係。

其他性興奮的謎也可以解開了。有一個義大利醫生阿格里歐提（Salvatore Aglioti）報告有些女性的耳朵、鎖骨和胸骨受刺激時會感到性興奮，這三者的大腦地圖都跟乳頭的大腦地圖緊鄰，有些因陰莖癌而把陰莖切除的男士不但經驗到幻陰莖，而且陰莖還會勃起。

在拉馬錢德朗檢查過很多的截肢者後，他發現一半的病人有不愉快的幻肢感覺，有人覺得幻肢僵在某一個動作上，或是套在水泥、石膏中不能動彈，其他人覺得好像抱著一條不能動的手臂。這些影像冰凍在時間中，一顆手榴彈在手中爆炸的士兵，永遠一直不停在重複手榴彈爆炸時的痛苦。拉馬錢德朗有一位女病人的大拇指因為凍瘡必須切除，結果她的幻肢同時把凍瘡的痛感也鎖住了，永遠感受到痛。有人一直感受到不存在的壞疽、向內長的腳指甲、水泡、在肢體切除前的疼痛記憶⓭，尤其是在切除時的疼痛記憶。這些病人經驗的不是只有疼痛記憶而是實實在在當時的疼痛（有時會痛到流冷汗），有的人可能幾十年都不會痛，但是有一天或許一根針刺到了激發點⓮，在幾個月或幾年之後重新激發那種痛苦。

當拉馬錢德朗仔細研讀每個人凍結幻肢的痛史後，他發現他們的手臂都是在上夾板或吊帶好幾個月之後才切除的，他們的大腦好像記錄的是手臂在截肢前的位置。他懷疑是這隻不存在的手臂讓這癱瘓麻痺的感覺一直存在。一般來說，當大腦的運動中樞送出指令去移動手臂時，大腦會接到各種回饋感覺，讓大腦知道這指令已經被執行了，但是手臂被固定的人，大腦無法接到手臂已經移動的回報，因為沒有手，因此沒有神經可以送出回饋，因此大腦就覺得這手臂被僵住了，不能動。因為這隻手臂曾經上石膏夾板好幾個月，所以大腦地圖就發展出手臂不能動的表徵。當手臂切除後，並沒有新的輸入來改變原先的大腦地圖，所以這隻手的心智表徵一直停留在凍結不能動的時期，這情況跟陶伯發現中風病人的麻痺很相似。

拉馬錢德朗認為被截掉的肢體無法傳送回饋訊息不但引起凍結幻肢，同時引起幻痛，大腦的運動中樞可能送指令到手的肌肉要它收縮，但是沒有接到回饋報告說已經執行了，所以指令就升級，就好像是說：握緊你的拳頭，握得還不夠，手指還沒有碰到手掌，盡你所能握緊你的拳頭。這些病人覺得他們的手指甲都已經插入手掌了，假如手臂還在的話，這樣的緊握拳頭就會痛了，這個想像的緊握引起了痛，因為最大量的收縮跟痛在記憶中是連在一起的[15]。

拉馬錢德朗於是問了一個最大膽的問題：幻肢的痛和麻痺是否可以「去學習」？這是精神科醫生、心理學家和心理分析師會問的問題：一個人如何去改變有心理真實性，但是沒有物質真實性的情況？拉馬錢德朗的研究開始模糊神經學和精神醫學的疆界，也模糊了真實與錯覺的界線。

拉馬錢德朗又想到了一個以毒攻毒的方式，用錯覺來打擊錯覺，假如他可以送一個假的訊號到大腦，讓病人以為他在動那隻不存在的手，有可能嗎？

這個念頭使他發明了一個裝有鏡子的盒子去騙病人的大腦，當病人把好的手伸進盒子時，那面鏡子會使病人以為是他已被截肢的手重新又復活了。

這鏡盒跟大的蛋糕盒一樣大，沒有蓋子，它分左、右兩個隔間，盒子前面有兩個洞，如果病人的左手被截肢了，就把好的右手從右邊的洞伸到右邊隔間中。然後，他要去想像已被截肢的左手也伸進左邊的洞裡，進入左邊隔間。

區分兩個隔間的是一面直立的鏡子，面對好的右手。因為這盒子沒有蓋子，所以病人可以看見他右手的**鏡影**，在鏡子中，好像是他尚未切除的左手，當病人移動他的右手時，透過鏡子，好像他的左手也在動。拉馬錢德朗希望病人的大腦會以為已被截肢的左手在動。

為了找受試者來驗證他的鏡盒理論，拉馬錢德朗在當地的報紙上登廣告，誠徵截肢者，馬丁尼茲（Philip Martinez）來應徵了。

大約在十年前，馬丁尼茲騎摩托車，以一小時五十五哩的速度前進時，出了車禍，他飛了出去。從左手、左臂到脊椎的神經都在飛出去時扯斷，他的手臂仍然連在他身體上，但神經斷了，沒有訊息從他的左臂送進大腦。他的手臂比沒有用還糟糕，變成了一個沒有用的負擔，他必須用繃帶吊著，他最後決定切除左臂。但是在切除後，他感到手肘處有非常嚴重的幻肢痛。這隻幻肢也是麻痺的，他覺得只要能移動這隻手，他就能減輕痛苦，這種幻痛使他沮喪，甚至想要自殺。

當馬丁尼茲把他好的手臂放進鏡盒時，他不但看見他的幻肢在動，他同時也感覺到它在動，他高興得不得了，說他覺得這隻手臂又被接上了插頭，可以用了。

但是假如他一停止看盒子中的鏡影或閉上眼睛，他的幻肢又僵住了。拉馬錢德朗把這個盒子交給馬丁尼茲叫他帶回去練習，希望他可以刺激大腦地圖的改變，重新組織大腦地圖來「去學習」他的麻痺感覺。馬丁尼茲每天用這個盒子練習十分鐘，但是仍然是只有看著盒中的鏡影時才有效，眼睛一閉上又回到原樣。

四個星期後，拉馬錢德朗接到馬丁尼茲的電話，他非常的興奮。不但他的幻肢永遠的解除凍結了，它還消失了，即使他不再用盒子，幻肢也沒有再回來。跟著消失的是他的幻肘，及幻肘的痛，唯一剩下的是他的幻指，掛在肩膀之下。

拉馬錢德朗這位神經學上的錯覺專家，變成了第一位執行不可能的手術的醫生——成功的切除了一隻幻肢。

◆ ◆ ◆

拉馬錢德朗把這個鏡盒用在許多病人身上，大約有一半病人的幻痛消失了[16]，原來僵住在某個位置上的手可以動了，又開始覺得自己對手有控制了。其他科學家也發現鏡盒可以使他們的病人情況改善。功能性核磁共振的大腦掃描顯示這些病人的幻肢的運動地圖隨著情況改善而增加，伴隨截肢而產生的地圖萎縮狀況也逆轉了[17]，感覺和運動地圖正常化了[18]。

鏡盒用改變病人對他自己身體的知覺來去除痛感。這是一個非常了不起的發現，因為它讓我們知道我們的心智是怎樣在運作，也讓我們知道我們是怎樣經驗到痛覺。

痛和身體影像是緊密相關的，我們的痛都跟身體相關，你說：「我的背痛簡直要了我的命。」你不會說：「我的痛覺系統簡直要了我的命。」但是幻肢讓我們知道，我們並不需要身體部件或甚至痛覺感受體來讓我們感受到痛，我們只需要大腦地圖所製造出來的**身體影像**就夠了。真正有手的人並不會了解到這一點，因為我們四肢的身體影像是**絲毫不差的投射**到我們的四肢，使我們沒有辦法去區分身體影像跟我們的身體。拉馬錢德朗說：「你的身體是一個幻像，是大腦為了方便起見建構出來的東西。」

身體影像的扭曲其實常常見到，神經性厭食症（anorexics）患者就是覺得自己的身體很胖，其實他們已在餓死的邊緣了。這讓我們看到身體影像跟身體其實是不同的，有一種人對他自己的身體有扭曲感，叫做身體變形症（body dysmorphic disorder），身體明明是在正常情況的範圍之內，他們卻覺得自己身體有毛病，認為自己的耳朵、鼻子、嘴唇、胸部、陰莖、陰道或臀部太大或太小，或就是「不對」，他們為此而抬不起頭來，覺得非常羞愧。性感女神瑪麗蓮・夢露（Marilyn Monroe）就曾認為她的身體有許多不完美之處[19]，這種人常會求助整型手術，但是即使動了手術仍然覺得自己有缺陷。他們需要的其實是「神經整型手術」（neuroplastic surgery）來改變他們的身體影像。

拉馬錢德朗成功的重新組織過大腦幻肢的地圖，讓他看到這個方法或許可以幫助扭曲身體影像的人重組他們的大腦，為了要了解他所說的身體影像是什麼意思，我問他可否解釋心智建構的身體影像與實際物質建構的身體有什麼差別。

他叫我坐在桌子前面，把一個整人玩具店所賣的那種假的橡皮手放在桌上。它的手指頭與桌子邊緣平行，大約離桌邊一吋。他叫我把我的手也放在桌子上，與這假手平行，大約離桌邊八吋，我的手與假手完全平行，指著同一個方向。然後他放了一塊硬紙板在我的手與假手中間，使我只能看見假的手。

然後，他當著我的面，去搔那假手，在這同時，他用另一隻手搔我的手背，但是隔著硬紙板，我看不見。當他搔假手的大拇指時，他也搔我的大拇指，當他輕敲假手的小指三次時，他同時也輕敲我的小指三次，當他摸假手的中指時，他也摸我的中指。

只一下子，我自己的手被摸觸的感覺便消失了，我開始覺得我的觸摸感覺來自那個假手，那個橡膠手已經變成我的身體影像了，這個錯覺跟我們以為腹語者的木偶真的會說話，或以為卡通人物或電影明星真的在說話一樣，因為嘴唇的動作與聲音是同步的。

然後拉馬錢德朗變了一個更簡單的把戲。他叫我把我的右手放在桌子底下，所以我看不見我的右手，然後他一隻手輕敲桌子，另一隻手在桌子底下敲我的手，當然我看不見他的動作，但是兩者節奏相同，而且桌面上的手及桌面下的手移動的距離、方位都相同，幾分鐘以後，我就不再感覺到他在輕觸我桌下的手，很神奇的，反而覺得我手的身體影像已經跟桌子合在一起了，我感到輕觸的感覺是來自桌面，他創造了一個錯覺，現在我的身體影像感覺已經擴張到家具上了。

拉馬錢德朗曾經在做這個桌子實驗時，測量受試者的膚電反應（galvanic skin response）來看他們緊張的程度。在輕觸桌面和桌下的手多次直到受試者的身體影像擴張到包括桌子後，他就拿出一把鐵槌，用力向桌面打下，這時受試者的壓力反應直上雲霄，好像拉馬錢德朗打的是受試者的手一樣。

拉馬錢德朗認為痛就好像身體影像，是大腦創造出來，然後投射到身體上，這個看法跟一般看法相矛盾。傳統神經學認為當我們受傷時，我們的痛覺感受體送出**單向**的訊號到大腦的疼痛中心，疼痛的程度跟我們受傷的嚴重性成正比，我們假設疼痛一向是送出正確的受傷報告。這個傳統的看法可以追溯到笛卡兒，他把大腦看成被動的痛覺接受者，但是這看法在一九六五年被推翻了，一位加拿大研究幻肢和痛的神經科學家梅爾札克（Ronald Melzack）和一位專門研究痛和可塑性的英國神經科學家渥爾（Patrick Wall）合寫了一篇疼痛史上最重要的論文[20]。他們認為疼痛系統是佈滿大腦和脊髓，而且大腦絕對不是被動接受痛的訊息，它是主控者。

他們的「疼痛閘門控制理論」（gate control theory of pain）認為從受傷處到大腦之間有一連串的控制器，即「閘門」。當疼痛訊息從受傷的組織經由神經系統往上送時，從脊髓開始它們經過許多道閘門，才能上達大腦，但是這些訊息只有在大腦給予許可證時，才能通行無礙。大腦必須先確定它們夠不夠分量，重不重要，才決定放行。假如拿到許可證，這道閘門就會開啟，讓某些神經元活化，傳送疼痛訊息，加強痛的感覺。大腦也可關掉閘門，用釋放腦內啡的方式，阻止疼痛訊息往上傳。腦內啡是大腦自己製造的止痛劑，它的成分和嗎啡一樣。

這個疼痛閘門理論解釋了我們所經驗到的各種疼痛。例如，在二次世界大戰時，在義大利百分之七十的美軍在嚴重受傷後都說他們不痛[21]，不要止痛藥。在戰場受傷的軍士常常不感到痛，繼續打戰，好像他們的大腦關上了閘門，使戰場上的士兵的注意力集中到如何逃避受傷[22]，只有當他到達安全地方後，疼痛訊息才被允許送達大腦。

醫生很早就知道一個期待止痛藥能夠減輕他痛苦的病人，往往在服下不含任何藥物的安慰劑後，也能達到減痛的效果。功能性核磁共振的大腦掃描顯示在安慰劑發揮效應時，大腦關掉它自己的疼痛反應區域[23]。當一個母親安撫她受傷的孩子時，她會輕撫她的孩子，柔聲的對他說話，她在幫助他的大腦減低痛的程度，我們對疼痛的感覺有很大一部分由我們的大腦和心智決定——我們當時的心情，我們過去對疼痛的經驗，我們的心理，以及我們自己覺得受傷有多嚴重。

渥爾和梅爾札克顯示我們疼痛系統的神經元比我們想像的更有彈性[24]。脊髓的重要疼痛地圖在受傷後可以改變，長期受傷會使疼痛系統的細胞比較容易發射，這種可塑性的改變就使這個人對痛特別敏感[25]。地圖也可以擴大它的感覺區，處理更多身體表面的訊息，增加疼痛的敏感度[26]。地圖改變時，疼痛訊息會擴散到鄰近的疼痛地圖去，而可能產生牽連痛（referred pain）[27]，身體某個地方受傷，卻在另一個地方感受到痛。有的時候，單一疼痛訊息在大腦中反射回響，使這個疼痛在原始刺激已經停止後仍然持續存在。

這個控制閘門理論引出新的止痛療法，渥爾跟其他人共同發明了「跨皮膚電神經刺激法」（transcutaneous electrical nerve stimulation, TENS），它是用電流去刺激**抑制**痛的神經元，幫助疼痛閘門的關閉。這個控制閘門理論也使西方科學家比較能接受針灸，這是用刺激身體的穴道來減輕痛感，通常這些針灸穴都離感到痛的地方很遠。看起來，針灸可以活化**抑制**痛的神經元，關上閘門，阻止痛的知覺。

梅爾札克和渥爾還有一項革命性的卓見：疼痛系統包括運動部分，當我們切到手指時，我們會馬上壓住傷口，這是一個運動的動作，我們會本能的保護受傷的腳踝，大腦下達命令，直到腳踝復原之前，不准運動任何的肌肉。

拉馬錢德朗延伸這個疼痛閘門理論，發展出他下一個想法：疼痛是可塑性大腦控制下的一個複雜的系統，疼痛是有機體對目前健康情況的意見[28]，而不僅是對受傷的反射反應。大腦在蒐集了各處送來的證據後，才決定要不要引發痛覺。他又說：「疼痛是種錯覺。」我們的心智是個虛擬實境的機器，它間接的經驗這個世界，在我們大腦中建構一個模式來處理外界的訊息。所以疼痛就像我們的身體影像一樣，是我們大腦的建構，因為拉馬錢德朗用鏡盒去改變身體影像，清除幻肢和它的幻痛，他是否也可以用鏡盒來使真正四肢的長期疼痛消失[29]？

拉馬錢德朗認為他可能可以幫助反射性交感神經萎縮（reflex sympathetic dystrophy）患者的「第一型長期疼痛」。這是當一個小傷，如指尖被昆蟲咬傷或瘀青使得整隻手臂痛到不能動，這個情況可以在原始的傷口都好了還在痛，可以常常會變成長期性的疼痛，只要輕觸皮膚就馬上引發灼熱的不舒服感覺和揮之不去的討厭疼痛。拉馬錢德朗認為這是大腦重組它自己的可塑性引發了病態的保護機制。

當我們保護自己時，我們會防止肌肉運動，以免刺激到傷口。假如我們必須有意識的提醒自己不要動，那會累垮，而且一不小心就會運動而傷害自己，讓自己疼痛。拉馬錢德朗覺得，假設大腦在運動受傷部位**之前**先引發痛，就是在運動中心發出指令到這個指令被執行之間先引發痛，這個動作就不會產生了，還有什麼比運動的指令就引發痛更好的防止運動的方式呢[30]？拉馬錢德朗認為這些長期疼痛病人的運動指令跟疼痛系統組合在一起了。所以雖然肢體已經癒合了，大腦送出運動的指令時，它就引發了疼痛。

拉馬錢德朗把這叫做「習得的疼痛」，他想或許鏡盒可以幫忙解除痛苦。這些病人試過了所有傳統的治療法：干擾痛處神經的連接、物理治療、止痛藥、針灸、骨療法（osteopathy，譯註：骨按摩，宣稱可以治全身疾病的學說），但都沒效。渥爾的團隊曾經做過一個實驗[31]，請病人把兩隻手都放進鏡盒中，讓病人只能看見他好的手臂及這隻手臂的鏡影，然後請病人隨意動他的手臂（假如可以的話，也請病人動他痛的手臂十分鐘），一天好幾次，持續好幾個星期，鏡影中的運動是沒有大腦運動指令就產生的，它就騙過了大腦以為壞的手臂可以自由移動而不會痛，這個練習使大腦覺得不需要再警戒保護了，因此大腦中斷手臂的運動指令與疼痛系統的連接。

這實驗發現鏡盒對只痛兩個月的病人效果最好，第一天疼痛明顯減輕，而且這效果在不使用鏡盒之後仍然存在，一個月之後，他們就不再痛了。已經痛了五個月到一年的病人，效果就沒有這麼好，但是他們的手臂不再僵硬，可以回去工作。對那些已經痛了兩年以上的病人就沒有任何改進。

為什麼呢？一個理由是長期疼痛的病人這麼久不曾動過他的手臂，大腦中的運動地圖已經退化了——再一次證明大腦是用進廢退。剩下的少數連結是當手臂最後運動時用到的那些，很不幸的，那些連結正是連到疼痛系統中的，就像一直戴著夾板或石膏的病人最後決定截肢時，會發展出癱瘓的幻肢，因為那正是他的手在尚未截肢前的最後一個印象。

澳洲有位科學家莫斯利（G. L Moseley）㉜覺得他或許可以幫助那些鏡盒不能幫助的病人。莫斯利要用心智練習的方式重新建構一個壞的手臂的運動地圖，他想或許這可以激發可塑性的改變。他請這些病人**想像**他在動那隻會痛的手，不要真的去做，只在心中想像，以活化大腦運動的迴路。他也給這些病人看手的圖片請他們判斷這些手是左手還是右手，直到他們可以迅速正確的判斷出左、右手為止，這項作業在實驗上已知可以活化運動皮質。實驗者給病人看各種姿態的手，請他們想像這個姿勢十五分鐘，一天三次，然後再做鏡盒練習，十二週之後，有些人的痛減少了，有一半的人，疼痛消失了。

請想想看，這個實驗有多了不起，一個用想像和視覺錯覺來重新建構大腦地圖，沒有打針、吃藥，沒有電流刺激，就將極痛苦、難以忍受的長期疼痛減輕或治癒了。

疼痛地圖的發現也為外科手術及止痛藥帶來了新的方向。假如在全身麻醉**之前**，先局部麻醉，阻擋局部神經疼痛的感覺，手術後，幻肢的痛就可以減輕[33]。在手術前先給止痛藥，而不是在手術後給，可以防止大腦可塑性改變疼痛地圖[34]，「鎖住」疼痛。

拉馬錢德朗和奧茲舒勒（Eric Altschuler）用實驗證明鏡盒在其他非幻肢的問題上也有效，例如中風病人癱瘓的腿[35]。鏡盒治療法與陶伯治療法的差異在於它是騙過病人的大腦以為壞掉的手可以動，所以腦就開始刺激那隻手的運動程式。另一個實驗顯示鏡盒治療法對嚴重中風、身體一邊完全不能用的癱瘓病人也有幫助，它幫助這些病人做好準備以接受陶伯的療法[36]。這些病人可以恢復一部分手的機能，這是第一次，兩個新發明的大腦可塑性為基礎的鏡盒治療法與限制—引發治療法一起連續使用。

在拉馬錢德朗生長的印度，許多西方人覺得不可思議的事，在那裡是稀鬆平常。他知道瑜伽大師可以經由打坐減輕痛苦，赤足在燒紅的煤炭上走或睡釘床，他看到宗教狂熱者在發作時把針刺入自己的面頰。生物可以改變形狀的看法在印度是大家都接受的事，心的力量可以影響身體是大家認為理所當然的事，而錯覺是女神瑪亞（Maya）最基本的神力。他把印度街頭的奇景帶進了西方的神經學，他的研究啟發了心靈與生理兩者混合的問題。把體內疼痛的閘門關上是打坐中出神入化的境界嗎?當打坐的人冥想到忘我時，他是不是就不感覺到痛了?這是因為疼痛閘門關上了嗎？為什麼我們認為幻痛比真正的疼痛還厲害？拉馬錢德朗提醒我們，不管科技怎麼進步，還是可以用很簡單的方法創造出很偉大的科學。

❶ R. Melzack. 1990. Phantom limbs and the concept of a neuromatrix. *Trends in Neuroscience*, 13(3): 88-92; P. Wall. 1999. *Pain: The science of suffering*. London: Weidenfeld & Nicholson.

❷ P. Wall, 1999, 10.

❸ T. L. Dorpat. 1971. Phantom sensations of internal organs. *Comprehensive Psychiatry*, 12:27-35.

❹ H. F. Gloyne. 1954. Psychosomatic aspects of pain. *Psychoanalytic Review*, 41:135-59.

❺ P. Ovesen, K. Kroner, J. Ornsholt, and K. Bach. 1991. Phantom-related phenomena after rectal amputation: Prevalence and clinical characteristics. *Pain*, 44:289-91

❻ R. Melzack. 1990; P. Wall, 1999.

❼ 正常的痛會警惕我們，阻止更多的痛發生。當我們喝一杯滾燙的咖啡而燙到舌頭時，我們不會再喝它，因此就不會把自己燙得更厲害。有一種孩子是天生不會感到痛，這種人叫做「先天性痛覺喪失症」（congenital analgesia），他們常常夭折，死於一開始時是個小傷害的事故，例如他們不會感到關節發炎或疼痛，因此繼續走路，活動，最後死於骨骼發炎症。

❽ V. S. Ramachandran, D. Rogers-Ramachandran, and M. Stewart. 1992. Perceptual correlates of massive cortical reorganization. *Science*, 258 (5085): 1159-60.

❾ H. Flor, T. Elbert, S. Knecht, C. Wienbruch, C. Pantev, N. Birbaumer, W. Larbig, and E. Taub. 1995. Phantom-limb pain as a perceptual correlate of cortical reorganization following arm amputation. *Nature*, 375(6531): 482-84.

⑩ V. S. Ramachandran and S. Blakeslee. 1998. *Phantoms in the brain.*（中譯本《尋找腦中幻影》，遠流出版）New York: William Morrow. Also, personal communication.

⑪ V. S. Ramachandran and S. Blakeslee, 1998, 33.

⑫ 賓州大學的認知心理學家法拉（Martha Farah）注意到胎兒在子宮時，都是捲曲的，他們的腳交叉盤起來，碰到的身體部位正好是性器官的部位，容易互相碰觸一起受到刺激，因為同步發射的神經元是連在一起的，所以腳和性器官的大腦地圖就連在一起了。

⑬ J. Katz, and R. Melzack. 1990. Pain "memories" in phantom limbs: Review and clinical observations. *Pain*, 43:319-36.

⑭ W. Noordenbos and P. Wall, 1981. Implications of the failure of nerve resection and graft to cure chronic pain produced by nerve lesions. *Journal of Neurology, Neurosurgery and Psychiatry*, 44:1068-73.

⑮ 因為幻肢是種錯覺，有這種痛的人不能用真實性去挑戰跟痛有關的記憶，所以病人被鎖在過去疼痛的記憶中，跟病人說：「你沒有手了，不可能會痛。」這個真實的事實對改善他的疼痛沒有幫助。Ronald Melzack. 1990.

⑯ V. S. Ramachandran and D. Rogers-Ramachandran. 1996. Synaesthesia in phantom limbs induced with mirrors. *Proceedings of the Royal Society of London B: Biological Sciences*, 263(1369): 377-86.

⑰ P. Giraux and A. Sirigu. 2003. Illusory movements of the paralyzed limb restore motor cortex activity. *NeuroImage*, 20: S107-11.

⑱ 德國海德堡大學（University of Heidelberg）的福羅（Herta Flor）教授受到拉馬錢德朗研究的啟發，對他有幻肢痛的病人施以鏡盒治療法，然後用功能性核磁共振來看病人大腦中發生了什麼事。一開始時，他們的感覺和運動皮質的手部地圖沒有任何活動，但是當治療持續進行時，病人截肢手的感覺地圖開始活化，這個研究還未正式發表，但在《經濟學人》期刊曾經報導過。*The Eonomist*, 2006. Science and technology: A hall of mirrors; phantom limbs and chronic pain. July 22, 380(8487): 88.

⑲ S. Shaw and N. Rosten. 1987. *Marilyn among friends*. London: Bloomsbury, 16.

⓴ R. Melzack and P. Wall. 1965. Pain mechanisms: A new theory. *Science*, 150(3699): 971-79.

㉑ Study by H. Beecher, cited in P. Wall, 1999.

㉒ 許多人在一九八一年看到雷根總統被刺殺，胸部中了一顆九毫米的子彈，而親眼見證了閘門現象。雷根一開始時站在那裡，並沒有覺得什麼不對，他的安全人員把他推到車內以保護他時，也不知道總統中彈了。雷根後來在ＣＢＳ的紀錄片中說：「之前我從來沒有中彈過，除了在電影中以外，在電影中你都是立刻做出受傷的樣子，現在我知道並非一定如此。」

㉓ T. D. Wager, J. K. Rilling, E. E. Smith, A. Sokolik, K. L. Casey, R. J. Davidson, S. M. Kosslyn, R. M. Rose, and J. D. Cohen. 2004. Placebo-induced changes in fMRI in the anticipation and experience of pain. *Science*, 303(5661): 1162-67.

㉔ R. Melzack, T. J. Coderre, A. L. Vaccarino, and J. Katz. 1999. Pain and neuroplasticity. In J. Grafman and Y. Christen, eds., *Neuronal plasticity: Building a bridge from the laboratory to the clinic*. Berlin: Springer-Verlag, 35-52.

㉕ Hypersensitivity was proposed by J. MacKenzie. 1893. Some points bearing on the association of sensory disorders and visceral diseases. *Brain*, 16:321-54.

㉖ R. Melzack, T. J. Coderre, A. L. Vaccarino, and J. Katz. 1999, 37.

㉗ R. Melzack,T. J. Coderre, A. L. Vaccarino, and J. Katz, 1999, 46.

㉘ V. S. Ramachandran and S. Blakeslee, 1998, 54.

㉙ V. S. Ramachandran. 2003. *The emerging mind: The Reith lectures 2003*. London: Profile Books, 18-20.

㉚ 在拉馬錢德朗的個案裡，長期的慢性疼痛會發生是因為命令手去動的運動指令直接連接到疼痛中心，所以，即使想到要去動那隻手都會引起疼痛，我懷疑這就像是人只要想到要做壞事時，會先有罪惡感而產生痛苦。一項不被允許的動作命令會直接連接到焦慮中心，使這個動作在執行以前就啟動了苦惱的感覺，所以我們不是在做了事情以後才有罪惡感，罪惡感常常在做壞事之前便產生了。

㉛ C. S. McCabe, R. C. Haigh, E. F. J. Ring, P. W. Halligan, P. D. Wall, and D. R. Black. 2003. A controlled pilot study of the utility of mirror visual feedback in the treatment of complex regional pain syndrome (type 1). *Rheumatology*, 42:97-101.

32 G. L. Moseley. 2004. Graded motor imagery is effective for long-standing complex regional pain syndrome: A randomised controlled trial. *Pain*, 108:192-98.

33 S. Bach, M. F. Noreng, and N. U. Tjéllden. 1988. Phantom limb pain in amputees during the first twelve months following limb amputation, after preoperative lumbar epidural blockade. *Pain*, 33:297-301; Z. Seltzer, B. Z. Beilen, R. Ginzburg, Y. Paran, and T. Shimko. 1991. The role of injury discharge in the induction of neuropathic pain behavior in rats. *Pain*, 46:327-36; P. M. Dougherty, C. J. Garrison, and S. M. Carlton. 1992. Differential influence of local anesthesia upon two models of experimentally induced peripheral mononeuropathy in rats. *Brain Research*, 570:109-15.

34 福羅用同樣的方法先給病人 memantine 減少截肢病人在手術後的疼痛。因為拉馬錢德朗認為病人的幻肢疼痛是鎖在系統中的記憶，所以她用 memantine 去阻止蛋白質的活動，使大腦不能形成記憶。她發現假如在手術前或在手術後的四個星期之內就給予藥物的話，效果最好，這篇研究報告刊登在《經濟學人》期刊（*The Economist*, 2006）。

35 E. L. Altschuler, S. B. Wisdom, L. Stone, C. Foster, D. Galasko, D. M. E. Llewellyn, and V. S. Ramachandran. 1999. Rehabilitation of hemiparesis after stroke with a mirror. *Lancet*, 353(9169): 2035-36.

36 K. Sathian, A. I. Greenspan, and S. L. Wolf. 2000. Doing it with mirrors: A case study of a novel approach to neurorehabilitation. *Neurorehabilitation and Neural Repair*, 14(1): 73-76.

# 第 8 章

# 想像力

## 思想如何造就想像力

我們可以透過想像力來改變大腦的一個理由是：

從神經科學的觀點來看，想像一個動作跟實際去做那個動作其實沒有很大差別。大腦掃描顯示執行動作和想像這個動作所活化大腦的部位有許多是重疊的，這是為什麼視覺化會增進表現。

想像與實作其實是綜合在一起，分不開的，雖然我們總是把想像和實作認為是兩種完全不同的東西，受到兩種不同的規範。

如果你可以越快想像某件事，你就能越快把它做出來——我們已經看到想像一個動作會動用到與做這個動作相同的運動和感覺程式。

每一次當你的非物質心智在想像時都會留下物質的痕跡，你的每一個想法都會在微小層次改變大腦突觸的生理狀態；每一次你想像移動你的手指在鋼琴琴鍵上彈奏時，都改變了你大腦裡的觸鬚。

我現在在波士頓哈佛大學醫學院的貝絲以色列女執事醫學中心（Beth Israel Deaconess Medical Center）的電磁大腦刺激實驗室，帕斯科—里昂（Alvaro Pascual-Leone）是這個中心的主任，他的實驗顯示我們可以用想像改變大腦的生理結構，他把一個像木槳形狀的儀器放在我大腦的左邊，這個儀器會放出電磁的刺激，叫做跨顱電磁刺激（transcranial magnetic stimulation, TMS），可以改變我們的行為。在這儀器中，有一組銅線圈，當電流通過時，會產生磁場的改變，進入頭殼下神經元的軸突，從那裡到手部的運動地圖。磁場的改變會引發電流的產生❶，帕斯科—里昂是第一個讓世人看到跨顱電磁刺激可以使神經元發射的研究者。每一次開啟磁場，我右手的無名指就會動一下，因為他刺激了我大腦手指的地圖區大約〇．五立方公分的區域，那裡有百萬以上的神經元，它們的活化使我的右手無名指動了一下。

跨顱電磁刺激是非常聰明的進入大腦的橋梁，它的電磁場可以無痛、無害的進入我們的身體，只在電磁場範圍內激發神經元的活化，啟動電流，潘菲爾必須打開腦殼，把電極插入神經元才能刺激運動皮質或感覺皮質，當帕斯科—里昂打開那個儀器的開關，使我的手指頭動時，我所經驗的**正是**當年潘菲爾對他病人所做的事，但是我的腦殼不需經由外科手術打開，我的大腦皮質也不需插入電極，就得到潘菲爾當年的結果。（譯註：中央大學認知神經科學所有台灣第一台TMS，我們用它得到很多珍貴的大腦資料。）

帕斯科—里昂以他的成就來說，實在太年輕了，他是一九六一年出生於西班牙的瓦倫西亞（Valencia），在西班牙和美國都有實驗室。他的父母都是醫生，把他送去西班牙的德國學校就讀，在那裡，像許多神經可塑性專家一樣，他研讀古典希臘和德國哲學家的思想，然後才進入醫學界。他在佛萊堡（Freiburg）取得醫學士和生理博士的雙學位，然後到美國接受博士後訓練。帕斯科—里昂有著橄欖色的皮膚，黑頭髮，富有感情的聲音，他活力四射，但遊戲認真。他的小小辦公室擠滿了蘋果電腦的螢幕，用來呈現跨顱電磁刺激所看到的大腦情況。他的電子信箱塞滿了來自全世界偏遠角落他的合作者的信件。他背後的書架上塞滿了書，論文散得到處都是。

他是第一個用跨顱電磁刺激去找出大腦地圖的人，科學家可以用跨顱電磁刺激去啟動一個大腦區域或阻止它做出功能，完全看當時所用的強度和頻率。要決定大腦某個部位的功能[2]，他會用強磁去暫時阻擋那個區域的作用，然後觀察什麼樣的功能喪失了。

他同時也是高頻率「重複使用跨顱電磁刺激」（repetitive TMS, rTMS）的開創者之一[3]，高頻率重複使用跨顱電磁刺激可以強烈活化神經元，使它們可以彼此興奮，在原始的重複使用跨顱電磁刺激停止後還繼續發射，這可以使大腦區域活化一陣子，因此可以用來治療。例如，一些憂鬱症的病人前額葉活化不夠，帕斯科—里昂的團隊最早使用重複使用跨顱電磁刺激的方式有效治療嚴重憂鬱症患者[4]，這種在傳統的治療法都試過沒有效後，來試帕斯科—里昂的重複使用跨顱電磁刺激的病人有百分之七十發現有效，而且這種方法的副作用比服藥少了很多。

在一九九〇年代初期，帕斯科—里昂還是剛出道的醫學院畢業生，在美國國家神經疾病及中風研究院（National Institute of Neurological Disorder and stroke）擔任研究員時，他做了一個實驗，完美的將大腦功能定位，實現了他想像中的實驗，並且讓我們看到我們是如何學習技能的。

他用跨顱電磁刺激來研究人們是如何學習新的技能，他找出盲人學習點字時的大腦地圖❺，這些受試者一週五天、一天兩個小時在課堂中學習點字法，回家還有一小時的家庭作業，這樣學了一年。點字法是盲人用他的食指掃過一堆隆起來的小點，這是個運動的活動。他們手指感覺到隆起來小點排列的方式，這是感覺的活動。他的實驗是最早確定人在學習新的技能時，大腦地圖會發生可塑性改變的實驗之一。

當帕斯科—里昂用跨顱電磁刺激去找出**運動**皮質的地圖時❻，他發現盲人讀點字的大腦食指地圖比另一隻不讀點字的食指地圖來得大，也比一般不使用點字者的食指地區區域大。帕斯科—里昂還發現在受試者增加每分鐘讀字的速度後，運動地圖的大小也相對增加。但是最令人驚訝，而且對學習新技能有重要意義的是：他發現這種可塑性的改變是以一星期為週期循環的。

這些受試者是在上完一週的課後，在星期五到他的實驗室測量大腦地圖，然後休息了一個週末之後，星期一再來實驗室測一次大腦地圖，帕斯科—里昂發現星期五跟星期一的地圖竟然不同。從實驗一開始，星期五的地圖就是非常快速、戲劇化的擴張，但是星期一又回到原來基準的大小。星期五的地圖持續發展了六個月——每一次在星期一都固執的回到基準線，六個月之後，星期五的地圖仍然在擴張，但是沒有像前六個月那樣快。

星期一的地圖正好是相反的情況，它們在訓練的前六個月一直沒有改變，然後才開始慢慢的變大，一直到十個月後進入高原期，即不再往上爬，但維持原有的高度。受試者讀點字的速度跟星期一地圖的相關比較高，雖然星期一地圖的改變從來不像星期五那樣具戲劇性，但是它們很穩定。在學習了十個月之後，這些學生會休息兩個月。當他們再回來上課時，帕斯科—里昂重新找出他們的大腦地圖，結果發現這個地圖跟兩個月前的星期一地圖一樣沒什麼改變。因此每天的練習會導致短期戲劇性的改變，但是永久性的改變是在星期一的地圖上看到的。

帕斯科—里昂認為星期一和星期五的差別說明了二者有不同的可塑性機制。比較快速的星期五改變強化了**現存的**神經迴路連接，揭開了過去被埋葬的途徑；比較慢、比較永久性的星期一改變顯示**全新的**結構形成，可能是新神經元連接的分叉和新突觸的形成，它是長新芽而不是強化舊有的。

了解了這個龜兔賽跑的效應後，我們知道應該怎樣做才能真正掌握一個新技術。在短暫的練習後，好像考前開夜車，我們是可以進步，因為我們強化了現有的神經突觸連結。但是我們很快會忘記開夜車所學的東西，因為來得快、去得快的神經連接很容易反轉，又散掉去和別人連接。如果要一直保持進步，使這個新技術永久必須慢慢持續的工作，形成新的連結。例如一個學生覺得他無法累積進步，或覺得他的心智「像一個篩子」什麼都記不住的話，他要持續練習直到產生

「星期一效應」（練習讀點字者是花了六個月才達到這個效應）。星期五和星期一的差別可能是造成有些人像「烏龜」，很慢才學會一個新技術，但是最終學的比「兔子」好的原因，因為那些很快學會的人如果沒有一直練習，使學習固化的話，也會很快忘記的。

帕斯科—里昂擴大他的研究範圍，去看讀點字者是如何從手指尖上得到這麼多訊息的。我們都知道盲人可以發展出非常好的非視覺感官感覺，而點字者的手指頭非常的敏感。帕斯科—里昂想知道這種手指的超級敏感度是否是因為他們觸覺的感覺地圖變大了，或是大腦其他部位有可塑性的改變，例如視覺皮質因為眼盲沒有用到，有用進廢退的情形，被其他功能取代了。

他想如果視覺皮質幫助了受試者讀點字，那麼他用跨顱電磁刺激干擾**視覺**皮質的活化就會阻礙點字的閱讀。結果發現果然如此，當他們設定跨顱電磁刺激作用在視覺皮質上，阻止它的活化時，受試者就不能讀點字或是感覺到讀點字的那根手指頭，視覺皮質已經被徵召去幫忙處理觸覺的訊息了。對正常視力的人用跨顱電磁刺激去阻撓他的視覺皮質活化，對他們的感覺能力並**沒有任何影響**，這表示某些特別的事情發生在讀點字的盲人身上了：大腦用來處理某一個感官的部分已經用來處理另一個感官了——這正是巴哈—y—瑞塔所說的大腦可塑性的重組。帕斯科—里昂也讓我們看到，一個人的點字讀得越好，他所借用的視覺皮質區就越多。他下面的實驗開啟了一個新的領域，展現了我們的思想可以改變大腦的結構，心可以改變物。

帕斯科—里昂用跨顱電磁刺激去測量初學鋼琴者大腦的手指地圖，來研究思想如何改變大腦結構。帕斯科—里昂最崇拜的一個人，西班牙的神經解剖學家也是諾貝爾生醫獎的得主卡哈（Santiago Ramón y Cajal），曾經在他生命的暮年尋找大腦的可塑性，但是沒有找到。他在一八九四年的論文中說：「思考的器官，在某個程度之內，是可以塑造的，並且可以透過很有效的心智練習而趨近完美❼。」到一九〇四年，他說在心智練習中一直重複的思考會加強現有的神經連結，而且創造新的連結出來。他直覺的認為這個歷程在控制鋼琴家手指的神經元上會特別的明顯，因為鋼琴家必須時時在他腦海中練習曲子❽，他們做很多的心智練習。

卡哈用他的想像力，畫了一個有可塑性的大腦，但是缺乏工具去證明它。帕斯科—里昂現在認為他有跨顱電磁刺激這個工具，可以來檢驗心智練習和想像力是否能夠引出生理上的改變。

這個實驗的方法很簡單❾，他繼承卡哈的想法，用鋼琴來研究。帕斯科—里昂教兩組從來沒有彈過鋼琴的人彈一序列的音符，教他們如何移動手指，讓他們聽到自己彈出來的聲音。其中有一組是「心智練習組」，坐在電子琴前面**想像**自己在彈琴，也想像自己聽到自己彈的琴聲，一天兩個小時，一個星期五天進到實驗室來想像；第二組則是真正練習彈奏，他們也是一天二小時，一週五天進入實驗室來彈琴。這兩組人都在實驗開始前、每天練習的時候以及練完了以後都接受大腦掃描。最後，兩組人都要彈奏出這個序列的音符，由電腦來測量他們表現的準確度。

帕斯科—里昂發現兩組都學會了，也都有大腦地圖的改變，很令人驚訝的是心智練習組也在大腦的運動系統上造成了生理上的改變，跟實際彈奏組一樣。到第五天時，兩組受試者送往肌肉的運動訊息的改變是一樣的，想像組在第三天時就跟實際動手的一樣正確了。

心智練習組到第五天時的進步程度並不及實際彈奏組，但是當心智練習組完成他們的心智訓練，並進行單次兩個小時的實際練習後，他們整體表現進步到跟實際彈奏者第五天的表現一樣，顯然心智練習是用最少實際練習來學習新肢體技術的有效方式。

當我們在準備考試、記住台詞或彩排任何表演時，我們都用到了心智練習或心智複誦，有些運動員和音樂家用這種方式來準備演出，美國有名的鋼琴演奏家顧爾德（Glenn Gould）在他事業的後期，在準備錄音灌唱片時，就是仰賴心智練習來使演出完美的❿。

最前衛的心智練習之一是「心智下棋」，兩個人在沒有棋盤或棋子的情況下，在腦海中下棋，棋手要想像大腦中有個棋盤，每下一步棋都得記住前面棋子的位置。蘇俄的人權鬥士沙倫斯基（Anatoly Saransky）被關在地牢時，靠心智下棋活過刑期。沙倫斯基是猶太籍的電腦專家，在一九七七年被冤枉指控為美國間諜，在牢裡關了九年，有四百天的時間是被單獨監禁，獨自一個人關在冰天雪地、五呎乘六呎寬的黑暗牢房裡。有許多政治犯在隔離監禁後都精神失常，因為用進廢退的大腦需要外界的刺激來維持它的地圖。在這極端的感覺剝奪期間，沙倫斯基跟自己下心智棋，一下就幾個月，這可能幫助他維持大腦不退化。他同時下黑棋和白棋，在腦海中要記住這麼多棋，尤其要同時思考對立的角度，對心智是很大的挑戰。沙倫斯基有一次半開玩笑的告訴我，他繼續在腦海中下棋，心想反正被關了，不如利用這個機會成為世界西洋棋冠軍。在他被釋放出來後，經由西方國家的施壓，他得以進入以色列，最後成為內閣閣員。當世界西洋棋冠軍卡斯帕洛夫（Garry Kasparov）跟以色列的總理及閣員比賽時，他贏了所有人，只輸給沙倫斯基。

我們現在從大腦掃描研究中知道沙倫斯基關在地牢中時，他的大腦發生了什麼事。我們可以來看一下一位年輕的德國人，伽姆（Rüdiger Gamm），他有著一般人的智商，但他卻使自己變成一個數學奇葩，他是個計算機人[11]。雖然他出生時並沒有特別的數學能力，現在卻可以心算一個數字的九次方或開五次方根，他可以馬上回答68乘76是多少？不超過五秒鐘。他在二十歲服務於銀行時，開始每天做四小時的計算練習，到他二十六歲時，他已經變成計算的天才，可以靠在電視上表演的收入維生。科學家用正子斷層掃描（PET）在他計算時，掃描他的大腦，結果發現他能徵召超過五處大腦區域來幫助他計算。心理學家艾力克生（Anders Ericsson）專門研究專家的發展及形成，他認為像伽姆這種人是仰賴長期記憶來幫助他解決數學問題，而別人用的是短期記憶。專家不儲存答案，但是儲存重要的事實及策略，使他們可以快速得出答案。他們可以立即提取這些事實和策略，好像它們就在短期記憶中一樣。這種用長期記憶來解決問題是許多領域專家的共同形態。艾力克生發現要變成某個領域的專家通常需要十年的專心練習。

我們可以透過想像力來改變大腦的一個理由是：從神經科學觀點來看，想像一個動作跟實際執行其實沒有很大差別。當人們閉上眼睛，想像一個物體，比如說，字母a，主要視覺皮質區（

primary visual cortex）會亮起來，好像這個人實際在看字母a似的[12]。大腦掃描顯示執行動作和想像這個動作所活化大腦的部位有許多是重疊的[13]，這是為什麼視覺化（visualizing）會增進表現。

在一個很難令人相信，但是又簡單的實驗中，于光（Guang Yue）博士及柯爾（Kelly Cole）博士顯示一個人想像他在使用他的肌肉可以增加肌肉的強度。這個實驗比較兩組人，一組實際做運動，另一組想像在做運動，兩組人都練習手指頭的肌肉，從週一到週五，總共四週。實際運動組每天做十五次的強烈伸縮，每次中間休息二十秒。想像這一組是想像他們做十五次的強烈伸縮，每次中間休息二十秒，同時要想像一個聲音對著他們吼：「用力點，再用力！再用力！」

實驗結束後，實際運動的那組人的肌肉強度增加了百分之三十，就如同每個人所期待的；**想像**做運動的那組人，肌肉強度增加了百分之二十二[14]。這原因在大腦計畫動作的運動神經元，在想像做這些動作時，負責把伸縮動作串在一起的神經元其實有在做工作，它們活化，也被強化，所以當肌肉真的收縮時，它們的強度就增加了百分之二十二。

這個研究幫助發明了能夠解讀思想的第一部機器。思想轉譯機是當人或動物在想像一個動作時，將這個想法特殊的電流訊號解碼，把電流指令傳到儀器上，使思想變成行動。這部機器能夠作用是因為大腦有可塑性，當我們在思考時在生理上改變大腦的結構和狀態，所以就可以用電流測量的方式追蹤到。這部儀器現在設計給全身癱瘓的人用他們的思想來移動物體。假如這部儀器再精密一點，它就可以讀人的思想，因為它是設計來辨識和轉譯思想的內容的，比測謊器的能力高多了。測謊器只能測出人在說謊時的緊張程度。

這些機器進步得很快[15]，在一九九〇年代中期，杜克大學（Duke University）的尼可萊利斯（Miguel Nicolelis）和薛平（John Chapin）做了一個學習去閱讀動物想法的行為實驗[16]。他們訓練老鼠去按一支桿，這支桿以電線連到飲水機上，每一次老鼠按一下桿，這部飲水機就會滴下一滴水給老鼠喝。老鼠的腦殼有一小塊被切除，使實驗者能夠放一組微電極到老鼠的運動皮質上。這些微電極記錄四十六個神經元在運動皮質區專門負責計畫動作和動作的程式。它們通常是從脊髓送指令到肌肉去的神經，因為這個實驗的目的是登錄老鼠的思想，而思想是很複雜的，這四十六個神經元必須同步被測量，每次老鼠按一下桿，尼可萊利斯和薛平就記錄這四十六個神經元發射的情形，這些訊息被送到一部電腦中，很快的，這電腦就能辨識按桿的神經發射形態。

在老鼠學會了按桿後，尼可萊利斯和薛平切斷桿和飲水機的聯結。現在老鼠按桿時，沒有水流出來了。老鼠很挫折，牠會用力再按這支桿很多次，但是都沒有用。現在實驗者把飲水機連到電腦上，而這電腦跟老鼠的神經元連在一起。從理論上來說，每一次老鼠想到「按桿」，電腦就會辨識神元發射的形態，就會送訊號給飲水機，就會有一滴水滴下來了。

幾個小時以後，老鼠學會了牠不必按捍就會有水喝，牠只要坐在那兒想像按桿就可以了，尼可萊利斯和薛平訓練了四隻老鼠坐在籠子裡享受自來水。

然後他們開始教猴子去做比較複雜的思考轉譯。貝爾是隻貓頭鷹猴（owl monkey），牠會用搖桿去追蹤一個光點，當這個光點橫過螢幕時，牠去追蹤它，如果做得好，會有一滴果汁滴下來獎勵牠。每一次牠移動搖桿，牠的神經元就發射，一部電腦就用數學的方法分析神經發射的形態。這個神經活化的形態都是在貝爾實際操作搖桿之前三百毫秒出現，因為牠的大腦需要三百毫秒才能把指令送達手臂肌肉。當牠把桿移到右邊去時，一個「移動搖桿到右邊」的神經發射形態會出現在牠的大腦中，電腦就知道了；當牠移動牠的手到左邊時，電腦也會偵察到那個神經發射的形態。然後電腦把這些神經發射的形態轉換成指令去移動一隻貝爾看不見的機器手臂。這個數學分析的神經發射形態也從杜克大學傳送到麻省劍橋市的實驗室中的第二隻機器手臂上。就像上次老鼠的實驗那樣，搖桿和機器手臂是沒有連結的，機器手臂是連到電腦上，電腦閱讀貝爾神經元發射的形態，他們希望杜克的機器人手臂和劍橋機器人的手臂能夠跟貝爾自己的手同步，在牠的想法出現的三百毫秒後移動。

當科學家隨機改變電腦螢幕上光點的形態時，貝爾的手移動搖桿，六百哩外的機器手臂也在移動，完全由電腦轉譯貝爾的想法來驅動。

這個團隊現在已經教會好幾隻猴子用牠們的思想去移動一個機器手臂[17]，在三度空間中任意移動，做出複雜的動作，例如去拿一個東西。這些猴子也會玩電動遊戲（而且好像很喜歡）。牠們用思想去移動一個螢幕的游標，然後命中一個移動的目標。

尼克萊利斯和薛平希望他們的研究可以幫助癱瘓或麻痺的病人，這個夢想在二〇〇六年七月實現了。布朗大學（Brown University）神經科學家唐納休（John Donoghue）的團隊在人身上做到了這個技術。耐格（Matthew Nagle）是一個二十五歲的年輕人，他的頸子被人砍了一刀，使他的四肢都麻痺不能動，醫生把一個很小、無痛的、上有一百個微電極的矽晶片，植入他的大腦中，連到電腦上。經過四天的練習後，他可以用思想去移動電腦螢幕上的游標，開電子信箱、調整電視的音量、換台、玩電動遊戲，控制一個機器手臂⓲。肌肉萎縮症病人、中風的人和有運動神經元疾病的人都將被安排去嘗試這個思想轉譯機，這些研究最終的目的是植入一個很小的微電極組，裡面有電池和一個像嬰兒指甲那麼小的發報器到病人的運動皮質上，然後將一部很小的電腦連接到機器手臂或輪椅的控制開關上，或連到植入肌肉的電極上來引發動作。有些科學家希望能發展出比較沒有侵入性的技術⓳來偵察神經元的發射，可能是像跨顱電磁刺激或是陶伯發展出來偵察腦波改變的儀器。

這些「想像」實驗展現的是想像與實作其實是綜合在一起，分不開的，雖然我們總是把想像和實作認為是兩種完全不同的東西，受到兩種不同的規範。但是你可以想一想，很多時候，你可以越快想像某件事，你就能越快把它做出來。法國里昂（Lyon）的狄西提（Jean Decety，譯註：狄西提已被延攬至芝加哥大學擔任腦科學中心的主任，他與我們陽明和中央大學認知科學實驗室共同發表了四篇這方面的論文）做了一個很簡單的實驗，你可以測量想像用慣用手寫下名字跟你實際寫下名字所花的時間，兩者是相同的。當你想像用非慣用手寫下名字所花的時間比較長，實際用非慣用手去寫也比較長。很多慣用右手的人發現他們「心智的左手」寫字比他們「心智的右手」來得慢[20]。在一個帕金森症病人及中風病人的研究中，狄西提發現病人用想像去移動他們受損的手[21]比他們想像移動正常的手來得慢。心智的想像跟實際執行都一樣慢，因為兩者都是大腦中**同一個**運動程式的產品，我們想像的速度可能是受到運動程式中神經發射速度的規範。

◆ ◆ ◆

帕斯科—里昂也知道神經可塑性可以導致大腦的僵化不可改變，以及重複一直進行某個動作或念頭。對這些現象的了解幫助解決了下面這個矛盾：假如我們的大腦這麼有彈性、可以改變，為什麼我們這麼常被困在僵硬不能改變的重複動作或念頭中？要得到這個答案得先了解我們的大腦是多麼有可塑性。

他告訴我 plasticina 是西班牙文的 plasticity，它抓住了一些英文所沒有的東西，plasticina 在西班牙文中還有另外一個意思，就是黏土（plasticine），一種可以隨意捏、隨意成形的物質。對他來說，大腦是如此具有可塑性，即使我們每天做同樣的行為，負責的神經元連結還是有一點不同，因為在行為跟行為之間，我們還做了別的，這會影響到神經的連結，使它們不可能一模一樣。

「我認為，」帕斯科—里昂說：「大腦的活動就像我們在玩黏土一樣，我們所做的每一件事情都會影響黏土的形狀。」但是他說：「假如你開始玩的黏土是個正方形的，你即使把它搓成圓球，它還是有可能回歸到正方形。但是它不會是**原來**開始的那個正方形。」外表的相似性不代表它是一模一樣，新的正方形的分子排列得不一樣了。換句話說，同樣的行為，在不同的時間做，用的是不同的神經迴路。對他來說，即使一個有神經或心理問題的病人被治癒了，也永遠不可能使病人的大腦回復到他未發病前的狀態。

「這個系統是有可塑性，不是有彈性。」帕斯科—里昂以低沈的聲音說。一條橡皮筋可以拉得很大，但是一鬆手，永遠回到它原來的形狀，它的分子在過程中沒有重新排列過。可塑性的大腦是被每一次的經驗、每一次的交集，永遠的改變了。

所以這個問題變成：如果大腦這麼容易改變，我們該如何保護自己不會永無止境的變下去？的確，假如大腦是像塊小孩子玩的黏土，我們怎麼可能維持住自己而不是一直改變使自己都認不出來？我們的基因給了我們幫助，雖然不完全是一致性，它給了我們重複性。

帕斯科—里昂用一個隱喻來解釋這個。可塑性的大腦就像是一道冬天下雪的山坡，這座山的各個層面——山坡的斜度、石頭、雪的一致性——就像我們的基因一樣，是先天設定的，當我們坐雪橇滑下來時，我們可以操縱雪橇使它遵循道路一路平安滑到山下，這條道路是決定於我們如何駕駛及山丘的特性。我們會停在哪裡，實在很難預測，因為其中包含許多因素在內。

「但是，」帕斯科—里昂說：「**第二次**你坐雪橇下來會怎麼樣你就知道了，你會多多少少遵循上次那條路，不會完全相同，但是也不會離得太遠。假如你整個下午都在玩雪橇，走上去，滑下來，走上去，滑下來，到最後，有一些路會用很多次，有些用得很少，你會創造出一條大路，現在你很難不經過這條大路，現在這條大路不再是基因決定的。」

心智的大路會使我們養成習慣，不管是好還是壞的。假如我們發展出不好的姿勢，這會很難改變；假如我們發展出好習慣，它們也會跟著你很久。那麼，在「大路」或神經迴路鋪好後，有可能跳脫這條路，去走另一條路嗎？是的，有可能，根據帕斯科—里昂的說法是可以的，但是會很困難，因為一旦我們建立了這條大道，它們變得非常快速、非常有效率的引導雪橇滑下山，要走另一條路就會變得很難，除非有路障或其他東西阻礙，我們才會去改變方向。

在帕斯科—里昂下一個實驗中，他使用路障來顯示改變一條既成的路徑及大量的重新組合是可以發生的，而且出乎我們意料之外的迅速。

他的路障實驗來自於他聽說西班牙有個非常奇特的住宿學校，那裡的老師要受訓了解盲人在黑暗中讀書的情形，所以他們先被綁住眼睛一週以親身體驗盲人的生活。綁住眼睛使他們看不見就是視覺的路障，在一週之內，他們的觸覺及對空間的判斷就變得非常敏感。他們可以從摩托車引擎的聲音來區分摩托車的廠牌，也可以靠回音來判斷路上有沒有東西擋路。當這些老師剛取下眼罩時，他們有一陣子失去方向感，無法判斷空間或看東西。

當帕斯科—里昂聽到這所黑暗學校時，他決定把正常人變成盲人。他綁住受試者的眼睛五天，然後用跨顱電磁刺激找出他們的大腦地圖。他發現當他去掉所有的光時，受試者的視覺皮質開始去處理手部送進來的觸覺訊息，就像盲人學點字一樣。最令人驚奇的是，大腦在幾天之內就重新組合它自己了。帕斯科—里昂用大腦掃描發現，只要兩天，視覺皮質就開始處理觸覺和聽覺的訊息了。要改變地圖，絕對的黑暗是很重要的，因為視覺是一個強有力的感官，假如有任何光進來，視覺皮質就會偏向去處理光而不會去處理聲音或觸覺。帕斯科—里昂發現，就像陶伯發現的一樣：要發展一個新的迴路，就必須阻擋或規範它的競爭者，那些通常最常使用這個迴路的訊息。在眼罩拿掉後，大約在十二小時到二十四小時之間，受試者的視覺皮質不再對觸覺或聽覺刺激作反應。

視覺皮質這麼快就轉去處理觸覺和聽覺的訊息，對帕斯科—里昂來說，是個大問題。他認為兩天這麼短的時間應該沒有辦法讓大腦去重組它自己，在實驗時把神經放在生長液中時，它們一天頂多長一毫米，視覺皮質能夠這麼快的處理其他感官的訊息惟一的可能性就是這些連結本來就存在了，帕斯科—里昂和漢彌爾敦（Roy Hamilton）利用這種迴路原先就存在只要揭開面紗往前延伸一點就可以使用的想法，提出一個理論[22]：在黑暗中大腦快速重組的現象不是例外而是常態，人類的大腦可以重組得這麼快，是因為大腦的各部位沒必要去承諾處理某一個特定的感官，我們可以用大腦的各部位去做許多不同的作業，而且是每天都如此在做。

我們前面看到，幾乎所有現行大腦理論都是功能區域特定論，假設感覺皮質就是處理每一種感覺：視覺、聽覺、觸覺，在不同的區域上，單獨處理這些訊息。「視覺皮質」這個名詞就已經假設大腦這個區域惟一的**功能**就是處理視覺訊息，就好像聽覺皮質就是處理聽覺訊息，身體感覺皮質處理觸覺一樣。

「但是，」帕斯科—里昂說：「我們的大腦並不是真的以這種處理特定感覺輸入的方式組織的，我們的大腦是以一序列特定運算子（operator）的方式組織的。」

一個運算子是腦中的一個處理程序（processor），不是處理單一感官所送進來的訊息，如視覺、聽覺、觸覺，而是處理比較抽象的訊息，如**空間關係**、**動作**、**形狀**等。空間關係、動作、形狀所牽涉的訊息是好幾個感官已經處理完的訊息，我們可以同時感到和看到空間上的差異——一個人的手有多寬——就像我們可以同時感受到和看到動作和形狀。有一些運算子可能只管一種感官（如顏色的運算子），但是空間、動作和形狀的運算子處理一個以上的感官送上來的訊息。

運算子是透過競爭脫穎而出的，運算子理論是根據一九八七年諾貝爾生醫獎的得主艾德曼（Gerald Edelman）的神經元團體選擇（neuronal group selection）的理論發展而成的。艾德曼認為任何大腦活動都是最能幹的神經元團體雀屏中選去做這件事，也就是我們中國人說的能者多勞。這個方式很接近達爾文的生存競爭——也就是神經達爾文主義，根據艾德曼的說法，就是各個運算子之間不停的競爭，看哪個最能夠有效處理在某個情境之下某個感官送來的訊號。

這個理論提供了區域理論和神經可塑性理論兩者中間的橋梁，前者強調事情都在某些特定的區域發生，後者則強調大腦重新建構自己的能力。

這表示人們在學一個新的技術時，可以徵召原來負責其他活動的運算子來幫忙，這樣很快的增加了處理能力，假如他們能在他們所需要的運算子和它本來的功能之間設定路障的話。

假如有人要背誦荷馬（Homer）的《伊利亞德》（*Iliad*），這是一項負荷很重的聽覺作業，他可能應該把眼睛矇起來[23]，把原來用來處理視覺的運算子徵召過來使用，因為視覺皮質大部分的運算子也可以處理聲音。在荷馬時代，很長的史詩是以口語的方式代代相傳的（據說荷馬本人是位盲者），在沒有文字的文化中，記憶是非常重要的。的確「不識字」可能迫使人們的大腦把更多的運算子派給聽覺作業使用。然而在有文字的文化裡，假如有足夠動機的話，口語記憶仍然可以做得很好。幾百年來，葉門的猶太人教他們的孩子背誦全部的猶太律法，伊朗的孩子到今天仍要背全部的《可蘭經》。

◆ ◆ ◆

我們已經看到想像一個動作會動用到與做這個動作相同的運動和感覺程式。我們以前都把想像看成是一種神聖、純潔、不可侵犯的非物質性的東西，與我們物質的大腦沒有相干，現在我們不太確定應該從哪裡開始畫這條切割線。

每一次當你的非物質心智在想像時都會留下物質的痕跡。你的每一個想法都會在微小層次改變大腦突觸的生理狀態。每一次你想像移動你的手指在鋼琴琴鍵上彈奏時，都改變了你大腦裡的觸鬚。

這些實驗不但做得精巧，引人入勝，還推翻了幾百年來從法國哲學家笛卡兒學說引申而來的心物的混淆，笛卡兒認為心和腦由不同的物質所組成，受不同的規則規範。他認為大腦是物質的，存在於空間的，遵循著物理的法則，心智（或是靈魂，笛卡兒把心智叫靈魂）是非物質的，思想是不會佔據任何空間，也不服從物理法則。他認為思想是受到推理、判斷和慾望的規範，而不是因果關係的物理法則。人類是二者兼具，結合了非物質的心智和物質的大腦。

但是笛卡兒——他的心物二元論主控了科學家四百年——永遠不能解釋非物質心智如何可以影響物質的大腦。因此，人們開始懷疑非物質的思想，或只是個想像，怎麼可能去改變物質大腦的結構。笛卡兒的理論似乎開啟了心與腦之間無法跨越的鴻溝。

他想把腦變成機械化的東西來拯救當時一般人對腦的神祕論看法，但是他這個高貴的企圖失敗了，大腦反而因此而被看成是一部沒有生命的機器，只能被非物質的、鬼魂似的靈魂所操控[24]，所以心智才會被叫做「住在機器中的鬼魂」（ghost in the machine）。

因為他把大腦比做機器，濾掉了大腦生命的本質，延誤一般人對大腦可塑性的接納，任何的可塑性——任何我們所擁有的改變能力——都在心智中，思想可以改變，但是大腦不行[25]。

但是現在我們看到，我們非物質的思想也可以有個實質的印記，或許將來有一天，思想可以用物理的名詞來解釋。雖然我們現在還不了解究竟思想是**怎麼**改變大腦的結構[26]，但是我們已經確定它可以。過去笛卡兒所畫的心物之間的界線，已經慢慢變成虛線了。

❶ A. Pascual-Leone, F. Tarazona, J. Keenan, J. M. Tormos, R. Hamilton, and M. D. Catala. 1999. Transcranial magnetic stimulation and neuroplasticity. *Neuropsychologia*, 37:207-17.

❷ A. Pascual-Leone, J. Valls-Sole, E. M. Wassermann, and M. Hallet. 1994. Responses to rapid-rate transcranial magnetic stimulation of the human motor cortex. *Brain*, 117:847-58.

❸ A. Pascual-Leone, B. Rubio, F. Pallardo, and M. D. Catala. 1996. Rapid-rate transcranial stimulation of left dorsolateral prefrontal cortex in drug-resistant depression. *Lancet*, 348(9022): 233-37.

❹ A. Pascual-Leone, R. Hamilton, J. M. Tormos, J. P. Keenan, and M. D. Catala. 1999. Neuroplasticity in the adjustment to blindness. In J. Grafman and Y. Christen, eds., *Neuronal plasticity: Building a bridge from the laboratory to the clinic.* New York: Springer-Verlag, 94-108, especially 97.

❺ 為了繪出運動皮質的地圖，帕斯科—里昂刺激皮質的某區然後觀察哪一條肌肉在動，記錄下來。然後他移動受試者頭上的跨顱電磁刺激儀一公分，觀察儀器是否激發同一條肌肉運動，還是啟動了另一條。為了要找出感覺皮質區域的大小，他輕觸受試者的指尖，然後問受試者有沒有感覺到，然後他把跨顱電磁刺激用到受試者大腦上，看他能不能阻止這個輕觸感覺的產生。假如在施予跨顱電磁刺激後，受試者就感覺不到輕觸，他

就知道大腦的那塊地方是感覺地圖的一部分。他用跨顱電磁刺激去阻止一個人感覺被觸摸的方式找出大腦的感覺地圖。假如他必須用比較高的強度才能阻止感覺發生，他就知道那個地方有很多手指尖的表徵集結。他移動跨顱電磁刺激儀以找出這個地圖的邊界。A. Pascual-Leone and F. Torres. 1993. Plasticity of the sensorimotor cortex representation of the reading finger in Braille readers. *Brain*, 116:39-52; A. Pascual-Leone, R. Hamilton, J. M. Tormos, J. P. Keenan, and M. D. Catala. 1999, 94-108.

❻最早提出思想可以改變大腦結構的是五百年前的霍布斯（Thomas Hobbes, 1588-1679），經過後來哲學家貝恩（Alexander Bain），再經過佛洛伊德，以及神經解剖學家卡哈（Ramón y Cajal）等人的看法，才是今天的樣子。

霍布斯認為我們的想像力跟感覺有關，感覺導致大腦結構改變，見T. Hobbes. 1651/1968. *Leviathan*. London: Penguin, 85-88，也見於他的著作*De Carpore*。他認為一個人被觸摸時，這個被觸摸的感覺會以神經活動的方式移動傳導，產生有人碰觸的印象。他認為當眼睛接觸到光時也是一樣——光的接觸產生神經活動。的確這個活動延伸到神經系統的想法到現在還在我們的語言中，因為我們把感覺叫做「印象」（impression），印象就是有一個在動的力量往下壓所留下的痕跡，霍布斯把「想像力」定義為「逐漸腐蝕消失的感覺」，所以，當我們看到某個東西，然後把眼睛閉上，我們仍然想到它的影像，這個影像逐漸淡去，因為它在腐蝕中。他認為當我們在想像一個不存在的東西，如希臘神話中的人面獸身時，我們是把兩個想像組合了，因為人面獸身是一個人和一匹馬的影像組合。

在電學還未被了解前，霍布斯認為被碰觸、看見光、聽到聲音後，神經會做出「活動」的反應其實是一個很不錯的猜測，因為他很正確的直覺到神經傳導了某種物理能量到大腦去（在這一點上，他可能受到伽俐略的啟發，他曾去義大利拜訪過伽俐略，將伽俐略新的物理運動定律應用到心智和感覺的了解上）。

同樣的，霍布斯認為想像力不過是個逐漸腐蝕消失的感覺也是非常有洞察力，正子斷層掃描顯示人在想像一個影像時，動用到的是跟實際看到一個影像同樣的視覺中心。

霍布斯是個物質主義者，他認為神經系統、大腦及心智都是受到同樣的原則規範，所以他才會認為思想可以改變大腦，他這個想法受到跟他同一時代的笛卡兒的攻擊，因為笛卡兒認為心和腦是受到兩種不同定律的規範。心智或靈魂是非物質的思想，不遵循物質的大腦的物理定律。我們的存在受到二元論的規範，所以追隨笛卡兒者叫做「二元論者」（dualists）。但是笛卡兒從來沒有解釋非物質的心智如何影響物質的大腦，幾世紀來，大部分的二元論者都無法想像思想如何可能改變大腦，他們認為這是一件不可能的事。

一八七三年，在霍布斯之後二百年，英國的哲學家貝恩才把霍布斯的理論提昇到另一個層次，他認為每一次一個思想、記憶、習慣或一連串想法出現時，大腦細胞相接觸的地方就會有些生長。見 A. Bain. 1873. *Mind and Body: The theories of their relation*. London: Henry S. King。思想引起的改變是發生在後來所謂「突觸」的地方。佛洛伊德根據他自己的神經科學研究，加上了「想像力」也可以造成神經連結的改變。

一九〇四年，西班牙的神經解剖學家卡哈推測，不但身體的動作，連心智的練習都會改變這些神經網路。

❼ S. Ramón y Cajal. 1894. The Croonian lecture: La fine structure des centres nerveux. *Proceedings of the Royal Society of London*, 55:444-68, especially 467-68.

❽ 卡哈寫道：一個沒有接受過訓練的門外漢是不可能成為鋼琴演奏家的，因為學習這種新技能需要很長時間的身體和心智的練習，要完全了解這個複雜的現象，我們必須承認除了強化已經現存的大腦迴路之外，還必須建構新的神經迴路，這是透過樹狀突的分枝，和神經終端器逐漸的生長來連接的。這些神經的發展會產生主要是因為練習的關係，當練習停止時，大腦的發展也會回復原狀。S. Ramón y Cajal. 1904. *Textura del sistema nervioso del hombre y de los sertebrados*. Cited by A. Pascuale-Leone. 2001. The brain that plays music and is changed by it. In R. Zatorre and I. Peretz, eds., *The biological foundations of music*. New York: Annals of the New York Academy of Sciences, 315-29, especially 316.

❾ A. Pascual-Leone, N. Dang, L. G. Cohen, J. P. Brasil-Neto, A. Cammarota, and M. Hallett. 1995. Modulation of muscle responses evoked by transcranial magnetic stimulation during the acquisition of new fine motor skills. *Journal of Neurophysiology*, 74(3): 1037-45, especially 1041.

❿ B. Monsaingeon. 1983. *Écrits/Glenn Gould vol I: Le dernier puritain*. Paris: Fayard; J. DesCôteaux, and H. Leclère. 1995.

Learning surgical technical skills. *Canadian Journal of Surgery*, 38(1): 33-38.

⓫ M. Pesenti, L. Zago, F. Crivello, E. Mellet, D. Samson, B. Duroux, X. Seron, B. Mazoyer, and N. Tzourio-Mazoyer. 2001. Mental calculation in a prodigy is sustained by right prefrontal and medial temporal areas. *Nature Neuroscience*, 4(1): 103-7.

⓬ E. R. Kandel, J. H. Schwartz, and T. M. Jessell, eds. 2000. *Principles of Neural Science*, 4th ed. New York: McGraw-Hill, 394; M. J. Farah, F. Peronnet, L. L. Weisberg, and M. Monheit. 1990. Brain activity underlying visual imagery: Event-related potentials during mental image generation. *Journal of Cognitive Neuroscience*, 1:302-16; S. M. Kosslyn, N. M. Alpert, W. L. Thompson, V. Maljkovic, S. B. Weise, C. F. Chabris, S. E. Hamilton, S. L. Rauch, and F. S. Buonanno. 1993.Visual mental imagery activates topographically organized visual cortex: PET investigations. *Journal of Cognitive Neuroscience*, 5:263-87. Yet the following paper is an exception and does not find evidence for the activation of the primary visual cortex in visual imagery: P. E. Roland and B. Gulyas. 1994. Visual imagery and visual representation. *Trends in Neurosciences*, 17(7): 281-87.

⓭ K. M. Stephan, G. R. Fink, R. E. Passingham, D. Silbersweig, A. O. Ceballos-Baumann, C. D. Frith, and R. S. J. Frackowiak. 1995. Functional anatomy of mental representation of upper extremity movements in healthy subjects. *Journal of Neurophysiology*, 73(1): 373-86.

⓮ G. Yue and K. J. Cole. 1992. Strength increases from the motor program: Comparison of training with maximal voluntary and imagined muscle contractions. *Journal of Neurophysiology*, 67(5): 1114-23.

⓯ J. K. Chapin. 2004. Using multi-neuron population recordings for neural prosthetics. *Nature Neuroscience*, 7(5): 452-55.

⓰ M. A. L. Nicolelis and J. K. Chapin. 2002. Controlling robots with the mind. *Scientific American*, October, 47-53.

⓱ J. M. Carmena, M. A. Lebedev, R. E. Crist, J. E. O'Doherty, D. M. Santucci, D. F. Dimitrov, P. G. Patil, C. S. Henriquez, and M. A. L. Nicolelis. 2003. Learning to control a brain-machine interface for reaching and grasping by primates. *PLOS Biology*, 1(2): 193-208.

⓲ L. R. Hochberg, M. D. Serruya, G. M. Friehs, J. A. Mukand, M. Saleh, A. H. Caplan, A. Branner, D. Chen, R. D. Penn, and J. P. Donoghue. 2006. Neuronal ensemble control of prosthetic devices by a human with tetraplegia. *Nature*, 442(7099):

164-71; A. Pollack. 2006. Paralyzed man uses thoughts to move cursor. *New York Times*, July 13, front page. M. D. Serruya, N. G. Hatsopoulos, L. Paninski, M. R. Fellows, and J. P. Donoghue, 2002. Brain-machine interface: Instant neural control of a movement signal. *Nature*, 416(6877): 141-42.

⑲ A. Kübler, B. Kotchoubey, T. Hinterberger, N. Ghanayim, J. Perelmouter, M. Schauer, C. Fritsch, E. Taub, and N. Birbaumer. 1999. The thought translation device: A neurophysiological approach to communication in total motor paralysis. *Experimental Brain Research*, 124:223-32; N. Birbaumer, N. Ghanayim, T. Hinterberger, I. Iversen, B. Kotchoubey, A. Kübler, J. Perelmouter, E. Taub, and H. Flor. 1999. A spelling device for the paralyzed. *Nature*, 398(6725): 297-98.

⑳ J. Decety and F. Michel. 1989. Comparative analysis of actual and mental movement times in two graphic tasks. *Brain and Cognition*, 11:87-97; J. Decety. 1996. Do imagined and executed actions share the same neural substrate? *Cognitive Brain Research*, 3:87-93; J. Decety. 1999. The perception of action: Its putative effect on neural plasticity. In J. Grafman and Y. Christen, eds., 109-30.

㉑ Reviewed in M. Jeannerod and J. Decety. 1995. Mental motor imagery: A window into the representational stages of action. *Current Opinion in Neurobiology*, 5:727-32.

㉒ A. Pascual-Leone and R. Hamilton. 2001. The metamodal organization of the brain. In C. Casanova and M. Ptito, eds., *Progress in Brain Research*, vol. 134. San Diego, CA: Elservier Science, 427-45.

㉓ 這種大腦和感官的操弄並不是那麼不尋常，人類學家卡本特（Edmund Carpenter）在與麥克魯漢（Mashall McLuhan，〈附錄一〉中將討論到）一起研究時，觀察到「每一個文化都有它自己獨特的感官偏好，例如有些原住民文化會強調聲音的作用而盡量減少視覺的影響，所以許多舞者故意把眼睛矇起來，或是你會發現他們故意把聲音轉變成感覺，他們在唱歌時，故意把耳朵塞起來。假如你去仔細檢視不同的文化，就會發現所有的人都這樣做，我們去藝廊看畫時，牆上貼著「請勿觸摸」，去聽音樂會的人常閉上眼睛仔細聆聽。要增強在圖書館閱讀的效果，圖書館中到處貼著「靜音」。From the film *McLuhan's Wake*. 2002. Written by Davie Sobelman; directed by Kevin McMahon. National Film Board of Canada, section Voices, audio interview, with Edmund

Carpenter.

㉔有人認為笛卡兒並不是真的認為理性的靈魂不是物理上的東西，他這樣說只是不願去得罪天主教的教皇而已。天主教認為靈魂是個超自然的現象，它不可能是物理的。因為它是在肉體死亡後仍然存在的。

笛卡兒是當時人本革命運動中的一員，他們想用科學的方法去解釋所有的生物，這計畫使他直接與當時的教廷起衝突，因為教廷對大自然的生物有它自己的解釋方法，笛卡兒是有理由要謹慎小心的：當伽俐略的理論和對物理世界的觀察挑戰教廷的教誨時，他被嚴厲的警告，被軟禁在家不准和別人接觸，當笛卡兒聽到伽俐略的遭遇後，他選擇不發表他的許多文章。在最後的十三年中，他換了二十四個地址，每次都比那些認為他是異教徒的迫害者早一步逃脫。

笛卡兒暗示說他寫的東西不見得是他心中真正所想的。他寫道：「我仔細謹慎的寫我的哲學觀點，使它不至於驚嚇任何人，這樣別人才會接受我的觀點，不至於被禁。」R. Descartes. 1596-1659. *Oeuvres*. C. Adam and P. Tannery, eds. 1910. Paris: L. Cerf, 5:159. 他替自己選的墓誌銘來自 Ovid：“Bene qui latuit, bene vixit,” 深藏不透的得已活命。請見 A. R. Damasio. 1994. *Descartes' error: Emotion, reason and the human brain*. New York: G. P. Putnam's Sons.

㉕ C. Clemente. 1976. Changes in afferent connections following brain injury. In G. M. Austin, ed., *Contemporary aspects of cerebrovascular disease*. Dallas, TX: Professional Information Library, 60-93.

㉖ In J. M. Schwartz and S. Begley. 2002. *The mind and the brain: Neuroplasticity and the power of mental force*. New York: ReganBooks/HarperCollins.

# 第9章

# 把糾纏我們的鬼魂變成祖先

## 心理分析是神經可塑性的療法

為什麼夢對心理分析這麼重要，它跟大腦可塑性的改變有什麼關係？病人常被他們重複出現的創傷經驗夢境所迫害縈繞糾纏，驚恐的從惡夢中醒來。只要這個病人還在生病，他的夢就不會改變基本的結構，代表這些創傷經驗的神經通路會持續的活化，沒有經過再次轉錄。假如這些病人的情況改善，這些惡夢慢慢就沒有這麼嚇人，直到最後病人的夢變成

「一開始時，我以為惡夢又回來了，但不是，它已經過去了，我活過來了。」

像這樣慢慢改變的夢讓我們知道心智和腦也慢慢在改變。

病人知道他現在是安全的。

這個情況要發生，神經迴路必須「去學習」解開某些記憶聯結，解開分離和死亡之間的聯結，改變既有的突觸連接，使新的學習可以產生。

L先生四十年來飽受憂鬱症之苦，而且很難跟女性維持親密關係。他現在五十多歲，退休了，來找我幫忙。

在一九九〇年代初期，很少精神科醫生知道大腦是有可塑性的，而且認為快要六十歲的人，大腦已經太僵化了，不可能從治療中得到什麼益處，因為治療不但是想把症狀去除，還想改變他們長久以來的個性。

L先生一直都很拘謹、很有禮貌，他聰明、敏銳，說話精簡，常把最後的尾音省略，聲音平淡不帶感情，當他說到自己的感覺時，他給人的感覺是距離越發拉得遠了。抗憂鬱症的藥對他並沒有十分有效，除了憂鬱症之外，他還有第二種奇怪的情緒狀態，他常會突如其來的有奇怪的神祕麻痺感覺，感到麻木、沒有目標，時間好似停頓了似的。他也說他酒喝得太凶。

他特別在意他跟女性的交往，每一次他感到羅曼蒂克，他就要趕快退出，覺得別的地方還有更好的女人。他是個不忠誠的丈夫，背叛他太太很多次，所以後來離婚了，但是現在非常的後悔。更糟的是，他不曉得為什麼他會不忠誠，因為他其實很尊重他太太，他試了很多次要求破鏡重圓，但是他太太都拒絕了。

他不確定什麼是愛，他從來不曾感覺過嫉妒，也不會有佔有慾，總是覺得女人想要佔有他。他避免對女性承諾，也避免跟女性衝突。他對他的孩子很好，但是出於扶養義務的成分多於喜歡他們。這種感覺使他痛苦，因為孩子非常崇敬他、愛他。

當L先生二十六個月大時，他的母親因難產而死。他一直不認為母親的死對他有任何顯著的影響。他有七個兄弟姐妹，他的父親是個農夫，他們的農場很偏遠，附近沒有鄰居，家中無自來水，也無電，在美國經濟大恐慌時，許多農家的確是如此。他三歲多時，得了慢性腸胃炎，需要大人照顧，在他四歲時，他父親無法照顧他還有其他的兄弟姐妹，所以就把他送去一千哩以外，結了婚但沒有小孩的姑姑家。短短的兩年間，他生活裡的所有一切都不一樣了，他失去了母親、父親、兄弟姐妹，他的健康、他的家、他的村莊，及所有他所熟悉、所依附、所喜歡的一切。

因為他成長於慣於接受困境、逆來順受、咬緊牙關靠自己的家庭和時代，所以他的父親、姑姑都不曾跟他談論過他的失落感。

L先生對他四歲以前的生活沒有任何記憶，即使他的青少年時代也記憶不多，他對發生在他身上的事既不感到悲哀，也沒有哭，即使成年以後他也不曾為任何事流過眼淚。的確，從他談話中，你會覺得所有在他身上發生的事情都沒有留下痕跡。為什麼應該要？他問道，孩子的心智不是沒有發展完成，不能登錄早期的事件嗎？

但是有一些線索讓我們看到他早期的失落感的確登錄了。在他說他的故事時，即使過了這麼多年，他看起來仍然在驚嚇狀態。他一直被惡夢所困擾，在夢中，他在搜尋一個不知名的東西。

佛洛伊德說，一直重複的夢，結構幾乎沒有改變，這是童年創傷的片段回憶。

L先生描述下面這個典型的夢：

我在尋找某個東西，我不知道是什麼，一個不知名的物體，可能是一個玩具，我想把它找回來，但是它在我所熟悉的環境之外……

他對這種夢惟一的說明是它代表一種很可怕的失落感，但是很奇怪的，他並沒有把這個夢連到他母親的死亡或他失去家人的事。

透過了解他的夢，L先生學習去愛別人，改變了他性格中重要的層面，丟掉了四十年的病徵，但是這個治療非常的長久，從他五十八歲一直到六十二歲。他的情況可以改變，因為心理分析的治療正是神經可塑性的治療法。

多年來，在很多地方，你會聽見人家說心理分析這種談話治療法並不是有效治療精神病的方法。真正的治療需要用藥物，並不是動動嘴皮、談談感覺就可以改變大腦或改變個性，因為大腦和個性越來越常被認為是基因的產物。

當我在哥倫比亞大學精神科做住院醫生時，肯戴爾（Eric Kandel，譯註：二〇〇〇年諾貝爾生醫獎的得主，他以研究海蝸牛四十年找出記憶的本質而得獎；他一生的研究寫成《透視記憶》

〔*Memory: From Mind to Molecules*，中譯本遠流出版〕一書）也在那裡任教，他的研究使我對神經可塑性產生興趣，他是精神科醫生，也是研究者，他的課對所有在場的人產生重大影響。他是第一個讓我們看到，當我們學習時，我們個別的神經元會產生改變❶，強化神經之間突觸的連結。他也是第一個讓我們看到，當我們形成長期記憶時，神經元會改變它們原來的形狀，增加它們跟別的突觸的連結。

肯戴爾是醫生也是精神科醫生，希望能進行心理分析治療。但是他的心理分析師朋友勸他去研究大腦、學習和記憶，因為當時這些知識都還非常的少。如果要了解為什麼心理分析會有效，它怎麼可以幫助病人，這些基本的知識是需要的。在一些初期的重要發現後，肯戴爾決定要當一位全職的實驗室科學家，但是他一直沒有忘記他對心理分析法可以改變大腦和心智的興趣。

他開始研究一種大型的海蝸牛叫海兔（aplysia），牠有特大的神經元，細胞有一毫米寬，肉眼看得見，所以可以提供一個窗口，讓我們了解人類的神經細胞是怎麼工作的。演化是很保守的，基本的學習功能在有簡單神經系統的動物和人身上是相同的。

肯戴爾的希望是在他能找到最少的神經元組合上誘發出學習反應❷，然後進行研究。他發現海蝸牛身上有很簡單的神經迴路，他可以把這個神經迴路從海蝸牛身上移出來一部分，使它泡在海水中繼續活著。用這種方法，他可以在活的動物身上研究活的神經細胞怎麼學習。

海蝸牛簡單的神經系統上有感覺細胞，可以感覺到危險，把訊號送到運動神經元去，它就會產生反射反應來保護它自己。海蝸牛用鰓呼吸，鰓外面蓋了一片薄薄的組織，叫虹吸管。假如虹吸管中的感覺神經元偵察到不熟悉的刺激或危險，它們會送訊息給六個運動神經元，使它發射，使鰓旁的肌肉收縮，將鰓和虹吸管安全的撤回殼中。肯戴爾把微電極插入這些神經元中來研究神經迴路。

他發現海蝸牛學會逃避電擊，把鰓縮回後，牠的神經系統改變了，強化了感覺和運神經元之間的突觸連結，送出比較強的訊號，這是第一次有研究證實學習會使神經元之間的連結產生神經可塑性的強化改變❸。

假如他在短期內重複刺激這隻海蝸牛，牠就變得很敏感，發展出「習得的恐懼」，對無害的刺激也會過度反應，就像人類的焦慮症一樣。當海蝸牛發展出習得的恐懼後，突觸前神經元會釋放出更多的神經傳導物質❹進入突觸，產生更強烈的訊號。然後他發現海蝸牛也可以學會辨識一個刺激是無害的。當海蝸牛的虹吸管被一而再、再而三的輕觸，但是沒有電擊跟隨著後，這個導致退縮反應的突觸會變弱，海蝸牛終究會忽略這個輕觸。最後肯戴爾發現海蝸牛可以學習聯結兩種不同的事件，牠們的神經系統在這過程中就改變了❺。當他給海蝸牛一個好的刺激，緊接著電擊牠的尾巴時，海蝸牛的感覺神經元很快的就把好的刺激也當作危險的刺激，給予它一個非常強的訊號，即使它後面沒有跟隨電擊。

肯戴爾跟生理心理學家克魯（Tom Carew）一起共同展示了海蝸牛可以發展出長期和短期記憶。在實驗中，他們訓練海蝸牛在被輕觸十次後縮回牠的鰓，牠的神經元改變可以保留好幾分鐘——相當於短期記憶。當他們在四個不同的訓練嘗試中輕觸鰓十次，每個嘗試間隔幾個小時，甚至到一天，這個神經元的改變可以維持到三個星期[6]，海蝸牛發展了出原始的長期記憶。

下一步，肯戴爾跟分子生物學家史華滋（James Schwartz）及遺傳學家一起合作來了解海蝸牛在形成長期記憶時，產生的分子改變[7]。他們發現當海蝸牛的短期記憶要變成長期記憶時，細胞內必須先製造一種新的蛋白質[8]，這是一種神經元中的化學物質叫蛋白激酶A（protein kinase A），要從細胞中移入儲藏基因的細胞核。這種蛋白質會把基因打開去製造新的蛋白質，改變細胞尾端的結構，使它可以長出新的連結去連接別的細胞。肯戴爾、克魯和同事陳瑪麗（Mary Chen）及貝利（Craig Bailey）做新的實驗，展示當一個神經元發展出對敏感度的長期記憶時，它從原有的一千三百個突觸連結發展到二千七百個[9]，這數字是很驚人的神經可塑性改變。

同樣的歷程也發生在人類身上，當我們學習時，我們使神經核中的基因「表現出來」（expressed）或是「打開」（turned-on）。

我們的基因有兩個功能，第一個，一模一樣複製的「模板功能」（template function），使我們的基因可以複製它自己，從一個世代傳到另一個世代。這個複製功能是我們不能控制的。

第二個功能是「轉錄功能」（transcription function）。我們身體中的每一個細胞都有我們的基因，但不是所有的基因都是打開或是表現出來的。當一個基因被打開時，它會製造新的蛋白質來改變細胞的結構和功能，這叫做轉錄功能。因為當基因被打開時，關於怎麼去製造這些蛋白質的訊息就被轉錄或讀出來。這個轉錄功能是受我們的思想和行為所影響。

大多數的人假設基因塑造我們——我們的行為和我們大腦的結構。肯戴爾的研究讓我們看到，當我們學習時，我們的心智同時也影響神經元中哪一個基因要被轉錄。所以我們可以塑造我們的基因，它又塑造我們大腦的細微結構。

肯戴爾認為：「當心理治療改變人們時，是透過學習，在基因表現的層次造成改變，因為基因表現可以強化突觸的連接形態[10]。心理治療會有效是因為它深入大腦和神經元，用啟動基因的方式改變大腦的結構。」精神科醫生沃崗（Susan Vaughan）認為談話治療有效是因為「對神經元說話」[11]，一個有效的心理治療師或心理分析師是心智的微層外科醫生（micro surgeon of mind），他幫助病人在神經網路的層次做出必要的改變。

這些對學習和記憶在分子細胞層次的發現其實是源自肯戴爾自己個人的歷史。

肯戴爾是一九二九年生於奧地利的維也納，一個有著最偉大文化歷史的城市，也是有著最豐富的學術人文氣息的城市。但是肯戴爾是猶太人，奧地利在當時是個反猶太的城市。一九三八年三月，希特勒的軍隊佔據維也納，把奧地利併入德國第三帝國，維也納大主教還命令教堂要懸掛納粹旗。第二天，肯戴爾所有的同學都不再跟他說話，只除了一個女生以外，因為她也是猶太人，同學開始霸凌他，到四月時，所有猶太學生都不准再上學了。

在一九三八年十一月九日，「碎玻璃之夜」（night of broken glass），納粹摧毀德國第三帝國（包括奧地利）所有的猶太教堂，逮捕了肯戴爾的父親，奧地利的猶太人從他們自己的家中被驅趕出來，第二天，三萬猶太男子被送往集中營。

肯戴爾寫道：「我甚至到今天都還記得碎玻璃之夜，六十多年之後的記憶猶如昨天發生的事⓬，它發生在我九歲生日的後兩天，我生日時，父親買給我許多玩具，一週之後我們被允許回到自己的公寓時，所有值錢的東西都不見了，包括我的玩具……即使是跟我一樣受過心理分析訓練的人，要去追溯我後來生命中複雜的興趣和行為是來自哪些童年經驗都是無效的、徒勞無功的。然而我還是不由自主的想到，是我在維也納最後一年的經驗使我決定將來要走研究人類心智的路，研究人如何做出行為，動機的不可預測性，以及記憶的持久性……我跟別人一樣，被困住了，童年的創傷事件深深地烙在我的記憶上。」後來他進入心理分析領域，因為他認為那是當時最有條理、最有趣、最能區別細微差異的人類心智理論⓭，在所有的心理學中，最能完整合理解釋人類的矛盾行為，一個文明的社會為什麼有這麼多的人會突然釋放出這麼多的惡毒，一個像奧地利這樣子文明的國家為什麼突然這麼劇烈的瓦解掉了⓮。

心理分析法是一種治療法，幫助受症狀甚至是自己個性困擾的人們尋求解脫。這些毛病會浮現出來是因為我們內在有很大的衝突，就像肯戴爾說的，我們自己的一部分突然分離了或跟自己切開了。

肯戴爾的事業將他從臨床診所帶到神經科學的實驗室，佛洛伊德正好相反，他從實驗室的神經科學家走到臨床，因為他太窮，無法繼續做研究[15]，只好去開業，做神經學家只能當成個人志趣，他的妻小才得以生活。他的第一個貢獻就是把他在實驗室中學到關於腦的知識，跟在開業時治療病人所學到關於心智的知識融合起來。做為一個神經學家，他很快就對當時所流行的大腦功能區域特定論失望，他發現布羅卡和威尼奇等人的理論無法解釋複雜、有文化的心智活動，如閱讀和寫作。在一八九一年，他寫了一本書《失語症》（*On Aphasia*）[16]，說明現行的「一種功能，一個位置」理論的缺失，他指出複雜的心智現象如閱讀和寫作並沒有被限制在皮質的某個區域，所以，功能區域特定論者所爭論的大腦有個「文學中心」（center for literacy）是完全沒有意義的，因為文學不是天生的。大腦在人一生中一定是不停的重組它自己，因為要去做閱讀和寫作這麼文化性的工作，需要很多的功能。

一八九五年，佛洛伊德完成了《科學的心理學》（*Project for a Scientific Psychology*）[17]，第一次把心和腦組合起來以完整的神經科學模式呈現出來的書之一，到現在，它以嚴謹精闢而為人所稱道。佛洛伊德在薛林頓爵士之前好幾年便提出了「突觸」的概念，但是大家都把功勞歸到薛林頓爵士身上。在這本書中，佛洛伊德甚至描述了突觸，將它叫做「接觸障礙」（contact barriers），可能會因我們的所學而改變，他預期了肯戴爾的研究，也提出了神經可塑性的想法。

佛洛伊德所發展的第一個可塑性概念是一起發射的神經元會連接在一起[18]，這通常被稱為「海伯定律」（Hebbs' law），雖然佛洛伊德在一八八八年就提出了，比海伯整整早了六十年。佛洛伊德認為兩個神經元**同步**發射時，這樣的發射會促進它們的**連結**，佛洛伊德強調連接神經的是它們在**時間**上的一起發射，他稱之為「同步連結律」（law of association by simultaneity）。連結律則解釋了佛洛伊德的自由聯想（free association）概念的重要性，這是讓接受心理分析的病人躺在沙發上自由聯想，說出任何進入他心中的東西，不管說出的內容有多讓人不舒服，也不管這件事有多微小。分析師坐在病人的後面，使病人看不見他，通常不說什麼。佛洛伊德發現，如果他不插嘴中斷病人的思維，許多被病人小心謹慎戒護的感覺和有趣的連接會自己跑出來，這些都是病人平日推開，隱藏不要去想的。自由聯想的原理是我們所有的心智聯結，不管表面看起來是多麼的隨機、沒有意義，都是形成我們記憶網路的各種連接的外顯表現[19]。他的同步連結律則就是說神經網路的改變以內隱的方式連接了記憶網路的改變[20]。所以許多年前一起發射的神經元連在一起了，這些原始的連接通常還留著，會出現在病人的自由聯想中。

佛洛伊德的第二個關於可塑性的想法是心理學上的關鍵期及其相關的性可塑性[21]，前面第四章曾提到，佛洛伊德是第一個提出人對於性的興趣及愛別人的能力有關鍵期，是在童年期早期而且發生得很早，他把這個時期叫做組織期（phase of organization）。在這段關鍵期所發生的事情與我們愛別人的能力以及後來的生活都有關係[22]。假如有些事情不對勁的話，在以後的生活中是可能改變的，但是在關鍵期結束之後再來改變是很困難的。

佛洛伊德對可塑性的第三個看法是記憶，佛洛伊德從他的老師那兒得來的想法是我們所經驗的事件可以在心智上留下**永久的記憶痕跡**，但是當他開始治療病人時，他觀察到記憶並非一次就寫下或是像刻在石頭上，永不改變的，記憶是一直被後來發生的事情**重寫**。佛洛伊德觀察到事情發生很多年後，會以不同的意義或姿態出現在病人心智中，病人就會改變他對於這件事的記憶。小孩子在很小的時候被性侵害，而因為年紀太小，還不知道別人對他做了什麼，所以當時並沒有很難過，他們對於這件事的原始記憶也不一定是負面的。但是一旦他們性成熟之後再來看這件事，給予它新的意義時，對於性侵害的記憶就改變了。一八九六年，佛洛伊德寫到，通常我們會**重組**我們的記憶以符合新的情境——重新轉錄過，**重寫**一遍[23]。所以佛洛伊德說：「我的理論中最主要的一個新觀念就是記憶不是一次登錄，而是分好幾次。」記憶是不停在改變的，它就跟國家在建構早期歷史的神話[24]一樣；佛洛伊德說，要改寫一個記憶必須有意識的，而且要集中我們意識的注意力才會有效。這一點，神經科學家用實驗證明給我們看了[25]。很不幸的是，就如L先生的病例，早年發生的創傷事件不容易再找回意識中，所以它們就不能改變。

佛洛伊德的第四個神經可塑性的看法，解釋了為什麼把一個潛意識的創傷記憶帶回意識中重寫出來是可能的。他觀察到在輕微的感覺剝奪情況下（指坐在病人後方，使病人看不到醫生），醫生只有在對問題有心得、有新的看法時才出聲，於是病人開始把醫生看成他們過去生命中重要的人，通常是他們心理關鍵期時的父母。病人就好像是不自覺的重新經歷一次過去的記憶。佛洛伊德把這個潛意識現象叫做「移轉」，因為病人在轉移場景及看法，他們是重新活過一次而不是回憶過去的經驗。一個病人看不見、話又說得很少的治療師變成一個空白的螢幕，病人開始投射出他的移轉，佛洛伊德發現病人的「移轉」不僅是投射到他身上，而且還投射到他們生活中的其他人身上而不自覺。扭曲別人通常是造成病人困擾的原因之一。幫助病人了解他們的移轉，使他們能夠改進與他人的關係，最重要的是，佛洛伊德發現，早期創傷情境的移轉常常可以被改變，只要他對病人指出在移轉被活化起來以後，真正發生了什麼，而病人很注意在聽。所以，內在的神經網路以及聯結記憶是可以被重寫和改變的。

◆ ◆ ◆

在L先生失去母親的年齡，正是孩子可塑性的高峰：新的大腦系統在形成，並且在強化神經連結，地圖在分化，並且透過外界的刺激跟互動在完成它們基本的結構，右腦剛剛完成它生長的高峰[26]，左腦正開始它的生長衝刺。

右腦一般來說是處理非語言的溝通，如面孔的辨認、臉部表情的解讀[27]，使我們跟別人連接。所以它處理母親和嬰兒之間的非語言的視覺訊息交換。同時也處理語言[28]的聲調，我們透過聲調表達我們的感情。在右腦成長衝刺時，從出生到兩歲左右，是這些功能的關鍵期。

左腦一般來說處理語言，並用**意識**的歷程分析問題。嬰兒的右腦比較大，這個優勢一直保持到兩歲生日過完，而因為左腦這時才開始它生長的衝刺期，所以在生命的頭三年[29]，是右腦主控著大腦。L先生喪母的年齡——二十六個月——是右腦主導的情緒動物的年齡，他還不能說出他的經驗，因為那是左腦的功能。

有一個重要的關鍵期是從十或十二個月一直到十六或十八個月，這段期間右前腦的一個重要地方正在發展並塑造大腦的迴路，使嬰兒可以維持跟人的依附及調節他們的情緒[30]。這個地方在眼睛的後面，叫右眼眶皮質系統（right orbitofrontal system）[31]。這個系統的核心在眼眶皮質，我們在第六章有談過。但是這個系統還包括跟邊緣系統的連接（邊緣系統是處理情緒的），使我們可以閱讀別人臉上的表情、了解他們的情緒，同時也能了解並控制我們自己的情緒，二十六個月大的小L先生已經完成眼眶皮質的發展，但是還沒有機會去強化它。

當一個母親跟她的孩子在情緒發展和依附的關鍵時期時，是不停的用富有聲調的語言和非語言的手勢來教孩子情緒是什麼。當她看到孩子在喝牛奶時，吸了空氣進去，她會輕拍孩子的背，撫慰他說：「乖，乖，寶貝，你看起來不舒服，不要害怕，你的肚子痛是因為吸得太快了。」讓媽媽替你拍拍，媽媽抱抱，一下就不難過了。」她告訴孩子這個**情緒的名字**（害怕），這是有**原因**的（吸得太快），這個情緒是**用臉上表情溝通**的（看起來不舒服），它跟**身體的感覺**有關係（肚子痛），向別人求援通常會有效（讓媽媽替你拍拍、抱抱）。這母親教了孩子情緒的許多層面，她不但用文字，還用了她的聲音、姿勢和觸摸。

如果要孩子了解情緒、調節情緒，而產生社會化聯結，他們必須在關鍵時經驗這種互動幾百次，然後在後來的生活中強化它才有效。

L先生在完成他眼眶皮質系統之後幾個月就失去了他的母親，其他的人也在哀悼，而且沒有辦法像他母親那樣照顧他，幫助他訓練他的眼眶皮質系統。在這年齡失去母親的孩子通常都有兩個打擊：他因為母親的死亡及父親的憂鬱而失去他們。假如其他人不能幫助他、安撫他，像母親一樣調節他的情緒，他就學會以關掉感情的方式來「自動調節」[32]。當L先生尋求治療時，他仍然有要把感情關掉的傾向，對維持依附感情有困難。

◆ ◆ ◆

在還沒有眼眶皮質的掃描技術之前，心理分析師就觀察到在童年關鍵期失去母親的孩子有許多特性。在二次世界大戰時，史匹茲（René Spitz）研究在監獄裡跟著母親長大的嬰兒[33]，比較他們跟育幼院的孩子，在育幼院是一位護士照顧七個嬰兒。育幼院的嬰兒智商比較低，不能控制自己的情緒，他們會一直不停的搖晃身體，或做很奇怪的手勢。他們也是把情緒關掉，對外面世界漠不關心，對抱他、安慰他的人不起反應。在照片中，那些嬰兒的眼睛是恐懼不安或空洞的。這種「關掉」感情的情況多半在孩子放棄等待他們的父母來找他後出現的。但是有類似情況的L先生是怎麼在記憶中登錄了這種早期經驗的呢？

神經科學家知道人有兩種記憶系統，兩者都可以透過心理治療而改變。

在二十六個月就發展得很好的記憶叫程序性記憶（procedural memory）或內隱記憶（implicit memory）。這兩個名詞對肯戴爾來說是一樣的，他常交互著使用，程序／內隱記憶是當我們學會一個程序或一些不太需要語言的自動化動作，我們跟人互動的非語言方式或許多情緒記憶就是屬於程序記憶的範圍。肯戴爾說：「在生命的頭兩三年，嬰兒跟母親的互動特別重要。嬰兒主要是依賴程序記憶在過日子[34]。」程序性記憶一般來說是在意識下的，騎腳踏車是程序記憶，會騎車的人其實很難告訴你他是怎麼騎的。程序記憶讓我們看到我們可以有潛意識記憶，如佛洛伊德所主張的。

另外一種記憶叫做外顯記憶（explicit memory）或陳述性記憶（declarative memory），在二十六個月大的孩子身上，才剛剛開始發展。外顯記憶是有意識的蒐集各種事實、事件，這是我們在解釋上個週末做了什麼事時所用的記憶。它幫助我們以時間和地點來組織我們的記憶[35]。外顯記憶受到語言的支持，在孩子會說話後，變得更重要。

在出生後頭三年受到創傷的人對創傷只有非常少的記憶，這是我們所預期的（L先生說他對四歲前的生活沒有任何記憶），但是程序性記憶把這些創傷都記錄下來了，當人們進入跟創傷情境很相似的情況時，這些記憶會**被引發**出來。這些記憶對我們來說好像是突然跑出來的，而且不像外顯記憶一樣可以用時間、地點歸類。情緒的內隱記憶常在後來的生活中重複出現。

外顯記憶的發現來自神經科學上最著名的一個記憶病例。一個年輕人，H.M.，他有嚴重的癲癇，為了治療癲癇，醫生把他大腦中一塊像大拇指那麼大的海馬迴切除了，我們在左右腦各有一個海馬迴，不幸的，他兩邊都被切除了。手術之後，一開始H.M.看起來很正常，他認得他的家人，可以跟人聊天、說話。但是很快的，醫生就發現手術後的他不能學任何新的東西。醫生來巡房，跟他說話，離開，再回來時，他已經完全不記得他們曾經見過面。我們從他身上知道海馬迴跟記憶很有關係，它把短期的外顯記憶轉變成長期的外顯記憶，使我們記得發生過的人、事、地等，有意識的接收事件。

病人可以透過分析把他下意識的程序性記憶變成文字，放入情境中，使他可以更了解這些記憶。在這過程中，他們有時是第一次轉述了程序性記憶，使它變成有意識的外顯記憶，不必再重新活過創傷記憶就可以知道曾經發生了什麼事。

L先生像別的病人一樣，接受了心理分析和自由聯想的治療後，很快的發現前一天晚上的夢常常出現在他心中，自由聯想時就立刻出現，他開始報告那個搜尋不知名物體的夢，但是增加了新的細節，那個物體可能是個人：

> 那個失去的物體可能是我的一部分，也可能不是，可能是個玩具，我所擁有的東西，或是一個人。我一定要找到它。只要我找到它，我就會知道。但是有的時候，我不確定它真的存在，所以我不確定我真的有失去任何東西。

我向他指出，他的夢以一種固定形式出現。他說不只是夢，還有在中斷我們治療的假期過後感受到的那些沮喪和麻痺感覺。一開始他不相信我，但是他的沮喪和關於失落的夢境開始在不來治療時出現，然後，他記得中斷治療帶來神祕的沮喪感覺。

他在夢中**拚命尋找**一個東西的想法跟他**中斷被人照顧**有關，登錄這些記憶的神經元是在他童年早期就聯結在一起了。但是他不再有意識的知道過去的這些聯結。他失去玩具的夢是一個線索，他現在受的苦跟他童年的失落有關。但是他的夢暗示這種失落是發生在**現在**，過去和現在混在一起了，移轉現象已經被啟動了，所以身為分析師，我做了母親在孩子發展眼眶皮質系統時所做的事，我指出情緒的根本，幫助他找出情緒的名稱，觸發這個情緒的原因，以及情緒如何影響他的心智和身體狀態。很快他就能了解觸發情緒的是什麼，學會調節自己的情緒。

這種中斷的情況引起三種不同種類的內隱記憶：焦慮的狀態，他在尋找失去的母親和家庭；沮喪的狀態，他絕望的想知道他要找的是什麼；以及麻痺的狀態，當他把情緒關掉，時間靜止不動了，這可能是他已經完全被淹沒了。

從敘述這些經驗的過程中，他第一次在成年後能夠把他拚命尋找的夢境跟失去一個人這個真正的觸發原因聯結在一起，而且了解到他的大腦和心智仍然分離的念頭跟他母親死亡的念頭連在一起。找到這個聯結後，他就了解他不再是一個無助的孩子，也比較沒有那種被大浪淹沒、透不過氣來的感覺了。

用神經可塑性的術語來說，活化並**專心注意**這些日常一般的分離跟大難臨頭的反應之間的聯結，使他把這個聯結解開，從而改變了神經迴路活化的形態。

當L先生了解到他的反應是把我們的短暫分離當成巨大的失落時，他做了下面這個夢：

我跟一個人在搬一個很重的木箱子。

當他對這個夢做自由聯想時，好幾個念頭浮上他的心頭。這個木箱子使他想起他的玩具箱，但它同時是一具棺材，這個夢好像在說他擔負著他母親死亡的重擔，然後夢裡的人說：

「看看你為這個箱子付出了多大的代價。」我開始脫去衣服，我的腿傷痕累累，都是疤痕和痂。這些痂是我身體死去的一部分。我不知道代價是這麼高。

「我不知道代價是這麼高」這句話讓他了解，他仍然受到母親死亡的影響，他受傷了，疤痕仍然存在。在他說出這些想法後，他變得沈默，一道光射入他的生命，他終於開竅了。

「當我跟女人在一起時，」他說：「我很快就覺得她不適合我，我開始想像在某處有一個更好的女人在等待我。」然後，聽起來極度令人震驚，他說：「我剛剛發現那個更好的女人好像是我媽媽，我必須對**她**忠誠，但是我一直找不到她，現在跟我在一起的女人變成我的養母，愛她就是背叛我真正的母親。」

他突然了解，他那種必須欺騙他太太的衝動都發生在他要親近他太太時，這種親近等於威脅要把他和他母親的關係埋葬。他的不忠都是為了避免「更高階」的、潛意識的不忠。這個發現也是第一次讓他看到他跟他母親之間有某一種依附關係。

當我說他是否把我當成他夢裡的那個男人，那個對他指出他受到多大傷害的人，L先生突痛哭起來，這是他成人以後第一次哭泣。

L先生並沒有馬上就康復，他必須先經驗到分離、做夢、沮喪和頓悟的循環——這個重複的過程是長期改變神經連結必要的步驟。他必須學會跟別人產生關係的新方式，必須把新的神經元連在一起，舊的反應必須「去學習」，把它變弱。因為L先生把分離跟死亡聯在一起，它們在他的神經網路上是互相聯結的，現在他意識到這個聯結了，他可以將它「去學習」。

我們每個人都有防禦機制，這是一種把不能忍受的痛苦感覺和記憶隱藏起來，使我們意識不到的反應形態。有一種防禦機制就叫解離（dissociation），把受威脅的念頭或感覺隔離開來，好像與自己無關。L先生在分析時，開始有機會去重新經驗尋找母親的痛苦記憶，那個記憶凍結在時間中[36]，從他有意識的記憶中被分離出來了。

從佛洛伊德以後的心理分析師注意到有些病人在心理分析時，會發展出對心理分析師強烈的感情。L先生也是一樣，我們之間發展出某種溫馨、正向的密切關係。佛洛伊德認為這種正向、有力的感情移轉是促進痊癒的引擎。用神經科學的說法，這種關係有幫助的原因可能在親密關係中所表現出來的情緒和形態其實是內隱記憶的一部分。當這種形態在治療中被啟動時，給病人一個機會去檢視並改變它，就像我們在第四章中看到的，正向的關係可以促進神經可塑性的改變，因為它可以啟動「去學習」，把現有的神經網路融解[37]，使病人可以改變現有的意圖與心態。

「無疑的，」肯戴爾寫到：「心理分析可以導致大腦的改變。」[38]最近的大腦掃描發現在心理分析之前和之後，大腦有重組的現象，治療的效果越好，大腦的改變越大。當病人重新經驗他以前的創傷，重現不可控制的情緒時，額葉的血流量減低了，這個區域原是幫助病人調節他的行為的[39]，表示額葉比較不活化了。根據心理分析學家索姆斯（Mark Solms）和神經科學家特布爾（Oliver Turnbull）的說法：「自由聯想等心理治療的目的……從神經生物學的觀點來看，就是要把前額葉的功能延展出去[40]。」

有一個研究憂鬱症病人用人際關係心理治療法（interpersonal psychotherapy）[41]——一種根據心理分析學家鮑比（John Bowlby）和沙利文（Harry Stack Sullivan）的理論發展出來的短期治療法——顯示前額葉系統經過治療後活動正常化了（右眼眶皮質系統在辨視和調節情緒和親密關係非常重要，這也是L先生功能受損的部分），最近的功能性核磁共振大腦掃描的研究發現，焦慮的恐慌症病人在經過心理分析治療後，他們的邊緣系統不再像以前一樣一看到可能會威脅到他們的刺激時，就不正常的活化，現在活化程度減低了[42]。

當L先生了解他的創傷後壓力症候群後，他也開始調節他的情緒，他報告道現在他的自我控制好多了。他過去神祕的痲痺狀態減少了。當他有痛苦感覺時，他不再靠酒精逃避，至少不像過去那麼頻繁。現在L先生開始放下他的防禦機制，比較不像以前時時都在警戒狀態。他對表達憤怒比較自在了，跟孩子也比較親近，他用理智去面對痛苦，而不像過去一樣把痛苦完全關掉。

因為他失去母親的哀痛在成長時無人可以跟他談論，他的家庭用正常過日子的方式來處理哀痛（農場的動物總是要餵，衣服總是要洗，飯總是要吃），而他已經沈默了這麼久，我冒險讓他把他的非語言感受轉變成語言。我說：「你要跟我說的似乎是你過去想對你家裡的人說的：『你們難道看不出來嗎？在這巨大的死亡失落之後，我現在一定要沮喪憂鬱才行呀！』」

他大哭起來，這是他來做心理分析後第二次流眼淚，在哭泣間，他的舌頭有規律的、不由自主的伸出來，好像嬰兒在尋找奶頭，然後他蓋住臉把手放進嘴裡，像個兩歲的孩子，大聲的哭起來：「我要人家安慰，你都沒有來安慰我，我要一個人沈浸在我的不幸中，你不了解我的不幸，因為我自己也不了解，這個哀傷實在太大了。」

聽到這句話，我們兩個都了解到他常常拒絕別人的安慰，他的個性使人覺得不容易親近。他現在正努力穿過他自童年起便建立的防禦機制，這個防禦機制幫助他隔離巨大的失落。這個機制經過千百次的重複，已經被強化了，變成他人格最顯著的特徵：冷漠、遙遠、不與人親近。這個人格特質並非天生的，而是後天習得的，現在他在去學習，把它去除掉。

L先生像嬰兒一樣把舌頭伸出來，大哭，好像很奇怪，但其實這是他在治療過程中好幾個嬰兒期經驗中的一個，佛洛伊德觀察到早年有創傷的病人常在關鍵時刻「回歸」（regress）到嬰兒時期，不但記起了早年的記憶，同時也再經歷了一次這個經驗，使他們做出孩子般的行為。從神經可塑性來看，這是很有道理的，L先生剛放棄他自童年起使用的防禦機制——否認他母親過世帶給他的情緒傷害，現在他暴露在被防禦機制隱藏著的記憶和痛苦，記得前面巴哈—y—瑞塔曾經描述過一個大腦重組的病人嗎？這個情況與它非常相似，假如一個既存的大腦網路被堵住不通了，那麼以前舊的網路會被拿出來用，就像像高速公路塞車了，路人會用舊的省道，他把這個叫做「重新揭露」舊的神經迴路，認為這是大腦重新組織它自己的一個主要方式。我認為在分析中發生的回歸在神經層次就是一個重新揭露的例子，它通常跑在心理重組之前。這就是L先生接下來發生的事。

在他下一次回診時，他報告過去一直出現的夢改變了。這次，他是回到他的老家，尋找大人的東西，這個夢表示已經死去的部分又開始復活了：

我去到一棟房子，我不知道是誰的，然而我知道它屬於我，我在尋找某一個東西而不再是找玩具，我在找一個大人的東西。外面的雪在融化，冬天已過去。我以為這棟房子沒人住，是空房，但是我的前妻——她對我像個好媽媽似的，我卻離開了她——突然從後面的房間出現了，後面的房間在淹水，她看到我很高興，很歡迎我，我感到非常高興。

他正慢慢從孤立中擠身出來，這個夢表示他的感情正在像雪一樣慢慢融化，一個像媽媽一樣的人在屋子中陪著他，這棟屋子正是他童年最早的家。這個家不是空的，裡面有人住。他繼續同樣的夢，在夢中他找回了他的過去，他自己的感受，以及他曾經有過媽媽的感覺。

有一天，他提到一首詩，是有關一個飢餓的印地安母親，在給了她孩子最後一口食物後自己餓死的故事。他不能了解為什麼這首詩讓他這麼感動，然後停頓了一下，號啕大哭起來說：「我媽媽為了我犧牲她的生命。」他大哭到身體都震動，安靜下來，然後大喊：「我要我的媽媽！」

L先生並沒有歇斯底里，他是在重新經驗他的防禦牆倒下後的情緒痛苦，重新經歷他當孩子時的思想和感覺，他在回溯，重新打開舊的記憶系統，甚至回到他小時候的說話方式，但這還是在較高層次心理重組後才會出現的現象。

在承認他很想念母親後，他第一次去到母親的墓地，過去在他心裡始終堅持著他母親還活著，現在，他終於接受了這個事實，她已經死了。

第二年，L先生在他成年後，第一次談戀愛，他也第一次感到嫉妒。他現在了解為什麼女人會為他的保持距離和不肯做承諾而感到憤怒，他覺得悲傷、有罪惡感。他也發現了他有一部分和他母親連在一起，當母親過世時，這一部分也丟掉了。發現了他自己過去曾愛過一個女人使他現在可以去愛別人。

然後他做了在分析治療中的最後一個夢：

我看到我母親在彈鋼琴，我出去接一個人，當我回來時，她已躺在棺材裡了。

當他在談這個夢時，他很驚嚇的發現他腦海裡有一個影像，他曾經被人高舉起來去看躺在棺材中的母親，伸手去摸他母親，被她完全沒有反應的巨大恐懼所淹沒。他發出巨大哭號聲，被他原始的悲傷所擊倒，他的整個身體劇烈震動了十分鐘，等他安靜下來時，他說：「我想這就是我對母親守靈夜的記憶[43]，那是在打開的棺材旁進行的儀式。」

L先生感覺好多了，而且變得不一樣了，他現在與一位女士有著穩定、親密的愛情，他跟他孩子的關係也變深了許多，不再遙不可及。在他最後一次來治療時，他說他跟哥哥聯絡上了，哥哥告訴他在母親的葬禮上的確有打開棺木，他也的確在場。當他離開我診所時，他明顯的悲哀，但不再沮喪或因永久分離的想法而感到麻痺。從他完成分析治療到現在已經十年了，他的憂鬱症沒有再發，他說治療改變了他的生命，給了他自我控制權。

很多人因為童年失憶症（infantile amnesia）會懷疑L先生怎麼可能回憶到這麼早期的事，因為大家都這麼認為，所以沒有人做實驗去看一下這個說法究竟正不正確。不過最近有研究顯示一歲和二歲大的嬰兒的確可以儲存這種創傷事件[44]，雖然外顯記憶在生命的頭幾年並沒有發展完成，羅維—科立爾（Carolyn Rovee-Collier）的實驗顯示這種記憶即使在會說話前或剛會說話的嬰兒身上存在[45]。經由提醒，嬰兒是可以記得生命最初期那幾年的事情的[46]，大一點的孩子可以記住他們會說話前所發生的事情，在他們會說話以後，可以把這些記憶用語言說出來[47]。L先生就是把他所經驗到的事情第一次用語言說出來，有的時候他是把外顯記憶中的密碼解開，讓那些記憶顯現出來，例如「媽媽為我犧牲了她的生命」，或是他在替母親守靈的記憶，這記憶後來也被他哥哥證實了。他還把程序性記憶轉換成外顯記憶，很有趣的是，他夢的核心[48]似乎是知道他的記憶有問題——他在尋找一個東西，但是不記得是什麼，但是他自己知道假如他找到他就認得。

◆ ◆ ◆

為什麼夢對心理分析這麼重要，它跟大腦可塑性的改變有什麼關係？病人常被他們重複出現的創傷經驗夢境所迫害縈繞糾纏，驚恐的從惡夢中醒來。只要這個病人還在生病，他的夢就不會改變基本的結構。代表這些創傷經驗的神經通路——像是L先生在夢中總是在找某一樣東西——就會持續的活化，沒有經過再次轉錄。假如這些病人的情況改善，這些惡夢慢慢就沒有這麼嚇人，直到最後病人的夢變成「一開始時，我以為惡夢又回來了，但不是，它已經過去了，我活過來了。」像這樣慢慢改變的夢讓我們知道心智和腦也慢慢在改變。病人知道他現在是安全的。這個情況要發生，神經迴路必須「去學習」[49]解開某些記憶聯結，就像L先生「去學習」，解開分離和死亡之間的聯結，改變了既有的突觸連接，使新的學習可以產生。

有什麼樣的生理證據可說夢是大腦在進行可塑性的改變？像L先生一樣，改變了深埋在心中的情緒記憶？

最新的腦造影掃描顯示，當我們作夢時[50]，大腦中處理情緒、性、生存和攻擊本能的部位是活化的。在這同時，前額葉皮質這個抑制我們情緒和本能的地方是比較不活化的。當本能被激發而抑制的力量下降時，作夢的大腦便顯現出平常被知覺所阻擋的衝動了。

有幾十個研究顯示睡眠幫助我們固化學習和記憶，而這影響大腦的可塑性改變[51]。當我們在白天學會一個新的技能時，假如我們晚上好好睡一覺，第二天這個技能的表現會更好[52]。夢可以解決很多白天解不開的問題看起來是有道理的。

法蘭克（Marcos Frank）所帶領的團隊也證實了在關鍵期的睡眠可以強化神經的可塑性[53]，因為那是可塑性改變最多的時候。還記得前面提過休伯和魏索在關鍵期把小貓的一隻眼睛縫住使牠看不見東西？他們發現這隻眼睛的大腦地圖被好的那隻眼睛拿過去用了，這是典型用進廢退的例子。法蘭克的團隊對兩組小貓做了同樣的實驗，一組不讓牠們睡覺，一組愛睡多少睡多少。他們發現小貓睡得越多，大腦地圖的改變越大。

作夢階段也強化了可塑性的改變。睡眠分成兩個階段，大部分的夢是發生在快速動眼期（Rapid-Eye-Movement, REM）。嬰兒花大部分的時間在睡眠上，他們花最多的時間其實是在作夢，在嬰兒期神經可塑性的改變最快，事實上，嬰兒期的快速動眼睡眠是大腦可塑性發展的必要條件，馬克斯（Gerald Marks）所領導的團隊做了一個跟法蘭克相似的實驗，探討快速動眼睡眠對小貓大腦結構的影響[54]。馬克斯發現被剝奪快速動眼睡眠的小貓，視覺皮質的神經元比較小，所以快速動眼睡眠似乎對神經元的正常發展是必要的。研究也發現快速動眼睡眠對情緒記憶非常重要[55]，它使海馬迴把白天發生的短期記憶轉換成長期記憶[56]（也就是使記憶變得比較永久，導致大腦結構性的改變）。

在進行心理分析的每一天，L先生致力於他衝突的核心，也就是他的記憶和創傷，到了晚上時，他就作夢，他的夢讓我們看到的不但是他埋藏已久的情緒，連大腦強化他所做的學習和去學習都顯現出來了。

我們現在了解L先生在開始心理分析時為什麼沒有生命頭四年的意識記憶：他這個時期的記憶大部分是潛意識的程序性記憶——一些情緒互動經驗的自動化序列——及一些外顯痛苦的記憶，因為太痛苦，這些記憶被他壓抑到潛意識中去了。在治療過程中，他重新進入他四歲前的內隱和外顯記憶，但是為什麼他不記得他青春期的記憶呢？一個可能性是他把一些青春期的記憶也壓抑到潛意識中了。通常當我們把一個大災難的記憶壓抑到潛意識去時，我們也會把一些跟這件事有關的記憶一起壓抑了，以確保我們不會接觸到原始的記憶。

但是，可能還有另外一個原因，最近的研究發現早期的童年創傷會引起大腦海馬迴的巨大改變，它會使海馬迴縮小，新的長期記憶就無法形成。當把一隻初生的動物從母親懷中拉開時，牠會發出絕望的叫聲，然後進入一個把一切都關掉的階段，就像史匹茲的嬰兒一樣，這時身體內會分泌一種壓力荷爾蒙，叫做醣皮質素（glucocorticoid）。醣皮質素會殺死海馬迴的神經細胞，使它不能做神經的連結，因此就不產生學習和外顯的長期記憶。早期的壓力經驗使這些沒有母親的動物一生都容易產生跟壓力有關的疾病[57]。當牠們經驗到長期的分離時，使醣皮質素分泌的基因被啟動了[58]，維持在啟動狀態很長一段時間，嬰兒期的創傷會使大腦調節醣皮質素的神經元特別敏感，這是一個大腦可塑性的改變。最近人類的研究顯示童年有受虐經驗的成人也有對醣皮質素過度敏感的現象，雖然他離當年受虐已經很久了[59]。

海馬迴會因創傷經驗而縮小是個重要的發現，這可能可以解釋為什麼L先生對他青春期以前的事情記得這麼少，憂鬱、沮喪、高壓力和童年創傷都會使醣皮質素大量分泌出來，殺死海馬迴的細胞[60]，使得記憶流失。一個人憂鬱得越久，他的海馬迴就越小[61]。遭受到青春期前童年創傷的憂鬱症患者，他們的海馬迴比未受童年創傷的憂鬱症患者小了百分之十八[62]——因為大腦的可塑性，為了對付這個疾病失去了皮質珍貴的不動產。

假如緊張和壓力是短暫的，那麼海馬迴的縮小也是暫時的[63]，假如拖得太久，這個傷害就變成永久的。當病人從憂鬱症中回復時，他們的記憶也會回復，研究發現他們的海馬迴也會長回來[64]。事實上，海馬迴是大腦中神經細胞可以再由我們自己幹細胞變成新的細胞的兩個地方之一（譯註：在海馬迴的齒迴〔dante gyrus〕）。假如L先生的海馬迴受到傷害了，他在二十幾歲時回復時，他又可以開始形成外顯的記憶了。

抗憂鬱藥物可以增加幹細胞變成新的海馬迴細胞的數量，服用百憂解三週的大鼠，牠們海馬迴細胞的數量增加了百分之七十[65]。一般來說，人類憂鬱症患者服藥後需要三到六週才會見效——或許這只是巧合，但是新的海馬迴細胞要成熟，伸出它們的軸突和樹狀突，跟別的神經元連接，正好就需要這麼長的時間。所以促進大腦可塑性的藥物可能正好也能幫助憂鬱症的病人，經過心理治療而改善記憶的病人，可能也是由於治療刺激了他們海馬迴神經元的生長。

✦ ✦ ✦

L先生的改變可能連佛洛伊德都感到驚訝，佛洛伊德用「心智的可塑性」來形容人的改變能力，而且承認整體而言人的改變能力是每個人不同的，他也觀察到「可塑性的耗盡」（depletion of the plasticity）比較容易發生在老人身上[66]，使他們變成「不可改變的、固定的、僵化的」人。他把這歸因到「習慣的力量」，他寫道：「然而，有些人卻能維持心智的可塑性[67]遠超過一般人的年齡限制，其他人卻早早就失去了。」他觀察到，這種人即使經過心理治療也很難去除他們的神經質毛病，他們可以活化移轉機制，卻無法改變。L先生在這過去的五十年都有著固定的人格結構，他又是怎麼能改變的呢？

這個答案是我稱之為「可塑性的矛盾」的謎題的一部分。我認為這個謎題是本書最重要的主題之一。所謂「可塑性的矛盾」是允許我們改變大腦以產生比較有彈性的行為的這項機制，也同時是使我們僵化不能改變的機制。所有的人一出生都有可塑性的能力，有些人成長為有彈性的孩子，一直到長大成人皆如此。另外有些人，在童年時，是很有創意，很能即興創作，不能預測下一步要做什麼的孩子，長大後卻變成一成不變，每天固定走同樣的路，做同樣的事，變成一個固執不可改變的人。任何跟沒有變化的重複動作有關的行為——我們的職業、文化的活動、技能，及神經質的行為——都能使我們僵化固執不可改變。的確，正是因為我們的大腦有可塑性，我們才會發展出這些僵化不可改變的行為出來。就如帕斯科—里昂的隱喻所說的，神經可塑性就像山上的雪，當我們乘著雪橇往下滑時，可以選擇要走哪一條路，因為山上的初雪都很柔軟，隨便哪一條都可以。但是假如第二次、第三次都選擇走同樣的路時，雪橇軌道的痕跡就開始出現了，很快，我們就會卡在這個軌道中，不用大腦就走這條路了。我們的路線現在變得很固定了，就像神經迴路，一旦建立了，它就會**自我維持**，因為我們神經的可塑性可以導致心智的彈性和心智的僵化，我們常低估了心智的彈性程度，大部分人只有偶爾一剎那間感受到這種彈性，好像閃電一樣，稍縱即逝。

當佛洛伊德說喪失可塑性跟習慣的力量有關時，他是對的。神經質的人常受到他們習慣的力量所控制，因為他們不自覺會一直重複某些行為，使他們幾乎無法去終止或重導這個行為的方向。一旦L先生了解他平日防衛性習慣的原因之後，他對自己及這個世界的看法就不同了，這時他就可以運用他天生的可塑性來改變，雖然這時他已五十多歲了。

當L先生開始心理分析時，他對母親的感覺像個鬼魂，他看不見，既是生又是死，一個他願表示忠誠卻又不知這個忠誠的對象是否真的存在。在接受他母親真的已經死亡之後，他不再覺得她是個鬼魂，反而使他知道他真的曾經有過一個實際存在的母親，一個好媽媽，愛他、照顧他直到她死亡。直到他認為的鬼魂變成一個愛他的祖先時，他才從這個桎梏中解放出來，使他可以與活著的女子形成親密關係。

心理分析常做的事就是把心中的鬼魂變成祖先，即使對那些沒有失去最愛的人的病人也是一樣，我們常不自覺的被過去重要人際關係的魅影纏繞而影響現在的人際關係。在治療的過程中，它們逐漸從魅影變成我們過去的歷史。我們可以把那些鬼魂變成祖先是因為我們可以把內隱記憶轉換成外顯記憶，使原本不感到存在直到它突然冒出來的內隱記憶，變成有明顯情境、又很容易被回憶及經歷的過去的一部分。

今天，神經心理學上最著名的病例，H.M.，仍然活著，他已經七十多歲了，但是他的心智仍然鎖在一九四〇年代，在他動手術，切除兩邊海馬迴之前的那個時代（譯註：他的手術是一九五三年動的，時年二十七歲，但是手術後，記憶只回到二十五歲左右，手術之後的人生是一片空白）。H.M.的病例讓我們了解海馬迴就像個關卡，記憶通過它才能變成長期記憶，被保留起來。假如不能將短期記憶轉換成長期記憶，他大腦的結構和記憶，他心智和身體的自我影像就凍結在他動手術之前。很悲哀的，他連鏡中的自己都不認得，因為他的自我影像是年輕的。肯戴爾跟H.M.是差不多時代的人，持續不斷的研究海馬迴及記憶的可塑性，一直深入到分子層次的改變。他將他自己在一九三〇年代被納粹迫害的痛苦記憶寫成一本發人深省的回憶錄《搜尋記憶》（*In Search of Memory*）。L先生現在也是七十多歲，他不再鎖在一九三〇年代的情緒中，因為他能夠將六十年前發生的事帶回到意識中，將它們轉譯，在這過中，重新改變了他大腦的迴路。

❶ E. Kandel. 2003. The molecular biology of memory storage: A dialog between genes and synapses. In H. Jörnvall, ed., *Nobel Lectures, Physiology or Medicine*, 1996-2000. Singapore: World Scientific Publishing Co., 402. Also http:/nobelprize.org/nobel_prizes/medicine/laureates/2000/kandel-lecture.html.

❷ E. R. Kandel. 2006. *In search of memory: The emergence of a new science of mind.* New York: W. W. Norton & Co., 166.

❸ E. R. Kandel. 1983. From metapsychology to molecular biology: Explorations into the nature of anxiety. *American Journal of Psychiatry*, 140(10): 1277-93, especially 1285.

❹ Ibid., E. R. Kandel, 2003, 405.

❺ 肯戴爾所顯現的是巴夫洛夫古典制約的神經類比，這個發現對他來說很重要，從亞里斯多德、到英國的實證學派、到佛洛伊德，都認為學習和記憶是心智聯結事件、想法，和我們所經驗到的刺激結果，俄國的巴夫洛夫發現了古典制約，它其實是一種學習形式，動物或人可以學會去聯結兩個刺激，一個典型的例子是讓動物先接觸一個無害的刺激，如鈴聲，然後，馬上緊接著一個有害的刺激，如電擊，這樣重複好幾次以後，動物很快就學會對鈴聲產生恐懼。

❻ E. R. Kandel, J. H. Schwartz, and T. M. Jessel. 2000. *Principles of neural science*, 4th ed. New York: McGraw-Hill, 1250. 就訓練效果來說，他們發現假如一隻海蝸牛連續接受四十次溫和的刺激，牠鰓的反射反應會變成習慣化，這效果可以維持一天。但是假如這隻海蝸牛每天接受十次刺激，連續四天，這個習慣化就可以維持好幾個星期。所以學習需要適當的間隔，才可能變成長期的記憶。E. R. Kandel. 2006, 193.

❼ E. R. Kandel, J. H. Schwartz, and T. M. Jessel, 2000, 1254.

❽ E. R. Kandel, 2006, 241.

❾ 這是貝利和陳瑪麗的研究。假如同樣這個細胞發展出習慣化的長期記憶，它的連接會從一千三百降到八百五十，而這八百五十個中只有一百個會活化。Ibid., 214.

❿ E. Kandel. 1998. A new intellectual framework for psychiatry. *American Journal of Psychiatry*, 155(4): 457-69, especially 460. 神經科學家李竇（Joseph LeDoux）也認為精神失常可以看成大腦各個不同地方突觸和功能神經連接不當症候群（malconnection syndromes）。假如經驗可以改變神經的連結，那麼，一定也可以用經驗去把原來瓦解的神經再連接起來。J. LeDoux. 2002. *The synaptic self: How our brains become who we are.* New York: Viking, 307.

⓫ S. C. Vaughan. 1997. The talking cure: *The science behind psychotherapy*. New York: Grosset/Putnam.

⓬ E. R. Kandel. 2001. Autobiography. In T. Frängsmyr, ed., *Les Prix Nobel: The Nobel Prizes 2000*. Stockholm: The Nobel Foundation. Also on the Internet at http://nobelprize.org/nobel_prizes/medicine/laureates/2000/kandel-autobio.html.

⓭ E. R. Kandel, 2000, Autobiography.

⓮ Ibid.

⓯ 佛洛伊德雖然非常聰明，他卻無法在維也納大學升等，一部分原因是他的想法與眾不同，另一部分原因是他是猶太人。他在一八八五年成為講師，花了十七年才升為教授，但是一般升遷應該是八年。他同時還有家累，有妻子兒女要扶養。P. Gay. 1988. *Freud: A life for our time.* New York: W. W. Norton & Co., 138-39.

⓰ S. Freud. 1891. *On aphasia: A critical study*. New York: International Universities Press.

⓱ S. Freud. 1895/1954. Project for a scientific psychology. Translated by J. Strachey. In *Standard edition of the complete psychological works of Sigmund Freud*, vol. 1. London: Hogarth Press.

⓲ O. Sacks. 1998. The other road: Freud as neurologist. In M. S. Roth (ed.), *Freud: Conflict and culture*. New York: Alfred A. Knopf, 221-34. S. Ramón y Cajal. 1894. The Croonian lecture: La fine structure des centres nerveux. *Proceedings of the Royal Society of London*, 55:444-68, especially 466.

⓳ 更多細節見 M. F. Reiser. 1984. *Mind, brain, body: Toward a convergence of psychoanalysis and neurobiology*. New York: Basic

Books, 67.

⑳ S. Freud. 1895/1954, 299; K. H. Pribram, and M. M. Gill. 1976, 64-68.

㉑ S. Freud. 1932/1933/1964. New introductory lectures on psycho analysis. Translated by J. *Strachey. In Standard edition of the complete psychological works of Sigmund Freud*, vol. 22. London: Hogarth Press, 97.

㉒ A. N. Schore. 1994. *Affect regulation and the origin of the self: The neurobiology of emotional development.* Hillsdale, NJ: Lawrence Erlbaum Associates; A. N. Schore. 2003. Affect dysregulation and disorders of the self. New York: W. W. Norton & Co., A. N. Schore. 2003. *Affect regulation and the repair of the self.* New York: W. W. Norton& Co.

㉓ J. M. Masson, trans. and ed. 1985. *The complete letters of Sigmund Freud to Wilhelm Fliess.* Cambridge, MA: Harvard University Press, 207.

㉔ S. Freud. 1909. Notes upon a case of obsessional neurosis. In *Standard edition of the complete psychological works*, vol. 10. 206.

㉕ F. Levin. 2003. *Psyche and brain: The biology of talking cures.* Madison, CT: International Universities Press.

㉖ A. N. Schore, 1994.

㉗ A. N. Schore. 2005. A neuropsychoanalytic viewpoint: Commentary on a paper by Steven H. Knoblauch. *Psychoanalytic Dialogues*, 15(6): 829-54.

㉘ J. S. Sieratzki and B. Woll. 1996. Why do mothers cradle babies on their left? *Lancet*, 347(9017): 1746-48.

㉙ A. N. Schore. 2005. Back to basics: Attachment, affect, regulation, and the developing right brain: Linking developmental neuroscience to pediatrics. *Pediatrics in Review*, 26(6): 204-17.

㉚ A. N. Schore. 1994.

㉛ 全名是“the right orbital area of the prefrontal cortex.”

㉜ A. N. Schore. 2005. Personal communication.

㉝ R. Spitz. 1965. *The first year of life: A psychoanalytic study of normal and deviant development of object relations.* New York: International Universities Press.

34 E. R. Kandel. 1999. Biology and the future of psychoanalysis: A new intellectual framework for psychiatry revisited. *American Journal of Psychiatry*, 156(4): 505-24.

35 See J. R. Manns and H. Eichenbaum. 2006. Evolution of declarative memory. *Hippocampus*, 16:795-808.

36 這個認為過去創傷的影像可以冰凍在心智中一直不變的看法，其實跟上了石膏的肢體後來被截肢的病人會產生幻肢很相似，因為幻肢是當初上了石膏的冰凍影像。L先生的母親已經不在了，所以他沒有辦法從母親那裡得到回饋來幫助他修正心智中的影像。在童年早期失去的父母的影像會像幻肢一樣緊緊糾纏著孩子不放，無預警的出現讓孩子受苦。

37 麥吉爾大學（McGill University）的納德（Karim Nader）受到肯戴爾研究的啟發，最近發現當記憶被活化時，就進入一種不穩定的狀態，這時它們可以被改變。事實上，被激發的記憶在回到儲藏的地方之前，必須經過固化，必須製造出新的蛋白質。這可能是另外一個在回憶創傷或是在心理治療中重複移轉會導致生理上改變的原因。記憶必須重新被活化起來才能改變它的神經連結，然後它們才能被重新轉錄並且被改變。K. Nader, G. E. Schafe, and J. E. Le Doux. 2000. Fear memories require protein synthesis in the amygdala for reconsolidation after retrieval. *Nature*, 406(6797): 722-26; J. Debiec, J. E. LeDoux, and K. Nader. 2002. Cellular and systems reconsolidation in the hippocampus. *Neuron*, October 24, 36(3): 527-38.

38 A. Etkin, C. Pittenger, H. J. Polan, and E. R. Kandel. 2005. Toward a neurobiology of psychotherapy: Basic science and clinical applications. *Journal of Neuropsychiatry and Clinical Neurosciences*, 17:145-58.

39 S. L. Rauch, B. A. van der Kolk, R. E. Fisler, N. M. Alpert, S. P. Orr, C. R. Savage, A. J. Fischman, M. A. Jenike, and R. K. Pitman. 1996. A symptom provocation study of PTSD using PET and script-driven imagery. *Archives of General Psychiatry*, 53(5): 380-87.

40 M. Solms and O. Turnbull. 2002. *The brain and the inner world*. New York: Other Press, 287.

41 發展出人際關係心理治療法的衛斯曼（Myrna Weissman）在評估過憂鬱症的危險因子後發展出這個方法，她同時也受到兩個心理分析師鮑比和沙利文的影響，他們的焦點放在人際關係和失去人際關係如何影響心理。這個人際關係心理治療法和改變的研究請見 A. L. Brody, S. Saxena, P. Stoessel, L. A. Gillies, L. A. Fairbanks, S. Alborzian, M. E. Phelps, S. C. Huang, H. M. Wu, M. L. Ho, M. K. Ho, S. C. Au, K. Maidment, and L. R. Baxter. 2001. Regional brain metabolic changes in patients with major depression treated with either paroxetine or interpersonal therapy: Preliminary findings. *Archives of General Psychiatry*, 58(7): 631-40. 另一個憂鬱症的研究顯示認知—行為治療法——這是一種矯正病人過分負面思考的治療法，也是用使前額葉正常化的方式。見 K. Goldapple, Z. Segal, C. Garson, M. Lau, P. Bieling, S. Kennedy, and H. Mayberg. 2004. Modulation of cortical-limbic pathways in major depression. *Archives of General Psychiatry*, 61(1): 34-41.

42 M. E. Beutel. 2006. Functional neuronimaging and psychoanalytic psychotherapy – Can it contribute to our understanding of processes of change? Presentation, Arnold Pfeffer Center for Neuro-Psychoanalysis at the New York Psychoanalytic Institute, Neuro-Psychoanalysis Lecture Series. October 7.

43 有些人可能會質疑L先生對他母親守靈夜的記憶是否為真的記憶，還是只是他希望記得的記憶，假如這只是他希望的幻想，至少這是在他開始接受治療時無法擁有的記憶，就算這是一個幻想，它也不是一個期待中的想法——這是一個對他來說非常痛苦的經驗，而且絕對不是對真實的否認，因為他證實了在守靈夜，他真的在現場。我們在本章中會看到最近的研究顯示二十六個月大的孩子可以有一些外顯的記憶。

肯戴爾實驗室的以色列心理分析師及精神科醫生優貝（Yoram Yovell）指出，重大創傷在形成記憶時對海馬迴會有雙重影響，大腦所分泌出的因壓力而釋放出來的醣皮質素（glucocorticoids）會使記憶不完整，但是正腎上腺素和腎上腺素可以使海馬迴形成「鎂光燈記憶」。這會強化記憶，變得鮮明生動，這可能是為什麼遭受到創傷的人對創傷一方面有著非常鮮明生動的記憶，另外一方面這記憶又不完整。看到他母親躺在棺材中死亡的景象很有可能造成L先生的鎂光燈記憶。

L先生自己審慎的證詞對上面的疑惑有了最好的交代：一副打開棺材的影像進入他的心智中，好像是他的記憶，但是他的報告卻是以小心的語句「我認為」開頭。見 Y. Yovell. 2000. From hysteria to posttraumatic stress disorder. *Journal of Neuro-Psychoanalysis*, 2:171-81; L. Cahill, B. Prins, M. Weber, and J. L. McGaugh. 1994. $\beta$-Adrenergic activation and memory for emotional events. *Nature*, 371(6499): 702-4.

44 P. J. Bauer. 2005. Developments in declarative memory: Decreasing susceptibility to storage failure over the second year of life. Psychological Science, 16(1): 41-47; P. J. Bauer and S. S. Wewerka. 1995. One- to two-year-olds' recall of events: The more expressed, the more impressed. *Journal of Experimental Child Psychology*, 59:475-96. T. J. Gaensbauer. 2002. Representations of trauma in infancy: Clinical and theoretical implications for the understanding of early memory. *Infant Mental Health Journal*, 23(3): 259-77; L. C. Terr. 2003. "Wild child" : How three principles of healing organized 12 years of psychotherapy. *Journal of the American Academy of Child and Adolescent Psychiatry*, 42(12): 1401-9; T. J. Gaensbauer. 2005. " Wild child" and declarative memory. *Journal of the Academy of Child and Adolescent Psychiatry*, 44(7): 627-28.

45 我們低估了嬰兒對事實和事件的外顯記憶的發展，因為我們通常用問問題的方式來測試外顯記憶，人們用口語回答。嬰兒尚不具備這種能力，所以被認為不具外顯記憶。最近實驗者讓嬰兒用腳踢的方式來表示他們是否認得一個重複出現的事件，發現他們可以。C. Rovee-Collier. 1997. Dissociations in infant memory: Rethinking the development of implicit and explicit memory. *Psychological Review*, 104(3): 467-98; C. Rovee-Collier. 1999. The development of infant memory. *Current directions in psychological science*, 8(3): 80-85.

46 C. Rovee-Collier. 1999.

47 T. J. Gaensbauer, 2002, 265.

48 的確，L先生主要的夢，「我在找一個丟掉不見的東西，我不知道是什麼，可能是我的一部分，當我找到時，我就知道是什麼了。」很清楚的表示出他的記憶是有問題的。他知道他不可能憑著他自己的力量找出失去的是什麼東西，但是假如這東西出現在他面前，他就會知道。辨識是比回憶更基本的記憶形式。就這點來說，他夢中的預測是正確的，因為當他最後找到他所要找的東西時，他的確可以一看就知道，而這個東西也直接震撼了他的核心。

49 諾貝爾得主克里克（Francis Crick）和密契森（Graeme Mitchison）提出反學習（reverse learing）是發生在夢中的理論，因為大腦在作夢時是把白天所學到的知覺記憶各種影像拿出來整理，不要的就反學習掉。見 F. Crick

and G. Mitchison. 1983. The function of dream sleep. *Nature*, 304(5922): 111-14. See also G. Christos. 2003. *Memory and dreams: The creative mind.* New Brunswick, NJ: Rutgers University Press. 在他們「作夢是為了要遺忘」的模式中，假如作夢的大腦是為了要把事件和影像分類的話，那麼有些重要的應該要記得，許多不重要的就應該把它忘掉，這個理論最能解釋的就是為什麼我們會忘記我們所做的夢。但是它不能解釋的是為什麼我們可以從夢中學到這麼多，或是為什麼創傷後，像L先生的夢要一直重複出現，沒有辦法從他的腦海中驅離。

㊿ 夢通常是片段的、不連貫的、很難了解的，因為有些高層次的心智功能並沒有像它們在我們清醒時那樣的工作。在馬里蘭州國家衛生研究院工作的布蘭（Allen Braun）曾用正子斷層掃描去測量作夢時受試者大腦的活動情形，他發現邊緣系統有高度活動。邊緣系統是大腦中處理情緒的地方，也是處理性愛、生存、攻擊性等本能的地方，更是處理人際關係、依附關係的地方。腦幹的腹測蓋膜區（ventral tegmental area）是與追求快樂有關（我們在第四章談到快樂系統時曾談到），它也活化了。但是前額葉皮質的活化卻很低，而前額葉皮質是與達到目標、紀律、延宕滿足和控制我們的衝動有關。

當大腦處理情緒──本能的地方活化時，控制我們不要做出衝動行為的地方相對的都會受到抑制，難怪佛洛伊德和在他之前的柏拉圖會說我們心中不易達成的願望、慾望會在夢裡跑出來。

但是為什麼夢這麼怪誕，我們在生活中沒有發生的事會在夢中那麼真實的跑出來？當我們清醒時，我們透過感官去接觸外面的世界。例如視覺訊息是從眼睛進來，大腦的主要視覺皮質還從視網膜直接接受輸入，然後，次級視覺還處理顏色和運動以及辨識物體。最後，在枕葉、顳葉和頂葉交會的地方再把視覺知覺與其他感覺管道的關係找出來。所以我們具體看到的東西是與其他事件相互有關係，一旦這些關係建立了，比較抽象的思考和意義才會出現。

佛洛伊德認為在產生幻覺和作夢時，心智是回歸的，他所謂的回歸是指心智以倒過來的順序處理這些影像。我們不是從外面的訊息進入視網膜開始，再到形成抽象概念為止，而是先從抽象概念開始，這些抽象概念變成一個具體的可以看得見的表徵，好像它們是外界真的可以看得見的東西似的。

布蘭在受試者作夢時進行的掃描顯示我們最早受外面刺激輸入的主要視覺皮質區是關閉的，但是綜合不同視覺輸入如顏色、動作的次級視覺皮質區是活化的，所以我們在作夢時所經驗的影像不是來自外界，而是來自大腦內部，是幻覺，它的確如佛洛伊德所說，在作夢時，我們的知覺歷程是個倒過來的歷程。所以對夢的解釋是先從不合理、零散不相干的幻覺夢境開始，倒著追溯到產生這些夢境的抽象思想。

神經心理分析師索姆斯在分析他中風病人的夢時，帶給我們很多對夢的了解。索姆斯發現夢中除了混亂的視覺影像，還有想法。他的病人受傷的部位是大腦處理視覺影像的地方。在清醒時，他的病人無法形成完整的視覺影像，一個女病人無法辨識她家人的面孔，但是可以從聲音知道是誰。但是在她的夢裡，她只聽到聲音沒有影像，換句話說，她的夢是沒有圖像的。另外一個病人是在腦瘤切除後，發生同樣問題。「我媽媽和另外一個女士把我壓住」，當索姆斯問他他怎麼知道是他媽媽，因為他的夢也是沒有影像的，他回答說：「我就是知道。」而且清楚的感覺到被壓住的感覺。他說自從手術以後，他的夢是「想法的夢」。換句話說，在夢的視覺影像後面，是有一種想法存在的。

那麼，在三個腦葉交會的地方受傷的病人，他們的夢又會是怎麼樣的呢？佛洛伊德是認為這個地方是夢的發源地，因為它是抽象思考形成的地方。索姆斯發現，當這個地方受損時，夢就停止了。顯然這個地方對夢的產生有關鍵作用。

索姆斯提出的理論是，夢很難了解，因為在夢中，抽象的理念是用視覺來呈現的。這些理念該怎麼去演出來？在臨床上，一個抽象的理念，「我很特別，不需像別人一樣遵守規則」就會變成「我在飛」的影像。一個抽象的想法「我很害怕我無法控制我的野心」，會變成看到墨索里尼被吊死的影像。見 K. Kaplan-Solms and M. Solms. 2002. *Clinical Studies in neuro-psychoanalysis*. New York: Karnac; M. Solms and O. Turnbull, 2002, 209-10.

51 R. Stickgold, J. A. Hobson, and M. Fosse. 2001. Sleep, learning, and dreams: Off-line memory reprocessing. *Science*, 294(5544): 1052-57.

52 Ibid.

53 M. G. Frank, N. P. Issa, and M. P. Stryker. 2001. Sleep enhances plasticity in the developing visual cortex. *Neuron*, 30(1): 275-87.

54 G. A. Marks, J. P. Shaffrey, A. Oksenberg, S. G. Speciale, and H. P. Roffwarg. 1995. A functional role for REM sleep in brain maturation. *Behavioral Brain Research*, 69:1-11.

55 U. Wagner, S. Gais, and J. Born. 2001. Emotional memory formation is enhanced across sleep intervals with high amounts of rapid eye movement. *Learning and Memory*, 8:112-19.

56 在我們作夢時，海馬迴與皮質互動以形成長期記憶。當我們清醒時，知覺到經驗，我們會把它登錄到皮質。你朋友的面孔會活化你視覺皮質的神經元，當你們兩個擁抱時，感覺皮質和運動皮質區會活化起來，他的聲音活化你聽覺皮質的神經元，你處理情緒的神經元也會被活化起來，這些不同的地方都同步送出一長串的訊號，你就辨識出你朋友來了。這些訊號同步送到海馬迴，在那裡，這些訊號短暫的儲存著、聯結著（這是為什麼當你回憶跟朋友的談話時，他的面孔會很自動的浮現出來），假如遇見這位朋友是件很重要的事情，海馬迴會把它從短期記憶轉到外顯的長期記憶。但是這記憶不是儲存在海馬迴，它是被送回到原來的皮質區域去，儲存在原始製造出各種影像、聲音等的皮質網路上，所以記憶是分布在大腦的各處。

科學家可以測量海馬迴和皮質在它們活化時所發送出來的腦波。在受試者睡覺時，檢視各個區域所發送出的腦波形態，就可以明瞭很多睡眠時大腦的活動。在快速動眼睡眠時，我們的皮質把訊息往下送到海馬迴去。在非快速動眼睡眠時，海馬迴在處理完這些短期記憶後，再把它們往上送回皮質，這些訊息在那邊儲存起來做為長期記憶。在我們作夢時，有可能偶爾會有意識的經歷到皮質各個部位受到活化而往下送到海馬迴的一些經驗片段。見 R. Stickgold, J. A. Hobson, R. Fosse, and M. Fosse. 2001. 這些最近的新發現在一九七〇年代，帕隆伯（Stanley Palombo）醫生的研究中就預測到了，真是了不起。帕隆伯醫生有個病人在他父親死後，去尋求心理分析的治療。這個病人在心理分析的療程中，有幾天晚上睡在睡眠實驗室中，在一次快速動眼睡眠結束後，被叫醒，叫他描述他所做的夢。帕隆伯醫生發現每一天晚上，病人的夢都是在處理白天發生的新經驗。他一件一件把白天的事和他過去的經驗配對起來，以決定這件新經驗應該跟哪一個舊經驗連在一起，跟它一起儲存起來。見 S. R. Palombo. 1978. *Dreaming and memory: A new information-processing model*. New York: Basic Books.

57 心理學家列文（Seymour Levine）發現小老鼠與牠們的母親分離就會吱吱叫，發出高頻率的叫聲，而且會不停的尋找母親直到覺得無望。然後牠們的心跳率及體溫都會降低，比較不警覺，就好像史匹茲所觀察到的孩子，他們會對所有的刺激不反應，眼睛流露出空洞的眼神，列文發現這時牠們會啟動「壓力反應」釋放出大量醣皮質素，這就是我們所謂的壓力荷爾蒙。這種壓力荷爾蒙在短期內對身體是好的，因為它讓身體總動員去處理緊急事務，使心跳加快，輸送血液到肌肉去。但是假如壓力荷爾蒙一直釋放時，會導致跟壓力有關的疾病，過早磨損身體。

最近敏尼（Michael Meaney）、普隆茲基（Paul Plotsky）等人的研究顯示假如每天把小鼠跟牠的母親分離三到六小時，這樣持續二週，母親很快就會忽略這隻小鼠，小鼠就分泌更多的醣皮質素這種壓力荷爾蒙，一直持續到小鼠成年。早期的創傷會有一生的影響，這些受害者以後很容易就緊張。

在一生出的頭兩週只要把小鼠與母親分離一下子，牠就會發出呼叫聲，叫牠的母親來，母親會舔牠，比平常舔得更多，也會揹著牠走，比平常的次數更多。母親的這些反應可以讓牠減少分泌醣皮質素，這效應可以持續終生，這種小鼠比較不會有跟壓力有關的疾病，也比較不害怕，這是母親在依附期關鍵期很重要的原因。這個終生的好處可能跟大腦的可塑性有關，牠在發展大腦的壓力反應系統的關鍵期得到母親全部的關注。

S. Levine. 1957. Infantile experience and resistance to physiological stress. *Science*, 126(3270): 405; S. Levine. 1962. Plasma-free corticosteroid response to electric shock in rats stimulated in infancy. *Science*, 135(3506): 795-96; S. Levine, G. C. Haltmeyer, G. G. Karas, and V. H. Denenberg. 1967. Physiological and behavioral effects of infantile stimulation. *Physiology and Behavior*, 2:55-59; D. Liu, J. Diorio, B. Tannenbaum, C. Caldji, D. Francis, A. Freedman, S. Sharma, D. Pearson, P. M. Plotsky, and M. J. Meaney.1997. Maternal care, hippocampal glucocorticoid receptors, andhypothalamic-pituitary-adrenal responses to stress. *Science*, 277(5332): 1659-62, especially 1661; P. M. Plotsky and M. J. Meaney. 1993. Early, postnatal experience alters hypothalamic corticotropin-releasing factor (CRF) mRNA, median eminence CRF content and stress-induced release in adult rats. *Molecular Brain Research*, 18:195-200.

58 P. M. Plotsky and M. J. Meaney. 1993; C. B. Nemeroff, 1996. The corticotropin-releasing factor (CRF) hypothesis of depression: New findings and new directions. *Molecular Psychiatry*, 1:336-42; M. J. Meaney, D. H. Aitken, S. Bhatnagar,

and R. M. Sapolsky. 1991. Postnatal handling attenuates certain neuroendocrine, anatomical and cognitive dysfunctions associated with aging in female rats. *Neurobiology of Aging*, 12:31-38.

59 C. Heim, D. J. Newport, R. Bonsall, A. H. Miller, and C. B. Nemeroff. 2001. Altered pituitary-adrenal axis responses to provocative challenge tests in adult survivors of childhood abuse. *American Journal of Psychiatry*, 158(4): 575-81.

60 R. M. Sapolsky. 1996. Why stress is bad for your brain. Science, 273(5276): 749-50; B. L. Jacobs, H. van Praag, and F. H. Gage. 2000. Depression and the birth and death of brain cells. *American Scientist*, July-August, 88(4): 340-46.

61 B. L. Jacobs, H. van Praag, and F. H. Gage. 2000.

62 M. Vythilingam, C. Heim, J. Newport, A. H. Miller, E. Anderson, R. Bronen, M. Brummer, L. Staib, E. Vermetten, D. S. Charney, C. B. Nemeroff, and J. D. Bremner. 2002. Childhood trauma associated with smaller hippocampal volume in women with major depression. *American Journal of Psychiatry*, 159(12): 2072-80.

63 肯戴爾認為：嬰兒早期與母親的分離所產生的緊張與壓力會使嬰兒產生恐懼的反應，這反應是儲存在程序性記憶系統中，因為這系統是惟一在嬰兒期已經分化完成的系統。但是這個程序性記憶系統的反覆出現這種反應卻會造成海馬迴的損害，使得外顯記憶一直持續不斷的改變。見 E. R. Kandel. 1999. Biology and the future of psychoanalysis: A new intellectual framework for psychiatry revisited. *American Journal of Psychiatry*, 156(4): 505-24, especially 515. See also L. R. Squire and E. R. Kandel. 1999. *Memory: From mind to molecules.*（中譯本《透視記憶》，遠流出版）New York: Scientific American Library; B. S. McEwen and R. M. Sapolsky. 1995. Stress and cognitive function. *Current Opinion in Neurobiology*, 5:205-16.

64 B. L. Jacobs, H. van Praag, and F. H. Gage. 2000.

65 Ibid.

66 S. Freud. 1937/1964. Analysis terminable and interminable. In *Standard edition of the complete psychological works*, vol. 23, 241-42.

67 S. Freud. 1918/1955. An infantile neuroses. In *Standard edition of the complete psychological works*, vol. 17, 116.

第 10 章

# 返老還童

## 神經幹細胞的發現及如何永保大腦的功能

為了使大腦保持最佳狀態，我們必須學習新的東西，
而不是每天重複已經做得很熟練的事情。
即使在沒有豐富刺激的環境中，
只要是學習，都可以延長幹細胞的壽命。
所以運動和學習是互補的：
前者產生新的幹細胞，後者使它們的壽命延長。
挑戰心智的活動可以增加海馬迴神經元存活的機率，
老年人可以採用已經經過認證為有用的大腦訓練。
但生命是為了生活，並不是為了做練習，
因此最好的方式是去做你一直想要做而沒有機會做的事。
只有做自己想做的事才會產生強烈的動機，而動機才是關鍵。

九十歲的卡倫斯基（Stanley Karansky）醫生不相信只是因為他的年紀大了，他的生活就必須走下坡。他有五名子女、八名孫子女、六名曾孫子女。他結縭五十三年的老伴在一九九五年因癌症而過世，他現在與第二任太太海倫住在加州。

他在一九一六年生於紐約市，一九四二年在杜克大學醫學院完成他的住院醫生訓練，第二次世界大戰諾曼第登陸時，他是救護兵。他曾在陸軍中做醫官，駐紮在歐洲的一家戲院中，然後移防到夏威夷，後來他就在夏威夷定居下來，做麻醉科醫師直到七十歲退休為止。但是他的個性不適合退休，所以他又重新訓練自己成為家庭醫生，在一家小診所裡看診直到他八十歲。

我在他完成一序列莫山尼克團隊所發展的大腦訓練後訪問他。卡倫斯基醫生並未有認知退步的現象，不過他說：「我的書寫能力還是很好，但是沒有以前那麼好。」他來參加這個大腦訓練純粹是希望維持大腦的最佳狀態。

他在二〇〇五年開始聽覺記憶訓練，他將一片光碟放入電腦中開始練習，他覺得這個程式「蠻有意思，設計得很好」，這個練習需要他判斷聽到的聲音是上揚或下降，在幾個音節中依頻率作序列排列，在一組聲音中辨識出相同的聲音，聽一個故事然後回答相關問題，這些作業都是要使大腦地圖邊界敏銳，刺激調節大腦可塑性的機制。他一週有三天做這個練習，每次一小時又十五分鐘，總共做了三個月。

「在結束練習的頭六週，我並沒有發現有任何不同，在第七週時，我開始注意到我比以前更警覺，我注意到在練習中，我答對的次數增加了，我對周遭事務的感覺變好了。我開車時的警覺性，不管是白天或晚上，都進步了。我跟別人說話的次數增多了，說話好像變容易了。過去的幾個星期裡，我感到我的書寫能力有進步，當我在簽名時，我覺得我簽字的方式好像跟二十年前一樣。我的太太海倫告訴我：『我認為你比以前警覺，比較有活力，比較有反應。』」他想等幾個月以後，再做一次這個練習，以維持大腦的最佳狀態。即使這些練習只是為了聽覺記憶，他大腦的一般功能都得到了改善，就像做 Fast ForWord 練習的孩子一樣，因為它所刺激的不只是聽覺記憶，同時也刺激了調節可塑性的大腦中心。

同時他也做身體運動，「我太太與我一週三次用健身器材做肌肉運動，然後再騎三十到三十五分鐘的運動腳踏車。」

卡倫斯基醫生形容他自己是個終身學習的自我教育者。他讀數學方面的書籍，喜歡玩遊戲、字謎、字首詩句（如中國的平頭詩，詩句的每行的第一個字聯起來是一個字或一個詞）和數獨。「我喜歡讀歷史，」他說：「我會為了某個原因對某個時期的歷史產生興趣，然後就開始挖掘那個時期的歷史，直到我覺得已經足夠了，我才會去讀其他的東西。」或許有人認為這是不務正業，但是這使他一直接觸新奇的東西，這種新奇感使得調節可塑性的系統及分泌多巴胺的神經元不會萎縮。

每一個新的興趣變成一種專注的熱情，「五年前，我開始對天文產生興趣，我買了一副望遠鏡，因為那時我住在亞利桑納州，看天象的環境非常理想（譯註：亞利桑納州大部分為沙漠，沒有光害，適合觀察天象）。」他也收集了許多岩石，花了很多時間在礦區中搜尋礦石。

「你家族中有長壽的基因嗎？」我問。「沒有，」他說：「我母親四十多歲就死了，我父親六十多歲時過世——他有高血壓。」

「你的健康情況怎麼樣？」

「我死過一次，」他笑著說：「你要原諒我，我是一個語不驚人死不休的人，我曾經迷上長跑，一九八二年我六十五歲時在一次長跑時，心室纖維顫動（ventricular fibrillation）突然發作，這是一種會致命的心律不整，我其實已經死於路旁的人行道了，幸好跟我一起跑的人夠聰明、夠機警，他馬上在路邊幫我做心肺復甦術（CPR），其他長跑的人打電話叫救護車來，他們很快就來到現場，給我做心臟電擊，使我的心跳恢復正常韻律，把我送到醫院。」在那裡，他做了心臟繞道手術，他主動的復健，很快的就復原了。「從那以後，我不再參加競爭性的賽跑，但是我每週跑二十五哩，跑得比較慢，但是距離不變，在二〇〇〇年他八十三歲，又有一次心臟病發作。

他有很多朋友，但是不參加大型聚會。「我不再去雞尾酒會，人們只是隨便碰在一起聊聊那種，我不再喜歡那種聚會，寧可坐下來跟有共同興趣的人促膝深談而不願講些泛泛的應酬話。」

他說他和太太不喜歡旅行，但是他在八十一歲時學了俄文，參加了俄國的科學探險隊，去了南極。

「為什麼去南極？」我問。

「只因為它就在那裡。」

過去幾年裡，他去了猶加敦（Yucatán）、英國、法國、瑞士和義大利，在南美玩了六週，去阿拉伯聯合大公國探望他的女兒，去了安曼、澳洲、紐西蘭、泰國和香港。

他永遠在尋找新事情，一旦他找到了，他會全神貫注的投入——這是大腦可塑性改變的必要條件。「我很願意全心全意去做我認為有趣的事情，當我到達比較高的境界，不必再花同樣的注意力來做這件事時，我會開始再度尋找，將章魚般的觸腳送出去搜尋我會有興趣的東西。」

他的人生哲學、他的樂觀進取態度同時也保護了他的大腦，他不會因小事情而鑽牛角尖。這其實很重要，因為壓力會產生醣皮質素，而這會殺死海馬迴的神經細胞。

「你似乎比一般人更不焦慮、不緊張。」我說。

「我知道這樣對人比較有益。」

「你是個樂觀者嗎？」

「並不全然，但是我了解或然率，知道事情會偶然發生，不在我的操控之內。我不能控制它的發生，我只能控制我對它的反應。過去，我曾花了很多時間去擔憂我不能控制的事，現在我只擔憂我可以控制並可以影響結果的事。我終於學到了如何去應付事情的人生哲學。」

在二十世紀剛開始時，世界上最傑出的神經解剖學家，諾貝爾生醫獎得主卡哈奠下了神經結構的根基，他注意到人類的大腦不像蜥蜴的大腦，不能在受傷後自行恢復。但是這種無法補救的情形並不適用在人類其他的器官上，我們的皮膚在被切傷後，可以自行癒合，我們的骨頭在裂開後，可以自行復原，我們的肝和小腸內壁可以自行修補，失去的血液可以再生，因為我們骨髓的細胞可以變成紅血球或白血球細胞。只有我們的大腦似乎是個例外，當我們年老時，千百萬的神經元會死去。當別的器官用幹細胞長出新的組織時，大腦無法這樣。這個現象的主要解釋是大腦在演化過程中變得如此複雜和具特殊性，它失去了製造補充或替換細胞的能力。此外，科學家問：一個新神經元怎麼可能進入既存的複雜神經網路，創造出一千個突觸連結而不引起網路系統的混亂？人類的大腦在過去是被假設成一個密閉的系統的。

卡哈的後半生是花在尋找大腦和脊髓可以改變的跡象，但是他沒有看到任何大腦可以再生、重組結構的任何痕跡。

在一九一三年，他發表了影響後世一百年的鉅著《神經系統的萎縮與再生》（*Degeneration and Regeneration of the Nervous System*）。他寫道：「在成人大腦中，神經迴路是固定的、不可改變的，所有的神經元會死亡，但是沒有神經元可以再生[1]。假如有可能的話只有等待未來的科學去改變這個嚴酷的法則。」

這件事就這樣決定了。

我現在正在全世界最先進的實驗室，加州拉荷亞（La Jolla）沙克研究院（Salk Laboratories）蓋吉（Frederick Gage）的實驗室中，俯首看著一個活的人類神經幹細胞。一九九八年蓋吉和瑞典的艾力克森（Peter Eriksson）一起發現了海馬迴中有這些神經幹細胞❷。

我所看到的神經幹細胞是充滿了活力，它們被稱為神經幹細胞是因為它們可以分裂、分化成神經元或是在大腦中支持神經元的神經膠質細胞（glial cell）。我現在正在看的幹細胞還沒有分化成哪一種細胞，也還沒有特化，所以它們看起來都一模一樣。雖然這些幹細胞看起來缺少個性，它們卻可以用長生不老來彌補這個缺點。幹細胞不必專業化，它們可以不斷的分裂，製造另一個自己，它們可以繼續不斷的這樣複製下去而沒有任何老化的徵象出現。因為這個原因，幹細胞被形容為大腦中永恆年輕的嬰兒細胞。這種返老還童的歷程叫做神經再生（neurogenesis），會一直進行到我們死去為止❸。

神經幹細胞長久以來都被忽略了，一部分原因是它們跟理論不合，當時認為大腦是一部複雜的機器或是一部電腦，而機器是不會長出新零件的。當一九六五年，麻省理工學院（MIT）的歐曼（Joseph Altman）和達斯（Gopal D. Das）發現老鼠大腦中有神經幹細胞時，他們的發現沒有人願意相信。

到一九八〇年代，專門研究鳥類的動物心理學家諾特邦（Fernando Nottebohm）發現鳴禽每一季都唱新歌，他發現每一年春天，鳥類開始唱歌求偶時，牠們的大腦長出新的神經細胞，而且正好在學習唱歌的大腦區域（譯註：諾特邦注意到鳴禽大腦中掌管唱歌的兩個神經元 RA 和 VHC 在秋天生育季節結束後萎縮，在春天又長出來），因為鳥類是人類的祖先，如果大鼠和鳥類都有這個現象，那麼人類呢？科學家開始在其他跟人類比較接近的動物大腦中尋找這個現象，普林斯頓大學（Princeton University）的顧德（Elizabeth Gould）是第一個在靈長類身上看到神經幹細胞的人。後來艾力克森和蓋吉找到了一個非常聰明的方式用 BrdU 為大腦細胞做記號，他們徵求臨終病人的同意，注射 BrdU 進入身體內，在病人死後檢驗他們的大腦。假如神經元是在注射 BrdU 之後才長出的話，這個細胞在顯微鏡下會亮起來。結果他們發現在海馬迴的齒迴，有發亮的神經元在顯微鏡下出現，所以科學家發現人的大腦一直到死亡前都會一直不停的長出新的神經細胞。

他們繼續在大腦中找新的神經幹細胞，到現在為止，只有在處理嗅覺訊息的嗅球（olfactory bulb）中發現，他們在隔膜（septum，處理情緒的地方）、紋狀體（striatum，處理動作的地方），以及脊椎的地方發現有冬眠不活動的幹細胞。蓋吉和他的團隊在研究如何喚醒冬眠神經幹細胞的方法，他們也想知道這些冬眠幹細胞是否可以移植到大腦受傷的區域去做修補工作，或甚至不要用外科手術去移植，而是誘發它們自己移動到待修補區域去。

蓋吉的研究團隊更想要知道神經再生是否可以強化心智功能，所以他們想找出增加神經幹細胞產生的方法。蓋吉的同事坎卜曼（Gerd Kempermann）在刺激豐富的環境中飼養了一批年老的老鼠，給牠們玩各種玩具，如球類、長的管子（老鼠喜歡鑽東西）、像人類跑步機一樣的跑步轉輪（running wheel），這樣四十五天以後，把牠們犧牲掉，解剖牠們的大腦，坎卜曼發現牠們的海馬迴容積增大了百分之十五[4]，神經元數目也增加了百分之十五，即四萬個新神經元。這實驗比較的對象是在一般籠子中長大的老鼠。

老鼠一般可以活兩年。當研究團隊解剖成長到一歲才有機會進入豐富刺激的環境，然後在裡面又過了十個月的老鼠時，他們發現這些老鼠海馬迴的神經元數量是一般老鼠的五倍[5]。這些老鼠在學習、探索、動作和其他測量老鼠智力的測驗上都比在沒有豐富刺激環境中長大的老鼠強。牠們長出新的神經元，只是沒有年輕老鼠長得那麼快而已，這證明了長期的豐富刺激環境對年老的大腦神經再生有巨大的影響。

這個團隊的下一步是去看哪一些活動會引起老鼠大腦細胞的增加。他們發現有兩個方法可以增加大腦神經元的數量：一是創造新的神經元，二是延長既有神經元的壽命。

蓋吉的同事凡布拉格（Henriette Van Praag）表示增加**新**神經元最有效的方式是跑步轉輪。在跑轉輪一個月後，老鼠海馬迴新神經元的數量增加了一倍[6]。蓋吉告訴我，老鼠並不會真的在轉輪中跑，牠們只是看起來在跑，其實只是走得很快而已，因為輪子的阻力很小，稍微一著力就開始轉。

蓋吉的理論是在自然環境中，長期的快走會使動物進入一個新的、不同的環境，新環境需要新學習，撞擊出他所謂的「預期的細胞增殖」（anticipatory proliferation）火花。

「假如我們只在這個房間內生活，」他說：「這個房間就是我們全部的經驗，我們不會需要神經再生，我們已經知道這個環境的每一件事情，我們現有的知識就會使我們過得很好了。」

這個理論，即新的環境可以激發神經再生，與莫山尼克的發現相符，為了使大腦保持最佳狀態，我們必須學習新的東西，而不是每天重複已經做得很熟練的事情。在這些實驗上，我們看到終身學習的必要性。

前面提到還有第二個方法可以增進海馬迴的神經細胞數量：延長既有神經元的壽命。研究團隊發現學習去玩其他的玩具、球和長的管子，並不能產生新的神經元，但是可以使這個區域的新神經元活得長些。顧德也發現，即使在沒有豐富刺激的環境中，只要是學習，都可以延長幹細胞的壽命。所以運動和學習是互補的：前者產生新的幹細胞，後者使它們的壽命延長。

◆　◆　◆

雖然發現神經幹細胞的存在是很重要的事，它只是年老的大腦可以返老還童、改善它自己的方法之一。很矛盾的是，有時神經元死亡可以增進大腦的功能，就像青春期時，沒有跟其他神經元連接的神經突觸和神經元會被修剪掉，這是最戲劇化的用進廢退例子。繼續提供沒有用的神經元血液、氧和能量是件浪費的事，把它們修剪掉會使大腦目標集中、效率好。

到老年持續有某些神經再生現象並不能否認我們的大腦像身體其他的器官一樣會慢慢退化。但是即使在功能退化下降的期間，大腦仍然有可塑性的重組能力，這可能是為了適應大腦神經細胞的死亡。加拿大多倫多大學的研究者史匹林格（Mellanie Springer）和葛拉迪（Cheryl Grady）發現，當我們年老時，我們會用跟年輕時不同的大腦區域去做同一件事情❼。他們用腦造影技術發現十四歲到三十歲的年輕受試者在做各種認和測驗時，顳葉大量活化起來，他們受的教育越高，顳葉的活化程度越大。

但是六十五歲以上的受試者，活化的區域就不一樣了。腦造影圖片顯示，他們在做同樣認知作業時，活化的主要是他們的額葉，他們受的教育越高，額葉的活化越厲害，這點跟年輕人的形態不一樣。

大腦功能區域的改變是大腦可塑性的另一個證明——改變處理區域從一個腦葉到另一個腦葉是很大的遷移。沒有人知道為什麼大腦要做這樣的搬遷，或是為什麼這麼多的研究都發現受試者的教育越高，他們心智下降的速度就越慢或機率越小。教育為什麼可以保護他們？最流行的理論是說，教育創造出一個「認知儲備所」（cognitive reserve），更多的神經迴路投身到從事心智活動上，所以當大腦老化時，我們有儲備的迴路可用。

另外一個巨大的神經重組是發生在我們年老時。我們前面已經看到，許多大腦的活動是側化的（lateralized）。大部分的語言在左邊處理，大部分的視覺—空間歷程在右腦處理。但是杜克大學的卡巴薩（Roberto Cabeza）及他的團隊最新的研究顯示，有些側化現象在我們年紀大時會失去。過去在一邊腦前額葉處理的事情，現在是兩邊前額葉都一起處理了。我們不知為什麼會這樣，一個理論是當我們年老時，一邊的腦半球開始覺得力不從心，呼喚另一邊來幫忙[8]，這顯示大腦重新組織來應付它自己的弱點。

我們現在知道在動物身上，運動和心智活動可以產生新神經元及維持舊神經元的生命。現在也有很多的實驗確認心智活動越活躍的人，他們的大腦功能越強，我們所受到的教育越高，越常跟別人來往，社交生活越豐富，每天運動的量越多，受到的心智刺激越豐富，我們越不會得到阿茲海默症[9]或老年失智症（dementia）。

但不是所有的心智活動效果都一樣，研究發現只有真正全神貫注的活動才會減少心智退化的機率[10]，例如學一種新的樂器、玩橋牌、打麻將、閱讀和跳舞都可以幫助神經元的活化。跳舞需要學新的動作，它既是身體的，也是心智的運動，需要大量的注意力。其他像打保齡球、看顧小孩、打高爾夫球所需要的活動力及專注力比較少，就無法減少得阿茲海默症的機率。

這些研究只是建議，但是並沒有證明我們可以用大腦練習來預防阿茲海默症。這些活動跟阿茲海默症發病的機率有關，但是相關並不是因果關係。有可能是那些早期的阿茲海默症病人，還沒有被發現他們有阿茲海默症⓫，但是他們的日常生活活動開始慢下來，不再活躍。所以我們頂多只能說大腦練習和阿茲海默症之間的關係是極有可能，但還未被證實。

莫山尼克的研究顯示與老化有關的記憶喪失常與阿茲海默症混淆在一起，但是前者可以用大腦練習來改善記憶的情況。雖然卡倫斯基醫生並沒有抱怨他一般認知能力的下降，他的確經驗到一些老年人的情況，這是跟年紀有關的記憶喪失。他去做聽覺記憶訓練的確幫助他改善了其他認知功能，只是他以前沒有注意到這些認知功能已經在走下坡。

卡倫斯基醫生可以算是老年人的模範，他做了所有正確的行為去抵抗與年紀老化有關的記憶喪失，我們應該都向他看齊，維持自己心智的年輕⓬。

身體的運動很重要，不但因為它能創造新的神經元，而且因為心智的活動要靠大腦，而大腦需要氧。散步、騎腳踏車或心肺運動都能強化跟提供大腦氧氣有關的器官，使人們覺得心智敏銳，就如兩千年前羅馬哲學家瑟內加（Seneca）所說的一樣。最近的研究顯示運動可以刺激神經生長因子ＢＤＮＦ⓭的分泌，前面第三章已經提過。這個神經生長因子重新設計了大腦，在大腦可塑性的改變上，扮演了關鍵性的角色。事實上，不論什麼方式，只要能使心臟和血管維持最佳狀態都會使大腦受益，我們不需要過度的健身，過猶不及都不好，如前面凡布拉格和蓋吉所發現的，只要每天以適當的速度散步就能刺激新神經元的生長。

運動刺激你的感覺和運動皮質區，維持大腦的平衡系統。這些功能在我們年老後開始退化，使我們容易摔跤而待在家中不敢出門，大腦最怕就是人留在相同的環境中不動，這樣會使大腦萎縮更快。單調不動會減少多巴胺的分泌，破壞維持大腦可塑性的注意力系統。一個強調認知的身體活動，如學習新的舞步，可以幫助我們避免平衡問題，增加我們社交的機會，社交如前所示，對維持大腦健康很重要。太極拳需要高度的專注及身體的運動，雖然尚未經過詳細的研究，但是應該對大腦健康有好處，尤其它可以刺激大腦的平衡系統⓮。太極同時有坐禪的功效（因為專心無外念）。現在已知坐禪可以減輕壓力⓯，所以它可以保護海馬迴的神經元，保存記憶。

卡倫斯基醫生一直在學習新的東西，這跟老年人的快樂和健康有很大的關係。哈佛大學的精神科醫生維倫特（George Vaillant）如此主張，他應該最有資格如此說，因為他主持一個大型長期的人類生命研究計劃⓰，他研究八百二十四名受試者，從青春期後期到老年。他的受試者群可分三組，一組是哈佛畢業生，一組是貧窮的波士頓人（哈佛大學在波士頓），第三組是智商非常高的女人，這些人有些已經八十幾歲，被追蹤超過六十年了。維倫特總結說年紀大不一定如年輕人以為的，代表著下降、衰退的歷程。許多老年人學習新的技術，人生經驗豐富，使他們在社交場合適應得比較好，態度從容，談吐有智慧（譯註：中國人說薑是老的辣，許多老年人比他們年輕時，對自己更有信心）。這些老年人其實比年輕人更不容易得憂鬱症。

挑戰心智的活動可以增加海馬迴神經元存活的機率，所以，老年人可以採用已經經過認證為有用的大腦訓練，如莫山尼克發展出來的那一套訓練。但生命是為了生活，並不是為了做練習，所以最好的方式是去做你一直想要做而沒有機會做的事。只有做自己想做的事才會產生強烈的動機，而動機才是關鍵。法山諾（Mary Fasano）八十九歲才拿到哈佛大學的學士學位；以色列的第一任總理，班—顧立安（David Ben-Gurion）在老年時，自學希臘文以閱讀經典的原文。我們可能會想：「幹麼呀？我在騙誰呀？我的一隻腳已經在墳墓中了。」但是這種想法是會自我實現的預言（self-fulfilling prophecy），只會加速心智的衰退，因為大腦是用進廢退的。

美國著名建築師萊特（Frank Lloyd Wright）在九十歲時，設計了古根漢博物館（Guggenheim Museum）。富蘭克林（Benjamin Franklin）在七十八歲時，發明了雙焦眼鏡（bifocal spectacles）。李曼（H. C. Lehman）和西蒙頓（Dean Keith Simonton）在研究創造力時，發現三十五歲到五十五歲是大多數領域創造力的高峰，六十歲和七十歲的人，雖然他們動作比較慢，但是他們跟二十歲的人一樣有生產力[17]。

當大提琴家卡薩爾斯（Pablo Casals）九十一歲時，有一位學生問他：「大師，為什麼你還繼續不斷在練習？」卡薩爾斯回答說：「因為我還繼續不斷在進步。」[18]

❶ S. Ramón y Cajal. 1913, 1914/1991. *Cajal's degeneration and regeneration of the nervous system.* J. DeFelipe and E. G. Jones, eds. Translated by R. M. May. New York: Oxford University Press, 750.

❷ P. S. Eriksson, E. Perfilieva, T. Björk-Eriksson, A. Alborn, C. Nordborg, D. A. Peterson, and F. H. Gage. 1998. Neurogenesis in the adult human hippocampus. *Nature Medicine*, 4(11): 1313-17.

❸ H. van Praag, A. F. Schinder, B. R. Christie, N. Toni, T. D. Palmer, and F. H. Gage. 2002. Functional neurogenesis in the adult hippocampus. *Nature*, 415(6875): 1030-34; H. Song, C. F.Stevens, and F. H. Gage. 2002. Neural stem cells from adult hippocampus develop essential properties of functional CNS neurons. *Nature Neuroscience*, 5(5): 438-45.

❹ G. Kempermann, H. G. Kuhn, and F. H. Gage. 1997. More hippocampal neurons in adult mice living in an enriched environment. *Nature*, 386(6624): 493-95.

❺ G. Kempermann, D. Gast, and F. H. Gage. 2002. Neuroplasticity in old age: Sustained fivefold induction of hippocampal neurogenesis by long-term environmental enrichment. *Annals of Neurology*, 52:135-43.

❻ H. van Praag, G. Kempermann, and F. H. Gage. 1999. Running increases cell proliferation and neurogenesis in the adult mouse dentate gyrus. *Nature Neuroscience*, 2(3): 266-70.

❼ M. V. Springer, A. R. McIntosh, G. Wincour, and C. L. Grady. 2005. The relation between brain activity during memory tasks and years of education in young and older adults. *Neuropsychology*, 19(2): 181-92.

❽ R. Cabeza. 2002. Hemispheric asymmetry reduction in older adults: The HAROLD model. *Psychology and Aging*, 17(1): 85-100.

❾ R. S. Wilson, C. F. Mendes de Leon, L. L. Barnes, J. A. Schneider, J. L. Bienias, D. A. Evans, and D. A. Bennett. 2002. Participation in cognitively stimulating activities and risk of incident Alzheimer disease. *JAMA*, 287(6): 742-48.

❿ J. Verghese,R.B.Lipton, M. J. Katz, C. B. Hall, C. A. Derby, G. Kuslansky, A. F. Ambrose, M. Sliwinski, and H. Buschke. 2003. Leisure activities and the risk of dementia in the elderly. *New England Journal of Medicine*, 348(25): 2508-16.

⓫ 這個認為阿茲海默症可能在成年後不久就開始了但是一直到後來才被發現的看法，是來自一個有名的修女研

究，研究者發現這些後來發展出阿茲海默症的修女，在二十幾歲時用的語言就是比較簡單的語言。

⓬ 我略過飲食的部分沒有談，因為那不是我的專長，只能說多吃魚，或含有亞米茄脂肪酸的魚油似乎是明智的選擇，當然除了魚，還有很多其他很好的營養補充品。見 M. C. Morris, D. A. Evans, C. C. Tangney, J. L. Bienias, and R. S. Wilson. 2005. Fish consumption and 2000. cognitive decline with age in a large community study. *Archives of Neurology*, 62(12): 1849-53.

⓭ S. Vaynman and F. Gomez-Pinilla. 2005. License to run: Exercise impacts functional plasticity in the intact and injured central nervous system by using neurotrophins. *Neurorehabilitation and Neural Repair*, 19(4): 283-95.

⓮ J. Verghese et al., 2003.

⓯ A. Lutz, L. L. Greischar, N. B. Rawlings, M. Ricard, and R. J. Davidson. 2004. Long-term meditators self-induce high-amplitude gamma synchrony during mental practice. *Proceedintg of the National Academy of Sciences, USA*, 101(46): 16369-73.

⓰ G. E. Vaillant. 2002. *Aging well: Surprising guideposts to a happier life from the landmark Harvard study of adult development.* Boston: Little, Brown, & Co.

⓱ H. C. Lehman. 1953. *Age and achievement.* Princeton, NJ: Princeton University Press; D. K. Simonton. 1990. Does creativity decline in the later years? Definition, data, and theory. In M. Permutter, ed., *Late life potential.* Washington, DC: Gerontological Society of America, 83-112, especially 103.

⓲ Cited in G. E. Vaillant. 2002, 214. From H. Heimpel. 1981. Schlusswort. In M. Planck, ed., *Hermann Heimpel zum 80. Geburtstag.* Institut für Geschicte. Göttingen: Hubert, 41-47.

# 第 11 章

# 比部分的總和還多

## 只有半個腦也可以擁有完整人生的女人

醫生告訴卡洛，米雪兒沒有學習障礙，

事實上，她的智力看起來是正常的。

但是米雪兒到了兩歲仍然不會爬，

她的父親知道女兒喜歡音樂，他會放米雪兒最喜歡的唱片，

當唱片唱完時，米雪兒會叫：「嗚嗚嗚，再一次！」

她的父親會堅持要她爬到唱機旁，他才要再放一遍。

米雪兒整個學習發展顯著的遲緩，

醫生要他父母試著適應這些問題，

但是，不知怎地，米雪兒每一次都能使她自己超越那個障礙。

卡洛和她先生也變得對米雪兒更有信心。

坐在桌子對面跟我開玩笑的女人天生只有半個大腦，當她在母親肚子裡時，一個沒有人知道原因的大災難發生了。醫生說不是中風，因為中風摧毀的是健康的組織，而米雪兒的左腦根本沒有發育出來，醫生懷疑是她左邊的大動脈被阻塞了，無法提供血液到左半球，使她的左腦無法發育。出生時，醫生給她做一般性的測驗，告訴她母親卡洛，她是正常的嬰兒。即使到今天，神經學家如果沒有進行大腦掃描也看不出來她是整個左半腦都沒有的人。我發現我自己一直在想，究竟這世界上有多少人是只有半個腦就過了一生，而他自己或別人都不知他有這個缺陷？

我去訪談米雪兒是想知道人類大腦的神經可塑性改變可以達到什麼樣的程度。米雪兒的例子嚴重的挑戰過去大腦功能區域特定論的教條，因為那個理論是說每一個腦半球先天就設定了它特有的機制和功能，是不能改變的。然而米雪兒卻可以只用半個腦而生活得很好，我想不出還有哪一個例子比她的更適合來說明大腦可塑性或驗證大腦的神經可塑性理論。

雖然米雪兒僅有右腦半球，她卻不是依靠呼吸器才能活的可憐人。她今年二十九歲，她的藍眼睛透過厚厚的玻璃鏡片，炯炯有神的望著我。她穿著藍色的牛仔褲，臥室漆著藍色的牆壁，她的談吐非常正常。她有著一份兼職的工作，喜歡閱讀、看電影，跟她的家人在一起。她可以做這些是因為她的右腦接管了左腦的工作，重要的心智功能如說話和語言移到她的右腦來處理了。她的發育讓我們清楚的看到神經可塑性並不是一件不重要的小事，它使米雪兒能夠達成最大量的大腦重組。

米雪兒的右腦不但要負擔左腦的主要功能，同時還得做它自己右腦的工作。在正常的大腦中，左右半球會相互幫忙將對方的發展調節到最理想，它們用送出電流訊號，來通知對方自己的活動，使兩者可以協調功能，一起共事。在米雪兒的例子，右腦沒有左腦的幫助，只能自己獨自發展，學習如何靠自己運作。

米雪兒有超乎異常的計算能力——天才的能力——她可以像閃電一樣計算並得出答案。但是她也有特殊的需求和能力限制。她不喜歡旅行，在不熟的環境中很容易迷路。她很難了解某些抽象的句子或想法。但是她的內在生活是很活躍的，她可以閱讀、祈禱並愛別人。她的口語表達很正常，除非當她受到挫折。她很崇拜美國電視的喜劇明星卡洛波納（Carol Burnett），她每天聽新聞及棒球賽轉播，選舉時一定去投票。她的人生印證了整體大於部分的總和，而且半個腦並不代表只有半個心智。

◆ ◆ ◆

一百四十年前，法國醫生布羅卡開啟了大腦功能區域特定論的時代。他說：「人用左腦說話。」他不但起始了大腦功能區域特定論，同時也開創了腦側化的相關理論。這個理論是尋找左、右半球功能和結構上的不同。左腦被認為是語言的區域，負責符號相關的活動，像是語言、算術計算；右邊則是負責非語言功能，包括視覺—空間的活動（如我們在看地圖或在空間導航），一些想像力和藝術的能力也被認為是在右邊處理的。

米雪兒的例子讓我們看到我們對人類大腦的最基本功能是多麼的無知。當兩個腦半球的功能必須相互競爭同一塊大腦區域時，會怎麼樣呢？假如必須犧牲某一方時，又怎麼樣呢？如果只是要生存下去，究竟需要多大的腦？假如要發展機智、同理心、品味、精神上的需求及見微知著的能力，又需要多大的腦？假如我們少了一半的大腦組織也可以生存下來，為什麼一開始要有兩個半腦？

最後還有一個問題：像她這樣會是什麼感覺？

我現在在米雪兒家的客廳，在維琴尼亞州瀑布教堂市（Falls Church）一個中產階級社區的一幢房子裡。我在看她核磁共振的片子，這是看出大腦結構的一種腦造影技術。我看到她右腦是正常的，但是左邊只有小小一條薄薄的半島形狀的灰質飄浮在黑色的空洞中。米雪兒自己從來沒有看過這張片子。

她把這個空洞叫做「我的胞囊」（cyst），當她在說「我的胞囊」，或直接說「胞囊」時，聽起來好像它已經變成實質的東西了，像科幻電影裡面一個恐怖的角色。的確，看她的大腦掃描圖是有恐怖的感覺，當我看著米雪兒時，我看到她整個面孔，看到她的眼睛和她的笑容，你會不由自主的想像面孔後面的大腦應該也是同樣的對稱。這張大腦的掃描片子真是一記無情的響鐘，驚醒你的幻覺。

米雪兒的身體的確顯示出她缺少一個腦半球的象徵。她的右手腕是彎的，有一點扭曲，但是可以用——雖然一般來說，幾乎所有對右邊身體的指令是來自左腦。或許從她的右腦發展出非常細薄的一股神經纖維連到右手。她的左手是正常的，她慣用左手，當她站起來要走路時，我注意她有穿鐵鞋來支撐她的右腿。

大腦功能區域特定論者會說我們在右視野（right visual field）所看到的每一個東西都是在左腦處理的（譯註：右視野是兩隻眼睛左半邊視網膜所看見的東西，並不是在右眼，這兩者有很大的差別，不可混淆。我們兩隻眼睛的視神經在視叉〔chiasma〕相交，彙集兩隻眼睛視網膜左半邊和右半邊送過來的訊息後，才左、左往右腦，右、右往左腦去）。但是因為米雪兒沒有左半球，她沒辦法看到來自右邊的東西，她的右視野是盲的，她的弟弟常常從她的右邊偷她的薯條吃，但是她會抓到他們，因為她視覺所缺少的，她的聽覺把它補償起來了。她的聽覺非常敏銳，甚至當她在樓上時，都可以聽到她父母在屋子的另一端樓下廚房所講的話。這種超敏銳的聽力在全盲的人身上常常可以看到，這是大腦有能力為了改變的環境去調適的證明。不過這種超級敏感聽力是要付出代價的，在馬路上，如果有人按喇叭，她會立刻用雙手遮住耳朵，以避免感官負荷過量。在教堂中，她避免聽到管風琴的聲音，她會立即溜到門外。學校防火演習使她驚嚇，一方面是很大的噪音，另一方面是人群移動所造成的視覺混亂。

她同時也對觸覺超級敏感，卡洛把米雪兒衣服的標籤剪掉，使她不會感覺到摩擦。這好像她的大腦缺少把不需要的感覺篩掉的過濾器，所以卡洛常常必須替她做篩選來保護她。假如米雪兒有第二個腦半球的話，那就是她的母親。

「你知道，」卡洛說：「我以為我永遠不可能有小孩的，所以我們領養了兩個孩子。」米雪兒的哥哥比爾和姐姐莎朗。就像常常發生的一樣，在領養了孩子後，卡洛懷孕了，生下完全正常的兒子史帝文。卡洛和她先生希望有更多的孩子，但是自從生了史帝文以後，卡洛很難受孕。

有一天，卡洛覺得不舒服，像是害喜，所以她去驗孕，出來結果是陰性的。卡洛有點不太相信這個結果，所以她又驗了幾次，每一次在前兩分鐘都顯示是陰性的，再過十秒之後，才轉成陽性的。

在這期間，卡洛有間歇性的出血，她告訴我：「在驗孕後第三個禮拜，我回去找了醫生。他說：『不管試紙怎麼說，你已經懷孕三個月了。』當時，我什麼都沒想到，現在事後回想，我相信因為米雪兒在子宮中受到了損傷，所以我的身體努力想讓這個孩子流產，但是沒有成功。」

「感謝上帝，沒有成功！」米雪兒說。

米雪兒生在一九七三年十一月九日，初生的頭幾天對卡洛來說記憶模糊，因為她從醫院把米雪兒帶回家的那一天，一直跟她們住在一起的卡洛的母親中風了，家中一片混亂。

等到危機過去後，卡洛才察覺到不對勁：米雪兒的體重沒有增加，她不好動，也幾乎沒有發出任何聲音，她也不會用眼睛去追蹤移動的物體。於是卡洛開始不停的往醫院跑、看醫生。米雪兒六個月大時，醫生第一次開始懷疑她的大腦受傷。卡洛以為米雪兒眼球肌肉有問題，所以不能追蹤物體，她帶米雪兒去看眼科醫生，醫生發現米雪兒兩隻眼睛的視神經都受損，所以告訴卡洛，米雪兒的視覺永遠不可能正常，戴眼鏡也沒有用，因為受損的是視神經，而不是水晶體。更糟的是醫生認為這個問題出在米雪兒的大腦，是大腦病變使米雪兒的視神經萎縮。

就在這個時候，卡洛注意到米雪兒不會自己翻身，右手無法伸直。進一步檢驗證實了她是偏癱（hemiplegic），表示右半邊的身體有一部分是癱瘓的。她右手扭曲的方式看起來跟右腦中風的人很像。大部分的孩子在七個月左右開始爬，但是米雪兒坐在地上，不動如山。如果她真的要什麼東西，她用她好的那隻手去抓。

雖然她不屬於任何已知的病別，她的醫生還是開出了貝爾症候群（Behr Syndrome）的診斷證明，使她可以得到醫療照護和殘障補助。的確，她是有一些貝爾症候群的徵狀：視神經萎縮、神經性的平衡協調問題。但是卡洛和她先生知道這是不對的，因為貝爾症候群是個非常稀有的遺傳疾病，而卡洛和她先生的家庭都沒有任何人有這個疾病。三歲時，米雪兒被送到治療腦性麻痺（cerebral palsy）孩子的醫院去，雖然她並沒有被診斷為腦性麻痺。

當米雪兒在嬰兒期時，電腦斷層掃描（computerized axial tomography, CAT）才剛剛發明出來，這種精密的X光儀器可以照很多的大腦斷層圖片，將資料傳送到電腦。骨頭是白色的，大腦組織是灰色的，身體的空隙是漆黑的。米雪兒曾在六個月大時，接受過電腦斷層掃描，但是早期的掃描解析度非常差，她的圖片只是一團灰，醫生無法從其中做出任何判斷。

卡洛對她的孩子永遠不可能正常的看法感到非常的難過，有一天，卡洛正在餐廳餵米雪兒吃早飯，她先生正好經過餐廳，卡洛注意到米雪兒的眼睛可以隨著人體的移動而移動。「裝穀片的碗被我拋到天花板上了，我太高興了。」卡洛說：「因為這表示米雪兒並不是完全看不見，她還有殘留的視覺。」幾個禮拜以後，當卡洛跟米雪兒坐在門廊底下時，一輛摩托車經過，米雪兒用眼睛追隨那輛車。

然後，有一天，當米雪兒大約一歲時，她平時緊握在她胸前的右手打開了。

當她兩歲時，這個平常幾乎不講話的孩子突然對語言有興趣了。

「我回家時，」米雪兒的父親說：「她會說ABC！ABC！」把她抱在腿上坐時，米雪兒會用手觸摸她父親的嘴唇，以感受到他說話時口腔的震動。醫生告訴卡洛，米雪兒沒有學習障礙，事實上，她的智力看起來是正常的。

但是米雪兒到了兩歲仍然不會爬，她的父親知道女兒喜歡音樂，他會放米雪兒最喜歡的唱片，當唱片唱完時，米雪兒會叫：「嗚嗚嗚，再一次！」她的父親會堅持要她爬到唱機旁，他才要再放一遍。米雪兒整個學習的形態現在變得很明顯了：發展上顯著的遲緩，醫生要他父母試著適應這些問題，但是，不知怎地，米雪兒每一次都能使她自己超越那個障礙。卡洛和她先生變得對米雪兒更有信心。

一九七七年，當卡洛第三次懷孕，懷著米雪兒的弟弟傑佛瑞時，她的醫生說服卡洛讓米雪兒再照一次電腦斷層掃描。他說卡洛應該想知道米雪兒在她子宮裡究竟發生了什麼事，這樣才可以防止同樣的事發生在現在這個胎兒身上。

到一九七七年時，電腦斷層掃描的技術已經進步了許多，當卡洛看到新的掃描照片時，她說：「片子清楚的看到一邊有腦一邊沒有腦，就像白天和黑夜一樣清楚。」她非常的震驚。她告訴我：「假如他們在米雪兒六個月大時照片就是如此的話，我想我一定沒有辦法承受這個打擊。」但是現在米雪兒已經三歲半了，她已證明她的大腦可以適應和改變，所以卡洛覺得事情可能沒有那麼糟，米雪兒可能仍然有希望。

◆　◆　◆

米雪兒知道美國國家衛生研究院葛瑞夫曼（Jordan Grafman）醫生的團隊在研究她。卡洛曾經帶米雪兒到國家衛生研究院去，因為她讀到一篇有關神經可塑性的報導，在文章中，葛瑞夫曼醫生反駁了許多過去她被告知大腦問題的訊息。葛瑞夫曼認為只要給予幫助，大腦可以終其一生都不斷的發展和改變，即使在受了傷以後仍然可以。但是當地醫生告訴卡洛說米雪兒的心智發展到十二歲左右就會停止了，現在米雪兒已經二十五歲了。假如葛瑞夫曼醫生是對的，米雪兒失去許多寶貴的時間，她其實可以做許多對她可能有幫助的治療。這個想法帶給卡洛罪惡感，但是同時也帶給她希望。

卡洛和葛瑞夫曼醫生所做的第一件事就是幫助米雪兒了解她自己的情況，使她比較能控制她自己的情緒。

米雪兒對她的情緒非常的誠實，「許多年來，」她說：「只要我沒有達到我的目的，我就會大吵大鬧，自我小時候以來一直如此。去年，我厭倦了人們總是認為應該順著我的意，不然我的胞囊會控制我。」然後她說：「去年以後，我告訴我父母，我的胞囊可以應付必要的改變。」

雖然她可以重複葛瑞夫曼醫生的解釋，即她的右腦現在承擔左腦的工作，如說話、閱讀和數學，但她有時談到這個胞囊又好像它是個實質的東西，是個有人格和意志力的異物，而不是她腦殼中本來應該要有左腦的一個空洞。這個矛盾顯現出她思考的兩種傾向：她對具體事件的記憶是超強的，她記得所有的細節，但是她的抽象思考有問題。對具體的記憶強有些好處，米雪兒的拼字能力超強，而且可以記得字母在紙頁上排列的方式，因為就像很多具體事件的思考者一樣，她可以把事件記錄在記憶中，維持它們的**鮮明和生動**程度，就像她第一次看到這個事件時一樣。但是她覺得去了解一個潛藏著道德觀念、主題或沒有說明重點的故事很困難，因為這需要抽取出故事的中心意圖。

我一再碰到米雪兒將抽象符號具體化的例子。當卡洛在說她初次看到米雪兒沒有左半球的那張電腦斷層掃描時，她是多麼的震驚時，我聽到一個聲音。坐在旁邊聽的米雪兒開始在玩她剛剛喝水的瓶子，吸和吹空氣進入這個瓶子中。

「你在做什麼？」卡洛問道。

「呃，嗯，我在把我的感情吹進這瓶子中。」米雪兒說，好像她覺得感情真的可以灌輸到這個瓶子中似的。

我問米雪兒，她母親形容電腦斷層掃描片子的方式會不會使她不舒服。

「不會，不會，不會。嘸，你看，把它說出來是件重要的事，我只是在控制我的右半邊。」這個例子顯示米雪兒相信當她不高興時，她的胞囊就接手把主控權抓過去了。

有的時候，她會講很多無意義的字，她並不為了要溝通，而是為了要發洩她的感情，她曾提到她很喜歡玩字謎、猜字遊戲，甚至在看電視的時候也玩。

「這是為了要增進你的詞彙能力嗎？」我問道。

她回答道：「事實上，ACTING BEES! ACTING BEES! 我在看電視連續劇時這樣做，使我的心智不會無聊。」

她大聲的唱「ACTING BEES!」把一些音樂注入她的回答中，我請她解釋。

「這完全是無意義的，當，當，當，當，當我被問到使我感到挫折的問題時。」米雪兒說。

她常常選擇一些字不是因為它們的抽象意義，而是因為它們的物理性質或有相似的韻母——這是她喜歡具體事件的證據之一。有一次，當她從汽車中鑽出來時，她突然大聲唱「TOOPERS IN YOUR POOPERS」，她常在餐館中扯著喉嚨大聲唱，使人們都轉頭看她。在她開始唱歌之前，她會緊緊的咬住下巴，有一次她感到挫折，咬得太用力，咬斷兩顆大門牙，也曾好幾次咬斷後來裝的假牙，大聲唱無意義的歌幫助她戒掉用力咬的壞習慣，我問她唱無意義的歌是否使她平靜下來。

「I KNOW YOUR PEEPERS!」她唱道：「當我唱歌時，我的右邊控制我的胞囊。」

「它使你平靜嗎？」我問道。

「我想是吧！」她說。

這些無意義的字通常有開玩笑的性質在內，好像她用好笑好玩的字進入某一情境。但是這通常發生在她覺得她的心智不行了，她不懂別人在說什麼的時候。

「我的右半邊，」她說：「不能做別人右半邊可以做的事。我可以做簡單的決定，但是不能做那些需要很多主觀思考的決策。」

這是為什麼她不但喜歡而且愛上重複的、可能會讓其他人抓狂的行為，如輸入資料。她目前輸入了她母親做事的教區五千多名教友的姓名、資料，所有的訊息。她給我看電腦中她喜歡的消遣遊戲——接龍，當我望著她玩時，我很驚訝她竟然可以玩得那麼快，這個遊戲不需要主觀的評估，所以她**非常**有決斷力。

「噢！噢！看，噢，噢，看這裡！」她高興的尖叫，叫出每一張卡片的名字，把它們放在應該放的地方，開始唱歌。我發現她的大腦中已呈現出五十二張撲克牌的樣子，她知道每一張牌的位置和名字，不論它是正的或反的。

另一個她很喜歡的重複性作業是摺東西。每一個星期，她臉上掛著微笑，像閃電一樣，摺疊一千張教會的通告，她只要半個小時就做好，而且只用一隻手。

她在了解抽象概念方面的問題是她右腦太過擁擠最大的代價，為了要了解她對抽象概念的能力，我請她解釋一些格言給我聽。

「不要為打翻的牛奶哭泣」是什麼意思？

「它是說不要浪費你的時間去擔憂一件事。」

我請她再多解釋一些，希望她能說出對已經發生的不幸事件不要再去想了，因為於事無補。

她的呼吸變得沈重，開始用不愉快的聲音唱「DON'T LIKE PARTIES, PARTIES, OOOOO.」

然後她說她知道一個象徵性的句子：「That's the way the ball bounces.」，她說這個句子的意思是：「That's the way things are.」

接著我請她解釋一個她不曾聽過的格言：「住在玻璃屋中的人不可以丟石頭。（People in glass house shouldn't throw stones. 譯註：自取滅亡之意）」

她的呼吸又開始沈重起來。

因為她上教堂，所以我問她有關耶穌說的：「讓那個不曾犯過罪的人丟出第一塊石頭。（Let he who has not sinned cast the lst stone.）」我幫她講了耶穌說這話時當時的情境。

她嘆了一口氣後，呼吸沈重的唱：「I AM FINDING YOUR PEAS! 我必須好好的思考這個問題。」

我繼續問她物件的異同，這還是抽象的測驗，但是不像解釋格言或寓言那樣用到很長的符號序列，所以比較沒有挑戰性，異和同與細節有關，比較物體的異同其實具體多了。

她果然在這裡做得比別人快。椅子和馬有什麼相同的地方？她馬上接著說：「它們都有四條腿，都是給人坐的。」那麼差異呢？「馬是動物，椅子不是，馬自己可以走動，椅子不能。」我做了好幾個這種測驗，她每一個都拿到滿分，而且速度像閃電一樣，這次，她就沒有唱那些無意義的歌。我給了她一些算術題及記憶題，她也都拿滿分。她告訴我學校的算術都非常簡單，她都做得很好，所以他們把她從特殊教育班轉出來，回到普通班去了。但是到八年級時，老師要教代數，這是比較抽象的，她覺得很難。歷史也是一樣，一開始時，她表現得很好，像顆閃亮的星，但是當八年級開始介紹歷史觀念後，她就覺得她很難掌握了。她的記憶也是如此，細節記得很清楚，但抽象的思考就不行了。

✦ ✦ ✦

我開始懷疑米雪兒在某些心智能力上是個天才，在我們談話時，她會非常正確、非常有自信的改正她母親說的某一件事情發生的時間。她母親提到去愛爾蘭旅行，問米雪兒那是什麼時候。

「五月，一九八七年。」她想都不想，立刻回答。

我問她怎麼做到的，她說：「我記得大部分的事情……我想它們是很生動或什麼的。」她說她的生動記憶可以回溯到一九八〇年代中期，我問她是否有什麼方法來記住這些日期，有許多天才有他們自己的一套公式，她說她並沒有經過計算只是記住了時間和事件，但是她知道日曆是有規則可循的，每六年循環一次，然後變成五年循環一次，看閏年是什麼時候。「假如今天是六月四號星期三，那六年前的六月四日也是星期三。」

「還有別的規則嗎？」我問：「三年前的六月四日是星期幾？」

「星期日。」

「你用到規則了嗎？」

「沒有，我只是回溯我的記憶。」

我很震驚，我問她是否曾經對日曆著迷。她一口回絕：「沒有。」我問她是否喜歡記事情。

「只有某些事我喜歡。」

我問她幾個日期，然後我回去確認。

「一九八五年三月二日？」

「星期六。」她立即回答，而且是正確的。

「一九八五年七月十七日？」

「星期三。」快速又正確。我發現對我來說隨便想個日子出來問她，比她回答我還困難。因為她說她可以記得一九八〇年代中期的日子而不需要用到公式，我就想把她的記憶推得更遠，我問她一九八三年八月二十二日是星期幾。

這次她花了半分鐘，而且很明顯的在計算，輕聲對自己講話，而不是從記憶中提取。

「一九八三年八月二十二日，嗯，是星期二。」

「這比較難是因為？」

「因為在我心中，我只回到一九八四年的秋天，從那時起我開始把事情記得很好。」她解釋給我聽，她對每一天都有清晰的記憶，那天在學校裡發生了什麼事，她用這些日子做為基準。

「一九八五年的八月開始於星期四，所以我的方式是倒回去兩年，一九八四年的八月開始於星期三。」

然後，她笑著說：「我錯了，我說一九八三年八月二十二日是星期二，它其實是星期一。」我查了一下，她後來的改正是對的。

她的計算速度很令人驚異，但更令人驚異的是她對過去十八年來所有發生事件的生動記憶。有的時候，這些「白痴天才」（savants，譯註：這個名詞是專門用來指智商低於正常人，卻有專門能力高過一般的人，並沒有歧視意味在內，有時候英文也用 idiot savant）有他們自己的方式來代表經驗。俄國的神經心理學家盧瑞亞曾經研究過一個記憶很好的人S先生，他可以回憶一長串無意義的數字組合，後來他以表演記憶術為生，S先生的記憶像照片一樣，而且可以回溯到嬰兒期，他很有趣的地方是，他的感官神經迴路是混在一起的，沒有完全分化，這種現象叫感官混合症（synesthete，譯註：有這種現象的人各個不同，全世界大約四十多人，有人聽到大提琴聲音，某個顏色就浮現，湯太淡了，他說加些三角形）。有高層次的感官混合症的人可以經驗到抽象概念，如星期一是什麼顏色，星期二是什麼顏色，這使他們對某些事情有特別生動、顯著的記憶。S先生的某些數字是有顏色的，他也像米雪兒一樣，常抓不到問題的重心。

我跟米雪兒說，有些人當他們在想星期幾時，會有顏色出現，這使得他們的記憶更生動，他們的星期三可能是紅的，星期四是藍的。

「噢，噢！」她叫道。我問她是否有這能力。

「不是顏色那種，」她是看到景象：「星期一是我在兒童發展中心的教室。『哈囉』這個詞，讓我看到貝爾威勒（Belle Willard）大廳左邊那個小房間。」

「我的天！」卡洛喊道。她解釋米雪兒在十四個月大就去貝爾威勒特殊教育中心上課直到她二歲十個月止。

我繼續問她星期幾的事，每一個日子都有一個場景，星期六，她解釋她看見一個玩具，淺綠色的底，黃色的頭，上面有好幾個洞，是遊樂場的旋轉木馬。她想像她「坐」在旋轉木馬上（sat〔坐〕是Saturday〔星期六〕的第一個音節，這可能是為什麼她把星期六的經驗連接到遊樂場上）。星期天是跟陽光的景色連在一起（星期天是Sunday，而陽光是sun）。但是其他的景色她就不能解釋了，星期五是從空中俯視做煎餅的煎鍋，她們家整修前的廚房中有一個，但是十八年前就丟掉了（或許她把*Fri*-day〔星期五〕，跟*fry* foods〔煎食物〕連在一起了）。

✦ ✦ ✦

在美國國家衛生研究院的葛瑞夫曼醫生是位研究科學家，他想找出米雪兒的大腦是怎麼運作的。卡洛是在讀到他所寫的有關大腦可塑性的文章後跟他聯絡，把米雪兒帶去給他看。從那以後，米雪兒固定時間回去做測驗，他也用他所發現的新知識幫助米雪兒適應她的情況，也讓她了解她自己的大腦是怎麼發展的。

葛瑞夫曼是美國國家神經疾病及中風研究院認知神經科學組的主任。他有著溫暖的笑容，像唱歌似的聲音，淺色的頭髮，他六呎高的身軀一下子塞滿了他在國家衛生研究院狹小的辦公室。他有兩個研究興趣：了解額葉的功能，及了解神經可塑性。這兩個興趣合在一起正好可以解釋米雪兒特殊的能力和她認知上的缺陷。

二十年來，葛瑞夫曼是美國空軍生物醫學科學中心的上尉，他因為領導越南頭部傷害研究而得到獎章，他可能是世界上看到最多額葉受傷病人的醫生。

他的私人生活也一樣令人留下深刻印象，當他還在小學時，他父親嚴重中風，引起大腦受損，當時醫生對中風，或是說大腦，還不是十分了解，中風改變了他父親的人格。他會情緒突然爆發，也就是在「失去社會抑制」（social disinhibition）的情況下釋放出攻擊性、性慾，這些原本受到控制的本能。他父親也失去了掌握別人說話重點的能力。葛瑞夫曼當時並不知道他父親為什麼會這樣，他的母親和父親離了婚，他父親第二次中風，死於芝加哥一家旅館裡。

葛瑞夫曼在這打擊之下，小學中輟，變成不良少年。但是他心中有更多的渴望，所以他開始在早上去圖書館讀書，他發現了杜斯妥也夫斯基和其他人的小說。下午他去藝術學院，直到他發現那個地點對年輕的男孩不安全。晚上他去舊城的爵士樂酒吧，他學會街頭生存之道。為了避免被送進聖查爾斯感化院，那其實是收容十六歲以下少年的監獄，他花了四年時光在少年之家及教養院。在那裡他接受社工人員的心理輔導，這拯救了他，使他知道以後的人生要怎麼走。高中畢業後，他逃離了陰暗的芝加哥，來到了加州，他愛上了優勝美地（Yosemite）而決定做一個地質學家。在偶然的機會裡，他選了一門夢的心理學的課，改變了他的初衷，變成了一個心理學家。

他在一九九七年第一次接觸到神經可塑性。那時他在威斯康辛大學（University of Wisconsin）的研究所，研究一位大腦受傷的非裔美籍婦女，因為她的恢復在別人眼裡是奇蹟。蕾內塔在紐約的中央公園遭到攻擊勒頸窒息，而且棄之不顧讓她死去，她的大腦因為缺氧太久，造成神經細胞死亡。葛瑞夫曼第一次看到她時，是她受到攻擊的五年後，她的醫生放棄了她，認為不會改進了。她的運動皮質區受到嚴重傷害，所以幾乎不能動，坐在輪椅中，她的肌肉都萎縮了。醫生認為她的海馬迴可能也受傷了，因為她有記憶的困難，只能讀簡單的東西。自從被攻擊後，她的生活一路往下滑，她無法工作，失去所有的朋友。過去，像蕾內塔這樣的病人是被假設沒有希望改進的，因為缺氧會使大腦細胞死亡，大多數的醫生認為一旦大腦細胞死亡，大腦就無法恢復了。

即便如使，葛瑞夫曼的團隊還是給蕾內塔密集的訓練——那種復健科醫生通常給受傷後第一個禮拜的病人所做的復健。葛瑞夫曼曾經做過記憶的研究，知道復健是什麼，他在想如果把這兩個領域綜合起來，效果會如何。所以他建議蕾內塔開始記憶、閱讀和思考的練習。葛瑞夫曼完全不知道巴哈—y—瑞塔的父親二十年前曾經受到同樣訓練程序的幫助。

她開始動得比較多，比較願意跟別人溝通，比較能夠集中注意、思考，可以記得當天發生的事，最後，她可以回到學校念書，找到工作，重新進入這世界。雖然她並沒有完全康復，葛瑞夫曼對她的進步已經夠驚奇的了，他說：「這些練習治療增進了她的生活品質到一種令人震驚、不敢相信的地步。」

美國空軍資助葛瑞夫曼完成博士學位，他被授以上尉的官階，並被任命為越戰頭傷研究神經心理組的主任❶，這是他第二次接觸到大腦的可塑性。因為士兵總是面向戰場，所以他們受傷的部位很多都在額葉，這是大腦的一個重要的協調中心，使心智集中在現在發生事情的重點上，形成目標，並且做出快速決定。

葛瑞夫曼想找出影響受傷額葉回復正常的主要因素，所以他開始蒐集士兵受傷前的健康情況、基因、社經地位、智商來看哪一項可以預測士兵復原的機率。因為入伍的新兵一定要做軍人資格測驗（Armed Forces Qualifications Test，相當於 IQ 測驗），葛瑞夫曼可以研究受傷前和受傷後智商的改變，他發現除了受傷的部位和傷口的大小，士兵的智商最能預測他將來恢復的情況❷。大腦越有高的認知能力——備用的智力——越能對嚴重受傷做出適當反應。葛瑞夫曼的證據顯示高智商的士兵似乎比較能重組他的認知能力來支援受損部位的功能。

我們前面談過，根據狹義的大腦功能區域特定論，每一個認知功能都在一個先天設定的地方處理。假如這個地方被子彈破壞了，這個功能就永久的喪失了，除非大腦有可塑性，可以適應，並創造出新的結構來取代舊的、已受損的。

葛瑞夫曼想知道可塑性的極限，大腦重組結構要多久，也想知道有沒有不同種類的可塑性。因為每個人大腦受傷的位置跟嚴重程度都不一樣，他認為做個案研究效果應比團體研究來得好。

葛瑞夫曼的看法是綜合了非教條式的大腦功能區域特定論與大腦的可塑性理論。大腦分成好幾個區域，在發展的時候，每一區都有它自己的主要負責處理的某種心智活動。如果是複雜的心智活動，那麼必須有好幾個區域互相溝通來協調工作。當我們閱讀時，字的意義是儲存在大腦的一個區，字母的外表形狀又是儲存在另外一個區，字音又在另一個區。每個區域都有網路連接，所以當我們遇到一個字時，我們可以看見它、聽見它和了解它。每個區域的神經元都必須同時被活化，我們才看得見、聽得到，而且立刻了解它是什麼意思。

儲存所有訊息的規則反應出用進廢退的原則。我們用這個字的次數越頻繁，就越容易提取出來，即使在處理文字的區域受損的病人對於受傷前常常用的字，提取率也是比很少用的來得快。

葛瑞夫曼認為負責處理某一個行為的大腦區域，如儲存字的區域，位於中心的神經元是最投入這個作業的，在區域邊緣的神經元是比較不投入或不專注在做這件事上。所以鄰近的大腦區域就相互競爭來搶奪這些位在邊界的神經元，每一天的活動決定哪一塊區域會贏。對郵局裡每天看地址的工作人員來說，他們常是看信封上的字不去想它們的意義，所以在視覺區邊界的神經元和意義區邊界的神經元就變成負責「看」字的工作。而一個對字的意義感興趣的哲學家，這些邊界神經元就會去負責字的意義。葛瑞夫曼認為我們從腦造影所學到關於邊界神經元的新知都顯現出它們可以快速擴展，在幾分鐘之內，數量快速增加以應付我們臨時的需求。

從他的研究中，葛瑞夫曼找到四種可塑性[3]。

第一種是「地圖的擴張」（map expansion），即上面所說，因應日常生活需求，邊界的神經元即時的做出工作性質的改變，以處理當下的工作。

第二種是「感官的重新派令」（sensory reassignment）。當一種感官被阻擋了（如眼盲），這種情形就會發生。當視覺皮質沒有正常的刺激進來時，它可以接受其他感官（如觸覺）送進來新的訊息。

第三種是「補償性的欺騙」（compensatory masquerade），這種可塑性是來自大腦可以用不只一種的方法去執行一個作業，例如有人用地標來認路，有人可以用方向感來認路，因為他們有很強的空間方向感。假如他們因腦傷而失去了空間方向感，還可以回頭去用地標來達到同樣目的。在大家承認大腦有可塑性之前，補償性的欺騙（又叫做代償作用〔compension〕或替代策略〔alternative strategies〕），如閱讀有困難的人請他們用聽的、用錄音帶或有聲書來吸收知識，曾是幫助學習障礙孩子最主要的方式。

第四種可塑性是「相對應地區的接手」（mirror region take-over）[4]。當一個腦半球有些地方不能正常工作時，另一個腦半球相對應地區可以把這工作接過來做，可能做得沒有原來的那麼好，但是它可以調適，盡量使它跟原來一樣。

最後這一項來自葛瑞夫曼和他同事李維（Harvey Levin）對保羅研究的成果。保羅七個月大時出了車禍，頭部受到重擊使他頭骨的碎片插入了**右**腦頂葉，這是在額葉後面、大腦頂端的部分。葛瑞夫曼第一次看到保羅時，他已經十七歲了。

令人驚訝的是，保羅有計算和數字處理上的問題。一般來說，**右**腦頂葉受傷的人應該會有視覺—空間處理上的問題。大家都以為**左**邊頂葉是儲存數學知識和做計算，包括簡單算術的地方。但是保羅的左頂葉並沒有受傷。

電腦斷層掃描顯示保羅在他受傷的右腦有一個胞囊。葛瑞夫曼用功能性核磁共振在保羅做簡單的數學問題時掃描他的大腦。腦造影圖片顯示他的左腦頂葉**幾乎沒有**活化。

他們從這個奇怪的結果得到的結論是左腦在做算術時，活化得很少，因為現在它在處理視覺—空間的訊息，因為受傷的右腦已經不能處理它了。

保羅出車禍時只有七個月大，他還沒有學數學，因此，是在左腦變成處理計算的專家**之前**。在七個月到他開始學習算術的六歲之間，對他來說，空間比較重要，他需要視覺—空間處理，所以視覺—空間活動先在左邊頂葉跟右腦相對應的地區搶到位置。保羅可以在這個世界中自由遊走，不會走失，但是他也付出了代價，當他要學算術時，左邊頂葉中央的地區已經被視覺—空間處理搶過去用了。

葛瑞夫曼的理論為米雪兒的大腦發展提供了一個解釋。米雪兒的左腦組織在她的右腦做出任何功能承諾之前便喪失了，因為可塑性在幼年的時候最高，米雪兒沒有死亡可能是因為她大腦的受損發生得那麼早。當大腦還在長時，她的右腦有時間在子宮中做調整。出生後，她又有好媽媽照顧她。

所以有可能她本來處理視覺—空間的右腦現在可以處理語言，因為米雪兒是半盲，又不會爬，在她學會看和走之前，先學會了語言，語言在競爭上贏過了視覺—空間，就像保羅的視覺—空間贏過了計算。

心智功能遷移❺到另一邊的大腦上可以發生，因為在發展的初期，大腦的兩邊是很相似的。一些嬰兒的功能性核磁共振圖顯示新奇的聲音是在兩邊腦處理的，兩歲時，新奇的聲音就到左邊去處理了，這時左腦開始專門處理語音。葛瑞夫曼懷疑視覺—空間能力是否像語言一樣，一開始時，是兩邊大腦都處理的，然後左邊的處理被抑制住，因為右邊處理得比較好。換句話說，每一個半腦都有它的專長，但是這專長並不是先天就固定的。我們學習某一項心智能力的年齡強烈的影響處理它的區域。在嬰兒期，我們是**慢慢的**接觸外面的世界，當我們學新的技能時，比較合適的大腦區域因為還沒有做出任何功能上的承諾，就會被用來處理這個技能。

「這表示，」葛瑞夫曼說：「假如你去看一百萬個大腦的同一個地方，你會看到它們多多少少都承諾處理同一種功能。」但是他加一句：「它們不見得是完全相同的區域，而且它們也不應該是，因為我們每一個人的生活經驗都不同。」

米雪兒的特殊能力和缺陷之間的謎被葛瑞夫曼的額葉研究解開了。他的研究讓我們看到米雪兒為了生存所必須付的代價。前額葉是人類最特殊的地方，因為跟別的動物比起來，人類的要大多了。

葛瑞夫曼的理論是在人類演化的過程中，前額葉皮質發展出擷取訊息並長時間保存，使人類可以發展出遠見和記憶。左邊的額葉專門儲存**個人事件**的記憶，而右邊的專長在**抽取出主題**，或從一序列事件中找出重點或組織成一個故事。

要有遠見必須能從一序列還沒有完全展開的事件中抽出主要相關之處。這對生命來說非常重要：知道老虎什麼時候要撲上來，對我們祖先的生存很重要。有遠見之人不需要經驗整個事件就知道接下來要發生的是什麼。

右前額葉受損的人沒有遠見。他們可以看電影，但是抓不到電影的主題，也看不出劇本故事要怎麼走。他們沒有辦法做計畫，因為計畫需要把一序列的事件排列起來，使它們朝向想要的結果或目標。在右額葉受傷的人也不能完善的執行計畫，他們不能專注在重點上，很容易分心。他們在社交場合常常舉止不恰當，因為抓不住社交互動的重心，因為社交互動也是一序列事件的組合，他們不太能了解隱喻和明喻，因為這也需要從許多細節中抽取出重點或主題。假如一首詩說

「婚姻是戰場」，你必須知道作者的意思並不是說婚姻中真的有爆炸和屍體，而是指先生和太太的劇烈爭吵。

所有米雪兒有困難的地方——抓住重點、了解格言、隱喻、觀念和抽象的思考——都是在右腦前額葉的功能。葛瑞夫曼用的標準心理學測驗證實了她在計畫上有困難，在社交場合中分析出誰與誰的關係有困難，了解別人的動機（這是抓到主題，應用到社交生活上的一個層面）有困難，她在同理心及預見別人下一步的行為上都有困難。葛瑞夫曼認為她的缺乏遠見增加了她的焦慮感，使她更不能控制她的衝動。從另一方面來說，她有「白痴天才」的能力，可以記住個別事件及它們所發生的日期，這是左前額葉的功能。

葛瑞夫曼認為米雪兒同樣有相對應地區的功能取代現象，就像前面提到的保羅一樣，但是發生的地區是在前額葉皮質。因為我們通常是先學會登錄事件的發生，才學會抽取出它們的主題，所以事件的登錄——這是左前額葉的功能——就搶先佔據了她的右前額葉，使得主題的抽取根本沒有機會發展。

我在見過米雪兒以後去訪問葛瑞夫曼時，我問他，為什麼她對事件的記憶比我們好這麼多，為什麼不是只有一般普通的能力？

葛瑞夫曼認為她的超強事件記憶能力可能是因為她只有一個腦半球。一般來說，兩個腦半球會不停的溝通，一邊不但告訴對方自己在做什麼，同時還糾正對方的錯誤，規範它，使它不要妄自尊大，大腦用這個方法保持兩邊的平衡。但是假如一邊腦半球受損，不再能抑制它的夥伴時，會怎麼樣呢？

加州大學舊金山校區的米勒（Bruce Miller）醫生描述了一個非常戲劇化的例子。米勒醫生發現額顳葉心智退化症（frontotemporal lobe dementia）的病人如果是左邊受損，他們會失去了解字義的能力，但是**同時**會發展出不尋常的藝術、音樂和押韻的能力——這能力通常是在右顳葉和右頂葉處理的，他們變得非常會畫細節。米勒認為左腦通常是個霸凌，抑制和禁止右腦。當左腦自顧不暇時，右腦未被壓抑的能力就表現出來了。

葛瑞夫曼認為米雪兒超強的事件記憶[6]是因為一旦事件的登錄在她的右腦搶下了地盤，又沒有左腦去抑制它，她事件的記憶發展就超強了（一般人是一旦主題被抽取出來，細節就不重要，可以忘卻了）。

因為大腦同時有千百件事情在進行，我們需要抑制、控制和調整的力量以維持我們心智的正常，不會發瘋。這種抑制的功能在大腦中非常重要，沒有它，我們的思想和行為會同時向四面八方進行。我們以為大腦病變最可怕的事情是把我們的某個認知能力清除掉，但是同樣可怕的是大腦疾病會使我們表現出我們希望不存在的部分（人有一部分的自己是不希望被別人知道的），抑制是大腦重要的工作，當我們失去抑制的能力時，不要的慾望和本能統統都跑出來了，會使我們羞恥、發窘，破壞我們的人際關係和家庭。

幾年前，葛瑞夫曼從醫院拿到父親的病歷，中風使他父親失去抑制的能力，他發現父親中風的位置在右額葉皮質，正是他花了四分之一世紀研究的大腦皮質區。

✦ ✦ ✦

在我離開之前，我去參觀了米雪兒的心靈休憩之處。「這是我的臥室。」她很驕傲的說，房間漆成藍色的，堆滿了她所收集的填充玩具。在她書架上，有幾百本青春期少女所看的保姆俱樂部（Baby-Sitters Club）的書，她收集了全套卡洛波納的影集。看到她房間後，我開始想她的社交生活不知是什麼樣。卡洛告訴我米雪兒孤獨長大，沒有朋友，她用書取代朋友。

她對米雪兒說：「你好像不希望有旁人在你身邊。」有一個醫生認為米雪兒有自閉症的行為，但她不是自閉症。我也可以看出來她不是自閉症。她很好奇，知道有別人來訪，她很熱情，跟父母的關係很好。她希望（應該說，渴望）跟別人有連結，當別人不看著她的眼睛說話時，她覺得受傷。這種情形在「正常人」遇見殘障者時常出現。

聽到有人說她是自閉症，米雪兒發話了：「我的理論是我喜歡獨自一個人，因為這樣我不會引發任何問題。」她有許多嘗試跟別的孩子玩的痛苦回憶，孩子也不知道如何跟像她這樣殘障的人遊戲——尤其是她對聲音這麼敏感。我問她有沒有任何朋友是她一直保持連絡的。

「沒有。」她說。

「沒有，一個都沒有。」卡洛悄悄說。

我問米雪兒，在八年級和九年級時，男女生比較開始來往時，她有沒有喜歡去約會。

「沒有，沒有，我沒有約會過。」她說她從來沒有對哪一個男孩子傾心，她從來沒有真正對男孩子有興趣。

「你有沒有夢想過你會結婚？」

「我想沒有。」

◆ ◆ ◆

她的喜好、品味和渴望都有一個主題。保姆俱樂部的書、卡洛波納無傷大雅的幽默、填充玩具的收集以及我在她房間所看到的每一樣東西都顯示她處於發展上的一個階段——性潛伏期（latency），這是在青春風暴期之前一個安靜的期間。我認為米雪兒有許多冬眠的熱情，我不知道缺少左腦是否影響她荷爾蒙的發育，雖然現在她是一個發育完成的女人。或許她的喜好是她被保護長大的結果，或許她了解別人動機的困難使她退縮到一個世界去，在那裡，人的本性是安靜的，幽默是溫和的。

卡洛和她先生都是熱愛孩子的父母，他們認為在離開人世之前必須替米雪兒先做好打算。卡洛盡力安排其他的子女來照顧米雪兒，使米雪兒不必獨居。她希望米雪兒能在本地的殯儀館找到輸入資料的工作。

卡洛有癌症。米雪兒的哥哥比爾出過很多意外，他媽媽形容他是追求刺激的人。他被選為橄欖球隊長的那一天，他的隊友把他拋在空中慶祝他當選，結果他頭朝地摔下，摔斷了頸子，很幸運的，有一個第一流的外科醫生團隊救了他，使他免於全身癱瘓。當卡洛在告訴我她怎樣去醫院告訴比爾上帝正在引他注意時，我看了看坐在旁邊的米雪兒，她很平靜、安寧，臉上掛著微笑。

「你在想什麼，米雪兒？」我問道。

「我很好。」她說。

「但是你在微笑——你覺得這很有趣嗎？」

「是的。」她說。

「我敢說我知道她在想什麼。」卡洛說。

「什麼？」米雪兒問。

「天堂。」卡洛說。

「是，我想是。」

「米雪兒，」卡洛說：「是個信仰虔誠的人，在許多方面來說，這是一個很簡單的信仰。」

米雪兒對天堂有她自己的看法，當她想到天堂時，「你就會看到那種微笑。」

「你晚上會作夢嗎？」我問道。

「會，」她回答道：「有一點，但是不是惡夢，大部分是白日夢。」

「夢到什麼？」我問道。

「大部分夢到天堂。」

我請她告訴我她的夢，她開始興奮起來。

「好，」她說：「有一些我很尊敬的人，我很希望這些人會住在一起，男生一邊，女生一邊，都很靠近，其中兩個男人會同意讓我跟女生住在一起。」她的父母親也在那兒，大家都住在高高的公寓中，但是父母住在比較低層，而米雪兒跟其他的女人一起住。

「她有一天告訴我這些。」卡洛說：「『我希望你不在意，但是我們都上天堂時，我不希望跟你住在一起。』我說：『沒問題。』」

我問米雪兒那些人做什麼娛樂，她說：「就跟他們在度假時做的事一樣，你知道，像玩遊樂型的高爾夫球，不是工作的那些事。」

「那些男生和女生可以約會嗎？」

「我不知道，我知道他們會聚在這裡，只是為了做好玩的事情。」

「你認為天堂有實質物品，像樹和鳥嗎？」

「噢，當然，另一個有關天堂的事是天堂所有的食物都是無油、無卡洛里，我們可以吃所有的食物而不必付錢。」然後她又加了一句她母親一直告訴她的：「在天堂人永遠是快樂的，在天堂沒有疾病，只有快樂。」

我看到那個微笑——滿溢著內在寧靜。在米雪兒的天堂有著她所有渴望的東西：更多的人類接觸，男女之間安全的人際關係，這一切帶給她快樂。但是這一切都發生在往生以後，她會更獨立，她可以在附近找到她所愛的父母，她沒有疾病，也不會只有半個腦，她在天堂一切都沒有問題，就像她現在在人間一樣。

❶葛瑞夫曼所研究的大部分越戰老兵都是受到了穿入性的頭傷——子彈、砲彈碎片穿刺過他們的頭顱，傷到大腦。這些傷兵通常都沒有失去意識，大約有一半這種傷兵是自己走去野戰醫院，告訴醫生他們受傷了。

❷ J. Grafman, B. S. Jonas, A. Martin, A. M. Salazar, H. Weingartner, C. Ludlow, M. A. Smutok, and S. C. Vance. 1988. Intellectual function following penetrating head injury in Vietnam Veterans. *Brain*, 11:169-84.

❸ J. Grafman and I. Litvan. 1999. Evidence for four forms of neuroplasticity. In J. Grafman and Y. Christen, eds., *Neuronal plasticity: Building a bridge from the laboratory to the clinic.* Berlin: Springer-Verlag, 131-39; J. Grafman. 2000. Conceptualizing functional neuroplasticity. *Journal of Communication Disorders*, 33(4): 345-56.

❹ H. S. Levin, J. Scheller, T. Rickard, J. Grafman, K. Martinkowski, M. Winslow, and S. Mirvis. 1996. Dyscalcula and dyslexia after right hemisphere injury in infancy. *Archives of Neurology*, 53(1): 88-96.

❺像保羅那種右腦受傷的例子在重新組織左腦來做右腦的功能上並不會像米雪兒去重組她右腦的功能那樣俐落和有效。這可能是因為語言通常比非語言功能發展得早，所以當右腦的非語言功能想移到左腦去時，左腦已經被語言功能拿去用了。

❻一般來說，左邊的前額葉是我們登錄事件序列的地方，葛瑞夫曼認為在右前額葉找到事件的主題和意義之後，這同一個右前額葉可能抑制左腦對這些事件的記憶，因為沒有必要兩邊腦半球都來處理相同的事情。葛瑞夫曼認為我們能夠記得前一天發生的事及這件事的重點是「細節和意義之間的妥協」。對米雪兒來說，她的妥協成分比較少，因為她沒有兩個腦半球可以抑制事件的登錄，所以她的記憶就變得非常的鮮明生動了，因為她不需要妥協。

附錄1

# 文化塑造的大腦

## 不但大腦塑造文化，文化也塑造大腦

父母教養孩子就是使孩子文明化，
教他們怎麼把動物的本性透過規範的方式
轉換成別人可以接受的表達方式。
文明是一序列的技術進步，
在進步過程中，打獵—採集的大腦教導它自己、重組它自己。
文明是高階和低階大腦功能組合的一個悲哀的證明
就是當文明崩潰時，會產生內戰，殘忍的動物本性就會跑出來，
姦淫擄掠、殺人放火變成普遍的行為。
因為可塑性的大腦永遠都會允許結合在一起的功能再分開，
所以退回到野蠻永遠都有可能，
因此文明必須代代相傳，持續不斷。

腦跟文化之間的關係為何？

一般科學家的看法是人腦透過思想和行動，創造了文化。但是基於我們對神經可塑性的了解，這答案就不再令人滿意了。

文化不僅僅是被大腦所創造，它透過定義一連串的行動也會塑造心智。《牛津英文字典》（*Oxford English Dictionary*）對「文化」的定義是：「耕耘或發展——心智、態度、行為等等——透過教育和訓練增進或精緻化心智、品味和風度。」我們透過各種不同的活動訓練變得有文化，如民俗、藝術，跟別人互動，科技的運用，理念、信仰的習得，哲學觀念的共享和宗教。

神經可塑性的研究讓我們看到每一個實質的活動都會改變大腦及心智，這些活動包括身體上的、感官上的活動、學習、思考和想像。文化的想法和活動也不例外，我們的大腦因為我們從事的文化活動而改變——不論是閱讀、研究音樂或學習新的語言都會改變大腦。我們每一個人都有被文化調節過的大腦，所以當文化演進時，它會持續改變我們的大腦。就像莫山尼克所說的：「我們的大腦在細節上非常的不同❶，在文化發展的每一個階段……每一個人都要學習複雜的新技能、新能力，這些都需要很大的大腦改變……，我們每一個人在一生中都學了我們祖先所發展出的技能和能力，這些技能和能力隨著文化的發展是越來越精緻，它是透過大腦的可塑性重新創造文化的歷史。

所以，神經可塑性的觀點對文化和大腦的看法其實是一條雙向的馬路：大腦和基因創造文化，但是文化也塑造了大腦。有時這些改變是很戲劇化的。

## 海上的吉普賽人

海上的吉普賽人是在泰國西海岸，緬甸沿海熱帶島群中遊走的民族。他們是流浪的水上民族，孩子通常是還不會說話，便會游泳，有一半的人生是生活在船上，在公海中徜徉。他們的生、死都在船上，以採集蛤類和海參維生。他們的孩子可以潛水到三十呎深的海底去採集食物，包括很小的海洋生物。幾百年來他們都是這樣生活著，他們學會降低自己的心跳速率，以便能潛水更久，他們可在海底停留的時間通常是一般人的兩倍長。他們潛水時並沒有用任何潛水設備，有一種海上吉普賽人叫蘇錄人（Sulu），他們可以潛七十五公尺去採珍珠。

他們的孩子跟我們的孩子最大差別在他們不需要戴潛水鏡就可以很清楚看見海底的東西，大部分的人在水底看東西是不清楚的，因為水中的折射率與空氣中不同，陽光透過水時會折射，造成視覺偏差。

一位瑞典的研究者吉士林（Anna Gislén）請海上吉普賽❷的兒童在海底讀撲克牌，發現他們比歐洲孩子的正確率高了兩倍以上。這些吉普賽的孩子學會了控制他們的水晶體（lenses），更厲害的是可以控制他們瞳孔的大小，縮小百分之二十二。這真是一個驚人的發現，因為人的瞳孔在海底其實是會變大的，而且過去是認為瞳孔調節是先天設定、天生的反射行為，是大腦和神經系統所控制的。

海上吉普賽人在海底能夠看東西的能力並非完全是基因上的關係。吉士林從那以後開始教瑞典小孩收縮他們的瞳孔在海底看東西——這是大腦和神經系統出乎意料之外的訓練效果，它竟可以改變過去認為是固定、不可改變的神經迴路。

## 文化活動改變大腦結構

海上吉普賽人的海底視覺只是文化活動可以改變大腦神經迴路的一個例子。在這例子裡，我們看到一個新的、不可能的視覺改變。雖然研究者還沒有掃描海上吉普賽人的大腦，但現在已有別的研究顯示文化活動可以改變大腦結構。音樂就對大腦加上很多的負荷，當一位鋼琴家在演奏李斯特（Franz Liszt）的帕格尼尼第六練習曲第十一變奏曲時，必須每分鐘彈奏一千八百個音符❸，陶伯等人對音樂家的大腦掃描研究發現小提琴家練習得越久，他左手在大腦地圖上佔的地方就越大❹（譯註：拉小提琴是左手按弦，右手拉弓），腦造影圖顯示音樂家的大腦有好幾個地方，如運動皮質區和小腦，與非音樂家有顯著的不同。在七歲以前學習樂器的音樂家，他們連接兩個腦半球的胼胝體也比較大❺。

瓦沙力（Giorgio Vasari）這位藝術史學家告訴我們當米開朗基羅（Michelangelo）畫西斯汀禮拜堂（Sistine Chapel）時，他搭了一個鷹架幾乎跟天花板一樣高，站在上面畫了二十個月。瓦沙力寫道：「這個姿勢非常的不舒服，他要站著，頭往後仰，所以他的眼睛受傷了，有好幾個月，他只有在那個姿勢才能讀和看。」❻這可能是大腦重新組織了它自己，它使自己適應了只有在很奇怪的姿勢下才可以看。瓦沙力的說法看來令人不敢相信，但是研究顯示當請受試者戴顛倒的三菱鏡，把世界整個翻轉過來時，在很短的時間之內，受試者適應了，他們的大腦改變了，將視覺中心翻了過來，所以他們看外在世界不是正的了，甚至還可以閱讀倒著拿的書❼。當他們把菱鏡拿掉以後，他們看世界又是顛倒的，要重新適應才行，就像米開朗基羅一樣。

並不是只有高層次的文化活動才會改變大腦的迴路。倫敦計程車司機開車的年資越久，他們掌管空間地圖的海馬迴後端就越大❽。即使休閒的活動也會改變大腦結構，打坐的人他們的腦島（insula）比較厚❾，腦島跟集中注意力的行為有關。

海上吉普賽人跟計程車司機、打坐的人和音樂家都不同，因為他們的文化是個打獵—採集的文化，他們一生都在水面上度過，他們都享有海底視覺的能力。

在相同文化中的所有成員常做同樣的行為，叫做「文化的簽名活動」（signature activities of a culture）。對海上吉普賽人來說，這個活動是在海底看東西；對生活在資訊時代的我們來說，閱讀、寫作、使用電腦和電子媒體是我們的簽名活動。簽名活動跟人類共有的活動如看、聽、走路不同，共有活動是只要一點提示、一點鼓勵就會發展出來，而且是全人類都有的，即使是那些少數在文化之外長大的人也有。簽名活動則需要訓練和文化經驗，它使我們發展出一個新的、特殊連接的迴路。人並沒有演化出在水底可以看得見東西的能力，我們祖先從水裡爬上陸地時，把我們水生動物的眼睛，跟我們的鱗片及鰭都抛下了，我們演化成在陸地上看得清楚。海底視覺並不是演化的禮物，大腦的可塑性才是禮物，這使我們可以適應各種不同的環境而生存下去。

## 我們的大腦還停留在更新世嗎？

對於我們大腦可以做出各種不同的文化活動有一個很流行的解釋，它是一群演化心理學家所提出的，他們認為人類大腦都有共同的基本模組（大腦中的區域）或硬體，這些模組發展成擅長執行不同特定文化作業，有些負責語言，有些負責求偶，有些負責分類等。這些模組在更新世（Pleistocene）時發展出來，大約是一百八十萬年前到一萬年前，當人類以打獵—採集方式生活時，模組透過本質上沒有改變的基因被傳了下來。因為我們都共享這些模組，人性和心理的基本層面是全人類都具備的。然後這些心理學家又補充說成年人的大腦在結構上是自更新世以來就沒有改變的。這個補充說得太過頭了，因為它沒有把大腦的可塑性及一些基因的遺傳性[10]考慮進去。

打獵—採集的大腦跟我們現在的大腦一樣有彈性，它絕對不是「陷在」更新世的時代動彈不得，而是能夠因應生活情況的改變而重新組織它的文化結構和功能。事實上，就是因為它有改變調整自己的能力，我們才能從更新世中脫身，繼續往前演化。這個歷程被考古學家米沈（Steven

Mithen）叫做「認知的流動性」（cognitive fluidity）[11]，我認為這個歷程的機制就在大腦的可塑性，我們大腦的所有模組在某個層次上都有可塑性，在一個人一生的經驗中，可被組合或分化來執行許多功能，就像帕斯科—里昂的實驗，他把老師的眼睛矇起來不到一個禮拜，就發現這些老師的視覺皮質可以處理聲音和觸覺了。要適應現代世界，模組一定要能改變，因為我們靠打獵—採集維生的祖先從來不曾接觸過像我們現在生活的情境。有一個功能性核磁共振的實驗顯示，我們現在用來辨識汽車和卡車的模組跟我們用來辨識臉孔是同一個模組。顯然打獵—採集的大腦並不是演化來辨識汽車和卡車的，臉部辨識模組在處理形狀上是最有競爭力的[12]：車燈很像人的眼睛，車的引擎蓋很像人的鼻子，水箱透氣格柵很像嘴巴，所以我們有彈性的大腦，只要一點訓練和結構的改變，就可以用辨識臉上的系統來處理車子形狀、種類的辨識了。

孩子用來閱讀、寫字和計算的大腦模組早在文字發明之前就已經演化出來了，因為人類文字的發明才幾千年而已。文字的傳播那麼快，大腦不可能演化出以基因為主的模組來處理閱讀。畢竟在一個世代之內便可以教會本來是文盲的打獵—採集部落識字，而在這樣短的時間內是不可能在全部落發展出閱讀模組的基因。今天的孩子在學習閱讀時，是重新經歷一次文明的發展史。三萬年前，人類學習在洞穴的壁上畫圖，畫圖需要視覺功能（處理影像）和運動功能（指揮手的運動）連結的形成和強化，到了紀元前三千年左右，發明了象形文字（hieroglyphic），用一些簡單、標準化的圖形來代表外界的產物——這不是很大的改變，洞穴上的畫也是代表外界的物體。下一步，這些象形文字被轉換成字母，拼音的字母首度被發明出來來代表聲音而不是視覺的影像。這個改變需要處理字母影像的神經元、處理聲音和意義的神經元以及移動眼睛的運動神經元全部連接起來共同完成一個功能。閱讀的經驗越多，這些迴路的連結越被強化，閱讀速度便加快了。

莫山尼克和塔拉的實驗就讓我們知道可以在大腦中看到閱讀的迴路。這些帶有特色的文化簽名活動使得大腦的迴路也帶有特色，而這迴路並不存在於我們祖先的大腦中。莫山尼克說：「我們的大腦跟之前所有人類的都不同⓭……因為我們的大腦是根據生理和功能上的實質尺度而改變的，每一次我們學會一個新的技術或發展出一個新的技能都會改變它。大幅的改變則與我們現代化的特殊性有關。」雖然因為大腦有可塑性，不是每一個人都用到同樣的大腦區域來閱讀，但閱讀還是有特殊的神經迴路在處理它——生理的證據顯示文化活動是可以導致大腦結構改變的。

## 為什麼人類變成卓越的文化傳承人

我們很自然會想知道：為什麼是人類，而不是其他的動物，發展出文化？其他動物的大腦也有可塑性，黑猩猩也有基本的文化形式，牠們可以製造工具，也可以教下一代去使用它，牠們會用符號做基本的運算。但是牠們所能做的非常有限。神經學家沙波斯基（Robert Sapolsky）指出這個答案其實在人與黑猩猩之間非常小的一點點基因上的差異。我們和黑猩猩共享百分之九十八的基因。人類基因體的解碼使得科學家可以知道究竟是哪些基因造成人和黑猩猩的差別，結果發現有一個基因是決定我們應該有多少神經元的基因。我們的神經元基本上和黑猩猩一模一樣，甚至和海蝸牛也一樣。在胚胎時，所有的神經元都來自一個細胞，它分裂成二，再成四、再成八等等。有一個調節的基因會決定什麼時候這個分裂應該停止，人的這個基因與黑猩猩的不同[14]。這個分裂的程序在人類身上一直進行，直到我們有一千億的神經元後才停。黑猩猩身上的這個程序比較早停止，所以牠們的大腦只有我們的三分之一大。黑猩猩的大腦也有可塑性，但是我們跟牠們之間神經元數量上的差異造成了神經連結呈等比級數的差異，因為每一個神經元可以有幾千個神經元的連結。

諾貝爾生醫獎得主艾德曼指出：光是人類皮質就有三百億那麼多的神經元，可以產生一千兆的突觸連接。艾德曼寫道：「假如我們考慮所有可能的神經連結[15]，看到的會超越天文數字：十後面至少有一百萬個零（目前宇宙已知有十後面七十九個零那麼多的粒子）。這個數字解釋了為什麼人類的大腦可以被稱為宇宙間最複雜的已知物體，這也是為什麼它可以不停的、大量的做微結構的改變，能夠做這麼多不同的功能和行為，包括不同文化的行為。

## 改變大腦結構的非達爾文方式

在大腦的可塑性發現之前，科學家都認為改變大腦惟一的方式是經由物種的演化，而物種演化是需要經過千百萬年的。現代達爾文演化的理論認為新的生物大腦結構上的改變來自基因的突變，假如某個突變有生存上的價值，就很可能傳到下一代去。

但是可塑性創造了另一個新的方式：在基因突變之外，引進了一個用非達爾文主義的方式改變個體大腦結構的新方法。當父母親閱讀時，他們大腦的微層次結構就改變了。父母可以教孩子閱讀，閱讀也改變了孩子大腦的結構。

大腦的改變可以有兩種方法：模組之間神經迴路的精細改變以及原始打獵─採集大腦模組的改變。因為在有彈性的大腦中，一個區域或大腦功能的改變會流傳到整個大腦，改變跟它連接的所有模組。

莫山尼克的實驗顯示聽覺皮質的改變──增加神經元發射的速度，引起跟它有連接的額葉改變。他說：「你不可能改變主要聽覺皮質區而不改變額葉皮質所發生的事。這是完全不可能的事。」大腦並沒有一套只能用在某一部分的可塑性規則，又有另一套只能用在另一部分的可塑性規則（假如是這樣的話，大腦的不同部位就不能互動了）。當兩個模組因為文化活動而以新的方式連接在一起時──如閱讀將不曾連在一起的視覺和聽覺模組連起來──這兩個功能的模組都因為這個連結而改變，創造出一個新的整體，功能大於個別功能的總和。結合大腦可塑性和功能區域特定論的觀點，是把大腦當作一個複雜的系統，就像艾德曼所說的：小的大腦部件形成一個成分混雜的大部件，這些小部件或多或少都有相當的獨立自主性。但是當這些部件互相連接，變成更大的模組群時，它們的功能會相互組合在一起，得出一個新的，跟組合的層次有關的新功能⑯。

同樣的，當一個模組失敗時，也會牽連到跟它連接的模組。當我們失去一種感官時——如聽力——其他的感官會變得更活躍、更正確，以補償這個模組失敗的損失。它們增加的不只是處理的**量**，同時也改變**質**，使現存的模組變得比較像失去的那個。專門研究可塑性的內維爾（Helen Neville）和勞森（Donald Lawson）發現聾啞生周邊視覺能力比較強[17]，用來補償他們聽不見遠處車子接近的聲音，他們的研究是測量神經元的發射率來決定大腦哪些地方活化了。聽力正常的人是用大腦頂葉來處理周邊的訊息，而聾啞生用他們的視覺皮質來處理周邊的訊息。大腦模組的改變——這裡是減少輸出——導致另一個模組結構和功能的改變。所以聾啞生的眼睛就變得像耳朵一樣，更能注意到周邊發生的事情。

## 可塑性與昇華：如何使我們動物的本性文明化

一起工作的模組會相互影響的原則，或許可以解釋我們為何可以混合殘忍的獵食者和支配的本能（這是本能模組在負責的）與認知—大腦皮質的傾向（這是智慧模組所負責的），使我們在運動或競爭性的遊戲中，如西洋棋或藝術音樂的競賽，出現既有本能，又有智慧，集二者於一身的活動。

像這樣的活動叫做昇華（sublimation）。這是一個很神祕的歷程，殘忍的動物本能可以被文明化。昇華怎麼發生的，沒有人知道。父母教養孩子就是使孩子文明化，教他們怎麼把動物的本性透過規範的方式轉換成別人可以接受的表達方式，例如身體接觸的運動、下棋或電腦遊戲、戲劇、文學和藝術。在攻擊性的運動中，如足球、冰上曲棍球、拳擊和橄欖球，球迷加油的方式通常是殘忍野蠻的喊叫（殺他！扁他！把他生吞活剝等），但是文明的規則修正了這種本能的表達方式，所以球迷支持的隊伍贏了的話，他們就會滿足的離去。

一百多年以來，受到達爾文理論的影響，很多人都認為我們體內有野蠻殘忍的動物本性，但是他們不能解釋為什麼這些本能會昇華。十九世紀的神經學家如傑克遜（John Hughlings Jackson）及佛洛伊德，根據達爾文的理論，把大腦分成「低等」部分，這是我們跟動物一樣有的大腦部分，專門處理殘忍動物本性的地方；以及「高等」部分，這部分是人類所獨有，可以抑制我們殘忍野蠻本性的表達。的確，佛洛伊德文明是建立在被壓抑的性和攻擊本能上的。他也認為我們在壓抑這些本能上會太過頭，導致神經病（neurosis）的病態行為出來（譯註：有一個方式可以很好的區分出神經病和精神病〔psychosis〕，神經病的人知道一加一等於二，但是他不喜歡這個結果；精神病的人不承認一加一等於二，他認為應該是三；前者仍保有世界的真實性，後者已失去了真實性）。理想的解決方式就是找出讓這些本能可以為大家接受的表現方式，最好還能被其他人類所獎勵。這是有可能的。因為這些本能本身也有可塑性，可以改變它們的目標。佛洛伊德把這種歷程叫「昇華」，但是他自己也承認，他從來沒有解釋昇華是怎麼發生的，本能怎麼轉換成比較理智的文明動作。

可塑性的大腦解決了昇華的謎。演化來從事打獵—採集生存方式的行為，如追蹤獵物，可以被昇華為競賽性的運動，因為我們的大腦演化來把不同的神經元和模組以新奇的方式連接在一起。沒有什麼理由大腦本能部分的神經元不能跟認知皮質的神經元連接在一起再連到我們的快樂中心，使它們可以形成新的整體。

這個新整體比組合它的部件總和還多，也跟組合它的部件不同。莫山尼克和帕斯科—里昂都認為大腦可塑性的一個基本原則是當兩個區域開始相互組合在一起時，**它們彼此影響而形成一個新的整體**。當一個本能（如追蹤獵物）跟一個文明的動作（如把對方的國王逼到西洋棋盤的角落）連在一起時，在大腦中本能的神經迴路也會跟文明智慧的神經迴路連在一起，下棋仍然有打獵的那種興奮的情緒，但是它不再是嗜血的追蹤。低階的本能大腦跟高階的皮質大腦的二分法開始消失。當低階和高階互相轉換溝通而形成一個新的整體時，我們把它稱為「昇華」。

文明是一序列的技術進步，在進步過程中，打獵—採集的大腦教導它自己、重組它自己。文明是高階和低階大腦功能組合的一個悲哀的證明就是當文明崩潰時，會產生內戰，殘忍的動物本性就會跑出來，姦淫擄掠、殺人放火變成普遍的行為。因為可塑性的大腦永遠都會允許結合在一起的功能再分開，所以退回到野蠻永遠都有可能，因此文明必須代代相傳，持續不斷（譯註：這是天下分久必合，合久必分的道理，我父母那一代飽受日本侵華，顛沛流離之苦，所以我們這一代不敢輕言戰爭，承平之日久了，下一代不知戰爭的可怕，政客一挑撥族群或宗教，就會爆發戰爭，戰爭後倖存的人又會教他的下一代戰爭的恐怖，天下又會太平一陣子了）。

## 夾在兩個文化中間的大腦

被文化所影響的大腦當然也受到可塑性矛盾的規範（見第九章），我們可能更有彈性也可能更為僵化——這是現在多元文化的世界所面臨的一個主要問題。

遷移（移民）對有可塑性的大腦來說是件痛苦的事。學習一種文化是一個有益的經驗，學新的東西，使新的神經元連接，使神經元成長。但是可塑性也可能有消滅的效果，它可以把神經剪掉，例如青春期時，大腦修剪掉沒有跟其他神經連接過的神經元，也將沒有再用到的神經迴路修剪掉。每一次可塑性的大腦學習新的文化，而且一直用它，這時都要付出代價：大腦會失去一些既有的神經結構，因為可塑性是很有競爭性的。

西雅圖華盛頓大學（University of Washington）的庫爾（Patricia Kuhl）教授做了一個腦波的實驗，顯示嬰兒可以聽出人類幾千種語言中，**任何**語音的差異。但是一旦聽覺皮質發展的關鍵期關上門後，在單一文化中長大的嬰兒就失去了辨識這些語音的能力，沒有再用到的神經元就被修剪掉了。最後，這個文化所使用的語言決定了大腦地圖。現在這個大腦會過濾掉幾千種的聲音，把它認為不相干的都去除以節省大腦處理的能源。日本六個月大的嬰兒可以分辨英文中的r跟l的差異，表現得跟美國嬰兒一樣的好，到一歲時，日本嬰兒就不會了。假如這個嬰兒長大後，移民到美國，他對分辨英文的r和l音一樣有困難。

移民對成年的腦而言，是個無止境的辛苦工作，需要大量的神經元重新組合，也需要大量的皮質資源。它比學習一種新事物困難得多，因為新的文化在與關鍵期就發展好的母文化進行神經迴路上的競爭。要成功融合到新文化中至少要經過一個世代，當然也有例外。只有還在關鍵期內就接觸到新文化的孩子才會覺得移民不那麼混亂和創傷。對大多數人來說，文化的衝擊就是大腦的衝擊[18]。

文化的差異性很難克服，因為當我們習得我們的母文化時，它被連接到我們大腦中，變成「第二本能」，就像我們天生而來的許多本能一樣的自然。文化所帶來的品味差異——在食物上、在家庭型態上、在感情上、在音樂上——常被認為是「自然」的事，雖然它們其實是學習而來的。我們的非語言溝通方式對我們來說是很自然的，因為它們是深深設定在我們的大腦中，例如我們應該跟別人站得多靠近，說話時該以怎樣的韻律和音量，別人談話時，我們要等多久才能去打斷它，這些都跟我們從小的學習有關。當我們改變文化時，會驚訝的發現這些習俗根本就不是天生的，即使我們做最小的改變，如搬到一棟新房子裡去，就會發現這麼基本的空間感覺竟然都要花時間去學習。我們對過去認為理所當然的、天生就有的空間移動方式現在都得慢慢去改變，因為我們要等大腦重組它自己。

## 感官和知覺的可塑性

「知覺學習」是大腦在學習如何比較正確去看到東西所產生的學習，如海上吉普賽人的例子，在這個過程中會發展出新的地圖和新的結構。知覺學習也有以可塑性為基礎的大腦結構改變，我們在前面看到莫山尼克的 Fast ForWord 可以幫助有聽覺區辨困難的孩子，其實就是幫助他們發展出更精緻的大腦地圖，使他們可以清楚聽到正常說話速度的語言。

過去我們都假設人類是透過每個人都有的知覺器官在吸收文化，但是知覺學習讓我們看到這個假設不是完全正確。其實，文化決定了我們可以看到和有看沒有到的情境和物體。

最早想到大腦可塑性可以改變我們對文化看法的人包括加拿大的認知心理學家唐諾（Merlin Donald）。他在二〇〇〇年提出文化會改變我們**功能性**的認知結構[19]，他的意思是說，就像學習閱讀和寫字，心智功能要重新組合過。我們現在知道心智功能要改變，生理結構也必須改變才可以。唐諾認為複雜的文化活動，如文學和語言，改變了大腦的功能，但是我們最基本的大腦功能如視覺和記憶是沒有改變的。「沒有人認為文化會改變視覺的基本機制或基本的記憶容量，但是，文學的功能性結構不能改變就顯然是不對的，語言的功能性結構不能改變可能也是不對的。」他說。

而幾年以後，我們可以看到就算是視覺處理和記憶容量這些基本的大腦功能，在某些層次上也是有神經可塑性的。文化可以改變基礎的大腦活動（如視知覺）是一個非常前衛的看法。儘管幾乎所有的社會科學家——人類學家、社會學家、心理學家都認為不同文化對世界的解釋不同，但是大部分的科學家和外行人幾千年來的假設，就像密西根大學（University of Michigan）的社會心理學家尼斯比特（Richard Nisbett）說的，「一個文化中的人和另一個文化中的人信仰不同，這些不同不可能來自他們有不同的認知歷程[20]，這不同一定是來自他們接觸到不同層面的世界或接受了不同的教導。」二十世紀中葉最著名的歐洲心理學家皮亞傑（Jean Piaget）測試歐洲的兒童，發現知覺和推理在發展上的進度是全人類一樣的，而且這個歷程是有普遍性的。沒錯，學者、旅行者及人類學家很早就觀察到東方人（受到中國文化的影響）和西方人（受到希臘文化的影響），看東西的方式是不同的[21]。但是科學家假設這個不同是來自於對同樣東西的**解釋**不同，而不是在知覺器官和結構的微層次上有所不同。

例如，我們常說西方人用「分析」的態度來看事情[22]，把所看到的東西分解成個別的零件，從零件的成分開始了解。東方人喜歡用整體的態度去看事情，強調部件之間的交互關係，他們看的是全面[23]，不是零件。人們也說西方的分析法和東方的整體觀可以反映在大腦的兩個半球上，兩者是平行的，左半球是序列性的處理和分析，右半球是處理同時性和整體性的東西[24]。這些看事情的不同方法是因為解釋上的不同，還是東方人和西方人看的事情本來就不同？

這個答案並不清楚，因為幾乎所有的知覺研究都是西方學者用西方人做的，即大多數研究是用美國的大學生為受試者。直到尼斯比特採用實驗來比較美國、日本、中國、韓國的學生在知覺上有無不同。他其實是認為不論哪國人，看事情的方式和推理方式都是相同的㉕。

在一個典型的實驗中，尼斯比特的日本學生增田（Take Masuda）給日本和美國學生看八段動畫——魚在水裡游。每一段動畫都有一隻主角魚，游得比較快或體型比較大，或顏色比較鮮艷，牠就是比其他一起游的魚特殊，比較引人注意。

當實驗者要受試者描述剛剛看過的動畫時，美國人比較會描述主角魚，日本學生會注意到比較不顯著、不突出的魚，背景的岩石、植物和其他動物等，日本學生在這方面的描述比美國學生多了百分之七十。然後實驗者把這些物體單獨抽出來給受試者看，美國人不管是否在原始的情境，都一樣能辨認出這些物體；日本人是在原始的情境中辨識才比較好，他們看物體是和它的背景連在一起看的。尼斯比特和增田同時也測量受試者的反應時間，看他們可以多快辨識出物體來。這個測驗是想知道他們視覺處理歷程有無**自動化**。當物體被放在一個新的背景中時，日本人會犯錯，美國人不會。這些知覺的層面不是由我們的意識系統所控制的，它決定於受過訓練的神經迴路和大腦地圖。

這些和其他類似的實驗證實了東方人對整體的知覺性高，看東西時是看它和背景的關係或它和其他事情的關係，西方人看事情是單獨看。東方人看東西是從廣角鏡頭看出去，西方人是用窄但聚焦清楚的鏡頭來看。從我們對可塑性的了解，可以知道如果用不同的方式來看事情，每天重複幾百次的大量練習一定會改變跟它有關的神經網路，如果用高解析度的掃描儀器在東西方人看和知覺東西時去掃描他們的大腦就可以解決這個問題了。

尼斯比特的團隊後來實驗確認當人們改變文化時，他們是學習用新的方式去知覺[26]。在美國住了好幾年後，日本人開始跟美國人看東西的方式一樣。所以，很清楚的，這知覺上的差異不是來自基因。美國亞洲移民的孩子看事情的方式[27]反映出兩種文化，因為他們在家裡受到東方文化的影響，在學校受到西方文化的影響。他們有時以整體的方式去處理訊息，有時他們集中注意到特別突出的物體上。有一個研究顯示在兩個文化中長大的人在東方和西方的知覺中轉換，不停改變他們的知覺方式[28]。香港是處於英國和中國的影響之下的，我們可以用實驗的方法，給受試者看米老鼠或美國首都的圖片，促發他偏向西方的知覺方式，用廟或龍的圖片來促發他偏向東方的知覺方式。所以尼斯比特和他的同事是第一個用實驗的方法顯示「跨文化」的知覺學習。

文化可以影響知覺學習的發展，因為知覺不是一件被動的事，不是如一般人假設的那樣，從下而上（bottom up）的歷程，不是當刺激從外面世界接觸我們的感官細胞時，感受體把這訊號傳到較高的知覺中心而已。知覺的大腦是主動的，永遠在調整它自己。觸覺需要行動，我們會用手指去滑過物體的表面以決定它的質料和形狀，視覺也是，一雙靜止不動的眼睛是不可能看到[29]複雜的東西的。我們的感覺皮質和運動皮質都在知覺上扮演重要角色[30]。神經科學家法爾（Manfred Fahle）和巴吉歐（Tomaso Poggio）已經用實驗證明高層次的知覺會影響低層次大腦感官部分的神經可塑性[31]。

不同文化在知覺方式上的差異並不證明一個知覺的行為會跟下一個行為一樣的好，或是說在知覺上每件事都是差不多的。顯然在某些情境，我們需要比較窄的視角，有些需要廣角鏡頭、比較整體的看法。海上吉普賽人用他們對海的經驗及整體的知覺兩者的組合來生存。他們對海洋的情緒如此的熟悉，當二〇〇四年十二月二十六日海嘯發生時，他們存活了過來（那次海嘯重襲印度洋國家，死了二十幾萬人）。他們看到海水不正常的退去，大象開始往高處爬，他們聽到蟬突然不叫了。海上吉普賽人開始告訴族人他們祖先傳下來有關吃人的海浪的故事，告訴族人，吃人的海浪又來了。在現代科學還不知道怎麼回事之前，他們紛紛棄舟上岸，往最高的山頭爬。他們所做的只是把所有不尋常的事件放在一起來看，用一個非常大的廣角鏡來看整個事情，這個能力即使用東方的標準，也是很特殊的，受到分析科學研究法影響的現代西方人就沒有辦法這樣做。的確，當海嘯發生時，緬甸的漁人也在海上，他們就沒有存活下來。有人問一位海上吉普賽人，緬甸的漁人也是一樣熟悉海，為什麼他們沒有逃過此劫?

這個人回答：「他們在看魷魚，他們沒有在注視（look at）任何東西，所以他們什麼都沒有看（see）到，他們不知道該怎麼注視。」[32]（譯註：look 和 see 在中文雖然都是看的意思，在英文中的意思不同，look 是主動搜尋，see 是被動接受。）

## 神經的可塑性與社會僵化

耶魯大學（Yale University）的精神科醫生及研究者魏克斯勒（Bruce Wexler）在他的《大腦與文化》（*Brain and Culture*）一書中[33]認為當我們年紀大時，神經的可塑性會相對減少這個事實，可以用來解釋很多社會現象。在童年時，大腦隨時因應外面世界塑造它自己，發展出神經心理的結構，這結構中包括我們對世界的看法。這些結構形成我們知覺學習和信仰的神經基礎，一直到複雜的理念都與這複雜的結構有關。就像所有的可塑性現象，這些結構常在很早就被強化，假如一直重複的話，它就可以自我維持。

當我們年紀大了，可塑性下降時，要我們改變自己去適應外面世界就越來越難了，即使我們願意做，也常心有餘而力不足。我們喜歡熟悉的刺激，我們去找相同想法的人做朋友，研究顯示我們傾向於忘記、忽略、不相信跟我們信念不合的證據，因為用不熟悉的方法去知覺或思考這個世界是很困難、很花腦筋的事。所以老年人就會保存他內在已有的結構，當內在的認知神經結構跟外在世界有不相符的地方時，他想辦法去改變世界。他開始去經營他的環境，去控制它，使它變得熟悉。但是這個歷程常使整個文化的團體想把他們對世界其他文化的看法強加諸別人頭上，而常常變得暴力，尤其在現代世界地球村的情況，把不同文化的人變成鄰居，擴大了這個問題，魏克斯勒的看法是：我們所見到的跨文化衝突其實是大腦可塑性下降的後果。

我們還可以加上一句，極權主義的政府有個直覺，在某個年齡以後，人非常難改變，這是為什麼極權主義政府要很早就開始用教條為小孩子洗腦。例如北韓是目前所有集權政府中最極權的一個國家[34]，它把兩歲半到四歲的孩子放進學校，他們清醒的每一分鐘都浸淫在崇拜北韓的獨裁者金正日和他的父親金日成上，孩子只有在週末才能見到他們的父母親，學校念給他們聽的每一個故事都是有關領袖的，百分之四十的小學教科書是用來講金正日和金日成的事的。這種情況一直持續到中學畢業進入社會為止。對敵人的仇恨已經深植人心，所以他們的大腦迴路已經形成連接，「敵人」會自動引發負面的情緒，有一道典型的數學題目是：「三個北韓人民解放軍擊斃了三十名美軍，假設每一名國軍英雄都殺死同樣數量的美國人，請問他們每人擊斃了多少敵人？」這種知覺的情感網路一旦建立在受教條洗腦的人民身上後，會改變大腦結構，這種人不是靠普通的說服就可以使他們跨越偏見的鴻溝了。

魏克斯勒是說在我們年紀大時，可塑性會有相對性的退減。但某些宗教團體用洗腦的方式讓我們看到有時個人的自我概念在成人後仍然可以被改變，即使這個人並不願意改變，他也沒有辦法，因為洗腦遵循了神經可塑性的規則。人們可以破壞也可以發展（或至少是外加）認知神經結構，假如能控制他們百分之百的日常生活行為的話，就可以用獎勵、嚴厲懲罰及大量練習的方法來達到這個制約的目的，他們可以被強迫每天大聲重複或在心中複誦各種教條。有的時候，這個歷程可以使他們「去學習」以前的心智結構[35]，如佛里曼所見的。假如成人的大腦沒有可塑性，這些不愉快的結果就不可能出現。

## 媒體如何重新組織大腦

網際網路只是現代人可以在上面進行幾百萬個練習的東西之一。一千年前的人絕對不可能想像這個東西的存在，我們的大腦已經被網際網路大大的重新塑造過了。不過我們的大腦也受到閱讀、電視、電視遊樂器、現代電子儀器、現代音樂及現代工具的影響，重新組織了。

——莫山尼克，二〇〇五[36]

我們討論了幾個原因——為什麼大腦的可塑性沒有早一點被發現——例如缺少窺視的窗口、大腦功能區域特定論簡化版的出現，但是還有一個原因我們沒有看到，這個原因特別跟文化影響的大腦有關，就如同唐諾所寫的，幾乎所有的神經科學家都把大腦看成一個孤立的器官，好像一個放在盒子裡的東西。他們相信「心智存在於大腦，也完全在大腦中發展[37]，它基本的結構是來自生物的規則（基因）。」行為主義者和很多生物學家強力支持這個看法。其中惟一拒絕這看法的是發展心理學家，因為他們大致知道外在的影響可以傷害大腦的發展。

看電視是一個我們文化的簽名活動，它與大腦問題有相關。最近一個研究調查了兩千六百名剛會走路的嬰兒，發現一到三歲時越早看電視，與後來入學後的注意力缺失、衝動控制及紀律問題有關[38]。剛會走路的嬰兒每天看電視的時間每增加一小時，他們在七歲時，有注意力缺失問題的機率就會多增加百分之十。這個實驗如心理學家尼葛（Joel T. Nigg）所說，有些會影響看電視及以後注意力缺失之間相關的可能因素並沒有完全被控制[39]。我們可以爭論說有注意力缺失孩子的父母比較常把孩子放在電視機前面，才是真正的原因。即便如此，這個實驗結果還是很有參考價值，因為現在美國看電視的人口增加，應該再做實驗釐清。調查發現美國兩歲以下的兒童有百分之四十三每天看電視[40]，有四分之一的兒童房間裡有電視[41]，在電視普及化二十年之後，小學老師開始注意到學生變得比較焦慮不安、坐不住，要他們上課注意聽越來越困難。希利（Jane Healy）在她的書《遭受危險的心智》（*Endangered Mind*）[42]中指出這些改變是孩子大腦可塑性改變的後果。當這些孩子進入大學後，教授抱怨必須把課程改得更簡單才行。因為現在學生越來越喜歡「快訊」（sound bites），害怕任何長度的閱讀。同時，這些問題被「膨風的分數」（grade inflation）所遮掩，又因學校推行教室電腦化而更加速惡化，這個計畫使學校的注意力放到如何增加電腦的速度和容量，而忽略了增加學生注意力的廣度和記憶和容量。哈佛精神科醫生哈洛威爾（Edward Hallowell）是注意力缺失症（attention deficit disorder, ADD）的專家，他把這個毛病連結到電子媒體上，認為現代人口中的注意力缺失症的增加不是先天基因上的關係而是電子媒體的關係[43]。羅伯森（Ian Robertson）和歐康奈（Redmond O'Connell）用大腦練習來治療注意力缺失的孩子[44]，效果似乎不錯，我們有理由對治療這個症狀抱著希望。

大部分的人認為媒體所製造的危險是來自媒體的內容。但是在一九五〇年代首先作媒體研究的麥克魯漢（Marshall McLuhan）曾經早在網際網路被發明出來之前二十年，就預測媒體會改變我們的大腦，不管它的內容是什麼。他最有名的一句話是「媒體就是訊息」（The medium is the message.）[45]。麥克魯漢認為每一個媒體都用它特殊的方式重新組織我們的大腦和心智，而重新組織的後果遠比內容和訊息的效果還來得嚴重和具殺傷力。

卡內基美隆大學（Carnegie Mellon University）的麥可（Erica Michael）和佳斯特（Marcel Just）做了一個大腦掃描的實驗來看看媒體是不是只是訊息而已[46]。他們知道大腦在處理聽的語言跟閱讀是在不同的區域，聽字和讀字有**不同的理解中心**。佳斯特說：「大腦從閱讀到的和聽到的所建構的訊息有所不同，其中的含意是媒體是訊息的一部分。聽一本有聲書跟閱讀那本書所留下的記憶是不同的，在收音機上所聽到的新聞跟在報紙上讀到同樣一則新聞，同樣的字，處理的歷程不同。」這個發現反駁了一般對理解的理論。一般的理論認為大腦中有單一的理解中心來理解字，不論訊息怎麼進入大腦的（經由什麼感官或什麼媒介都沒有關係），都會在同一地方，接受同樣的處理。麥可和佳斯特的實驗顯示每一個媒介會創造不同的感覺和意義的經驗——我們可以再加上一句，在大腦中發展出不同的迴路。

每一個媒介導致我們個別感官平衡上的改變。增加某些，就得犧牲另一些，麥克魯漢認為史前時代的人生活在一個聽、看、觸覺、嗅覺和味覺都自然平衡的情境裡，文字的發明使史前時代的人從聲音的世界移到了視覺的世界，因為他們從說話移轉到了閱讀；打字和印刷加快了這個歷程。現在電子媒體又把聲音帶回來了，就某些方面來說，重新回復原始的平衡。每一個新的媒介都會創造出一個獨特的覺識形式，在這形式裡，有些感覺升級了，有些被降級了。麥克魯漢說：「我們感官的比例改變了。」[47]我們從帕斯可—里昂矇起受試者眼睛的研究知道感官的重組有多快發生。

要說一個文化的媒介（如電視、收音機或網際網路）改變了感官的平衡，並不表示它就是有害的。電視和其他的電子媒介，如音樂錄影帶和電腦遊戲，帶來的壞處來自它們對注意力的影響。兒童和青少年坐在打架或打戰的電腦遊戲前專注在大量的練習上，而且得到很多報酬。像電視遊樂器、網路A片完全符合大腦可塑性地圖改變的所有條件，倫敦哈默史密斯醫院（Hammersmith Hospital）的研究團隊設計了一個典型的電腦遊戲，一部坦克車裡面有個人會對敵人射擊，然後躲避敵人的炮火。這個實驗顯示在玩這個遊戲時，多巴胺會在大腦中大量分泌[48]。多巴胺是報酬的神經傳導物質，會上癮的藥物也會引發多巴胺的分泌。對電腦遊戲上癮的人有所有其他的上癮症狀：一停下來就渴望再打，忽略所有其他的活動，在電腦前就進入極樂境界，會否認或低估他們打電腦的時間。

電視、音樂錄影帶和電視遊樂器都是用電視技術，展開一個比真實生活更快速的虛擬世界，而且現在的遊戲越來越快，這使得人們發展出對高速的胃口[49]。是電視媒體的呈現形式：剪接、放大、移動拍攝、縮小俯視和突然出現的噪音改變了大腦，因為它活化了巴夫洛夫所謂的「注意力導向反應」（orienting response）[50]。當我們感覺到身旁的世界突然改變，尤其是突然的動作，我們會本能的停止原來在做的事，將注意力轉到會動的東西上面。注意力導向反應會演化出來最主要的原因是我們的祖先既是獵食者，也是獵物，必須對可能是危險的環境做出立即的反應，也需要對提供食物或性的機會做出立即的反應。這個反應是生理上的，會有四到六秒的心跳速率減低的情形。電視會引發這種反應，而且比我們在日常生活中所經驗到的快很多，這是為什麼我們的眼睛會一直盯著電視螢幕看，移不開，即使在跟別人說話也是一樣。這也是為什麼人們看電視的時間會比原先計畫的時間長。因為音樂錄影帶、連續鏡頭及電視的廣告每一秒都引發注意力導向反應，因此看它們使我們持續不斷在注意力導向的反應之中，沒有機會休息。難怪人們覺得看完電視後更累了。然而，我們已經習得了對它的胃口，覺得比較慢的改變很無聊，我們付出的代價是覺得閱讀、深度的談話和聆聽演講都變得更困難了。

麥克魯漢的洞見是他看到了傳播媒體既擴大又向內破壞我們的大腦地圖。他的第一個媒體法則是所有媒體都是人各個層面的延伸，當我們用紙和筆去記錄我們的思想時，寫作延伸了記憶，車子延伸了我們的腳，衣服延伸了我們的皮膚，電子媒體延伸了我們的神經系統：電報、收音機、電話延伸了人類耳朵的範圍。電視台的攝影鏡頭延伸了我們的眼睛，電腦延伸了我們中央神經系統的處理能力。他認為這延伸我們神經系統的歷程同時也改變了它。

媒體向內進入我們，影響我們的大腦這件事是比較不顯著的，但是我們已經看到很多的例子，當莫山尼克和他的同事設計耳蝸移植時，他是把聲音譯成電流的脈衝，透過這個媒介，病人的大腦重新組織它自己，使它可以聽得見這些神經脈衝。

Fast ForWord 也是一個媒介，就像收音機或雙向互動的電腦遊戲一樣，它轉換語言、聲音、影像並在這過程中快速的重組大腦，當巴哈—y—瑞塔把攝影機接到盲人身上時，盲人可以看到形狀、面孔和方向角度，他顯示神經系統可以變成一個更大的電子系統。所有的電子儀器都重新組織了大腦。在電腦上打字的人常不知道該怎麼用手寫字或口述聽寫，因為他們的大腦不是設定來從思想轉換成快速手寫文字，或以高速說話。當電腦當機，人們也有些許的精神崩潰（nervous-breakdown），他們說：「我覺得我要發瘋了。（I fell like I have lost my mind.）」那是有幾分真實性在內的。當我們用電子媒介時，我們的神經系統向外延伸，而媒介向內延伸。

電子媒體在改變神經系統上非常有效率，因為兩者都以相同的方式在工作，而且基本上是相容的，所以很容易連接。兩者都包含即時的轉換，將電子訊號轉譯形成連結。因為我們的神經系統有彈性，可以改變，它可以利用這個相容性與電子媒體結合在一起，變成一個更大的、單一的系統，的確，這個系統的本性就是要產生連結，不論它是生物的還是人造的系統。我們的神經系統是個內在的媒介，從身體的一個部位傳遞訊息到另一個部位去，它演化來為我們這樣的多細胞生物去做電子媒介為人類所做的事——將不同的部位連在一起。麥克魯漢用玩笑的方式來表達這個神經系統的電子延伸。他說：「現在人類開始把他的大腦放在腦殼外面，把他的神經放在皮膚外面[51]。今天，在一百年的電子科技之後，我們把中央神經系統[52]延伸到環抱地球，就我們星球來說，已廢棄了時間和空間的概念。」空間和時間被廢棄是因為電子媒介可以立即連接很遠的地方，做到我們所謂的「地球村」。這種延伸能夠發生是因為我們有可塑性的大腦可以把它自己和電子系統綜合起來成為一個系統。

1. Interview in S. Olsen. 2005. Are we getting smarter or dumber? CNet News.com. http://news.com.com/Are+we+getting+smarter+or+dumber/2008-1008_3-5875404.html.
2. A. Gislén, M. Dacke, R. H. H. Kröger, M. Abrahamsson, D. Nilsson, and E. J. Warrant. 2003. Superior underwater vision in a human population of Sea Gypsies. *Current Biology*, 13:833-36.
3. T. F. Münte, E. Altenmüller, and L. Jäncke. 2002. The musician's brain as a model of neuroplasticity. *Nature Reviews Neuroscience*, 3(6): 473-78.
4. T. Elbert, C. Pantev, C. Wienbruch, B. Rockstroh, and E. Taub. 1995. Increased cortical representation of the fingers of the left hand in string players. *Science*, 270(5234): 305-7.
5. T. F. Münte, E. Altenmüller, and L. Jäncke. 2002.
6. G. Vasari. 1550/1963. *The lives of the painters, sculptors and architects*, vol. 4. New York: Everyman's Library, Dutton, 126.
7. 現在有非常多的例子可以說明大腦如何適應不尋常的情境，研究大腦可塑性的科學家羅伯森發現美國太空總署曾經注意到，太空人在回到地球後，需要四到八天才能恢復平衡，羅伯森認為這是因為太空無重力，太空人並不知道他的身體在太空的什麼地方，他們必須依賴眼睛才能定位，這是一種可塑性的情況。因此，無重力導致大腦產生兩種改變：一是身體平衡系統，當它沒有輸入時，它就會讓位，因為用進廢退；第二是眼睛，因為眼睛要大量使用，站出來告訴太空人他在空間中的什麼地方。

❽ E. A. Maguire, D. G. Gadian, I. S. Johnsrude, C. D. Good, J. Ashburner, R. S. J. Frackowiak, and C. D. Frith. 2000. Navigation-related structural change in the hippocampi of taxi drivers. *Proceeding of the National Academy of Sciences, USA,* 97(8): 4398-4403.

❾ S. W. Lazar, C. E. Kerr, R. H. Wasserman, J. R. Gray, D. N. Greve, M. T. Treadway, M. Mc-Garvey, B. T. Quinn, J. A. Dusek, H. Benson, S. L. Rauch, C. I. Moore, and B. Fischl. 2005. Meditation experience is associated with increased cortical thickness. *NeuroReport,* 16(17): 1893-97.

❿ 我們才剛剛開始了解神經可塑性的遺傳學，蓋吉的研究團隊發現老鼠若在刺激豐富的環境長大會發展出新的神經元和比較大的海馬迴，同時他們也發現一隻老鼠能不能夠長出新的新經元最好最有力的預測指標是牠的基因。

⓫ 認知考古學家米沈認為認知的流動性可以解釋史前人類最大的謎團，即人類為什麼會突然發展出文化來。

人類最早在十萬年前開始在地球上直立行走，從考古的證據中，我們知道之後的五萬年中，人類文化並沒有很大的進步，它靜止不動，而且並沒有比其他的猿類文化高明多少。這個時期的文化留下了很多謎團：第一，人類只用石頭和木頭去做工具，而沒有用骨頭、象牙或鹿角，而這些其實在史前人類生活的環境中是很充裕的。第二，當史前人類發明了具一般功能的斧頭後，他們並沒有更進一步發展出特殊功能的斧頭，所有的矛頭都是同一大小並且由同一方法所製造。第三，沒有任何一個工具是由不同部件所組合成的，不像伊努伊特人（Inuit）的鯨叉是組合了硬的石頭尖、象牙的矛柄、回收的皮帶，及可以充氣的海豹皮，在擲出去後可以浮在水面上。最後一點，沒有任何藝術、宗教或裝飾的跡象。

然後，五萬年前，在人類大腦和基因沒有基本的改變時，突然之間，都不一樣了，藝術、宗教和複雜的技術發展出來了，船被發明出來了，人們乘著船到了澳洲，洞穴的壁畫出現了，具有想像力的骨頭與象牙的雕刻出現了，甚至有人面獸身的雕刻物出現，表示已有綜合兩種不同形狀的能力了。珠子、項鍊墜大量出現，許多是用來裝飾人的身體的，人們開始把死人埋葬在坑中，人的屍體旁開始有動物的屍體在旁陪葬，人開始計畫死後的生活——這是宗教的開端。我們看到為特別目的所設計的工具出現了，長矛的槍頭也開始為不同的動物而有不同的打造，因應牠們皮膚厚薄及棲居地的不同而有不同。

米沈認為單調文化的發生，主要是因為人有三個智慧的模組，每一個是獨立運作的。第一個模組是大自然歷史的智慧，這是人與動物共享的，它使人類能夠了解動物棲居地、氣候及地形，如何從動物的足跡及糞便來預測前面有什麼獵物存在，或是候鳥南飛時，對氣候的預測，候鳥南飛表示冬天要來了。第二個模組是技術的智慧，了解如何去操弄物體，如何把石頭磨成刀刃。第三個模組是社會的智慧，這也是人類與動物共享的，它使人可以互動，了解別人臉上的表情，了解一個團體中主控和臣服的階級關係、求偶的儀式及如何養育下一代。

米沈推論在單調文化的期間，人類的三個智慧模組是在心智中各自分離的。所以早期的人類沒有雕刻骨頭或象牙，因為骨頭是動物的殘骸，在心智上有技術的智慧與動物的智慧無法溝通的隔閡，他們無法想到要用動物來製作工具。史前人類並不會用特別的工具來做不同的事，也沒有複雜的工具，因為創造它們需要綜合大自然歷史的智慧與技術的智慧。社會的智慧和技術的智慧之間一定也存在著藩籬，因為沒有珠子、項鍊墜或其他身體的裝飾被發現過。身體的裝飾是表示一個人的族群、宗教和社會地位，就好像結婚戒指、十字架和鑽石在西方社會的意義一樣。

五萬年前，這個屏障突然瓦解了，根據不同目的製作的複雜工具出現了，藝術品的出現表示這三種智慧已經融合了，就如同德國南部所找到的獅人，這個雕刻物（技術智慧），表示一個人的身體（社會智慧）與獅子的頭組合，同時是以猛獁象牙所刻的（大自然歷史智慧）。在法國，象牙珠被刻成貝殼的形狀，它混合了大自然歷史智慧與技術智慧。而且考古學家也發現新的工具，上面刻有動物的頭做裝飾。原始的宗教，有時被稱為「圖騰」崇拜，發展出來了，這表示人類的社會團體出現了，每個團體有它自己的動物圖騰。這出現突然給大自然世界一個社會的意義。

米沈認為這些所有的創造發生在人腦的大小沒有顯著差異的時候，惟一的可能性就是「認知流動力」造成了屏障的倒塌，使三種智慧可以匯集在一起，造成心智的重新組合，但是，是什麼造成模組的串聯呢？

我會認為是大腦的可塑性使得三個不同的模組串聯在一起，它是神經版的認知流動力，為什麼模組沒有更早以前串聯在一起？因為可塑性是把雙面刃，它可以使人有彈性，也可使人僵化。假如這些模組為了某個特殊的目的在動物間演化出來，就會一直被這種原始的目的利用——就像雪橇在雪地上留下痕跡後，下次還是會循著同樣痕跡走。但這不表示智慧的模組不會被混合起來，除非它們天生有獨立分開的傾向。這個混合的現象一定是很意外的結果，是偶然發生的，這個意外的出現給了人類絕大的優勢，見 S. Mithen. 1996. *The prehistory of the mind: The cognitive origins of art, history and science*. London: Thames & Hudson.

⓬ I. Gauthier, P. Skudlarski, J. C. Gore, and A. W. Anderson. 2002. Expertise for cars and birds recruits brain areas involved in face recognition. *Nature Neuroscience*, 3(2): 191-97.

⓭ Interview in S. Olsen. 2005.

⓮ R. Sapolsky. 2006. The 2% difference. *Discover*, April, 27(4): 42-45.

⓯ G. M. Edelman and G. Tononi. 2000. *A universe of consciousness: How matter becomes imagination*. New York: Basic Books, 38.

⓰ G. Edelman. 2002. A message from the founder and director. *BrainMatters*, San Diego: Neurosciences Institute, Fall, 1.

⓱ H. J. Neville and D. Lawson. 1987. Attention to central and peripheral visual space in a movement detection task: An event-related potential and behavioral study. II. Congenitally deaf adults. *Brain Research*, 405(2): 268-283.

⓲ 在成年以後才去學一種新的文化需要動用到新的大腦部件，至少對語言學習來說是如此。大腦掃描的圖片顯示人在學習一種語言之後，過了很久，又必須學一種語言時，是在不同的地方處理。當雙語人士中風時，他們有時會失去說其中一種語言的能力而另外一種語言無恙。這種人的語言各有不同的神經迴路在處理，或許兩種不同的文化也各自有處理的地方。但是大腦掃描也顯示：在關鍵期同時學習兩種語言的孩子，他們的聽覺皮質是同時發展出來處理兩種語言。這是為什麼莫山尼克認為同時學習很多語言在童年時期是可能的

。這種孩子發展出很大的聲音皮質圖書館，等到後來要再學習一種語言時，會比較容易。關於大腦掃描的研究請見 S. P. Springer and G. Deutsch. 1998. *Left brain, right brain: Perspectives from cognitive science*, 5th ed. New York: W. H. Freeman & Co., 267.

⓳ M. Donald. 2000. The central role of culture in cognitive evolution: A reflection on the myth of the "isolated mind." In L. Nucci, ed., *Culture, thought and development*. Mahwah, NJ: Lawrence Erlbaum Associates, 19-38.

⓴ R. E. Nisbett. 2003. *The geography of thought: How Asians and Westerners think differently... and why*. New York: Free Press, xii-xiv.

㉑ R. E. Nisbett, K. Peng, I. Choi, and A. Norenzayan. 2001. Culture and systems of thought: Holistic versus analytic cognition. *Psychological Review*, 291-310.

㉒「分析」這個字來自希臘，意思是「破成碎片」。「分析一個問題」是表示把它分解成很多事件。希臘人喜歡分析的心智影響他們對世界的看法。希臘的科學家是最早認為物質是由原子組合而成的人。希臘的醫生會解剖，把身體分解成部件，發展出外科手術去把失功能部件切除。邏輯是最典型的希臘產品，把原始問題用隔離出某一部分單獨處理的方式來解決整個難題。

㉓中國人看世界是個連續性的向度，不像西方把物質看成個別的原子，中國人比較喜歡了解一個物體的周遭環境，而不去注意被隔離出來的物體本身。中國的科學家對力場感興趣，喜歡知道物體如何影響彼此，他們很早就看到磁場、聲音的共振，而且遠在西方人之前就發現月亮與潮汐的關係。在醫學上，中國人在經過一段時間的解剖與外科切除後，放棄了手術而轉向整體醫學，他們把身體當作一個單一的系統。

㉔左腦從事於處理抽象的、口語的、分析性的想法較多。右腦的思想比較整體化、同步性，所以被認為是比較綜合的，直覺的或整體的腦。（S. P. Springer and G. Deutsch. 1998. *Left brain, right brain: Perspectives from cognitive science*, 5th edition. New York: W. H. Freeman and Company, 292.）但是就算西方的文明比較喜歡左腦，東方喜歡右腦，它們中間還是有個機制使這兩個不同處產生。我認為這個機制就是在大腦的可塑性，而不是僅是基因而已，因為當人們轉換文化時，他們的知覺也改變了。

㉕ R. E. Nisbett, 2003。尼斯比特是個推理專家，專門研究人的行為。一開始時，他原以為推理就像知覺一樣，是全部人類都有的，天生就設定在大腦中的。他非常確定推理能力是天生就設定的，認為它是不能教導的，所以他設計實驗來證明他的想法。結果他很驚訝的發現，推理是可以教的，這是一個重要的發現，因為教育，尤其美國的教育，已經不教抽象的推理規則了。有一部分原因是美國不相信大腦的可塑性，美國偉大的心理學家詹姆士（William James），在批評古典的課程時（可以追溯到柏拉圖）嘲笑抽象的推理規則，因為它暗示你可以鍛練不存在的「心智的肌肉」，詹姆士的話請見 R. E. Nisbett. ed. 1993. *Rules for Reasoning*. Hillsdale, NJ: Lawrence Erlbaum Associates, 10. 在柏拉圖的《理想國》中，將學習數學描述為「體操」練習，是一種心智的練習。Plato. 1968. *The Republic of Plato*. Translated by A. Bloom. New York: Basic Books, 526b, p. 205.

㉖ 北山（Shinobu Kitayama）用尼斯比特所發展出來的知覺實驗去測住在日本幾個月的美國人，發現他們在知覺測驗上開始像日本人了。住在美國幾年的日本人在知覺測驗上變得跟美國人一樣，不可區分。這些時間正好是大腦可塑性改變知覺學習迴路所需的時間，移民從來沒有正式的學習以整體的或分析的方式去看事情，但是浸淫在一個文化中，很自然的引起知覺學習，因為環境一直不停的重述那個文化基本的知覺命題，所以外來者無法避免他們的大腦做大量練習，多倫多大學的哲拉羅（Philip Zelazo）目前正在中國研究比較不同文化對注意力及額葉功能造成的效果，他發現一個人的文化對認知發展有很大的影響，他認為文化可能也影響了神經的發展。

㉗ R. E. Nisbett. 2003. *The geography of thought.*

㉘ Ibid.

㉙ A. Luria. 1973. *The working brain: An introduction to neuropsychology*. London: Penguin, 100.

㉚ Ibid.; A. Noë. 2004. *Action in perception*. Cambridge, MA: MIT Press.

㉛ M. Fahle and T. Poggio. 2002. *Perceptual learning*. Cambridge, MA: A Bradford Book, MIT Press, xiii, 273; W. Li, V. Piëch and C. D. Gilbert. 2004. Perceptual learning and top-down influences in primary visual cortex. *Nature Neuroscience*, 7(6): 651-57.

32 B. Simon. Sea Gypsies see signs in the waves. March 20, 2005, www.cbsnews.com/stories/2005/03/18/60minutes/main681558.shtml.

33 B. E. Wexler. 2006. *Brain and culture: Neurobiology, ideology, and social change.* Cambridge, MA: MIT Press.

34 P. Good-speed. 2005. Adoration 101. National Post, November 7; P. Good-speed. 2005. Mysterious kingdom: North Korea remains an enigma to the outside world. *National Post*, November 5.

35 W. J. Freeman. 1995. *Societies of brains: A study in the neuroscience of love and hate.* Hillsdale NJ: Lawrence Erlbaum Associates; W. J.Freeman. 1999. *How brains make up their minds.* London: Weidenfeld & Nicolson; R. J. Lifton. 1961. Thought reform and the psychology of totalism. New York: W. W. Norton & Co.; W. Sargant. 1957/1997. *Battle for the mind: A physiology of conversion and brain-washing.* Cambridge, MA: Malor Books.

36 Michael Merzenich interviewed in S. Olsen. 2005. Are we getting smarter or dumber? CNet News.com. http://news .com.com/Are+we+getting+smarter+or+dumber/2008-1008_35875404.html.

37 M. Donald., 2000, 21.

38 D.A. Christakis, F. J. Zimmerman, D. L. DiGiuseppe, and C. A. McCarty. 2004. Early television exposure and subsequent attentional problems in children. *Pediatrics*, April, 113(4): 708-13.

39 Joel T. Nigg. 2006. *What causes ADHD?* New York: Guilford Press.

40 V. J. Rideout, E. A. Vandewater, and E. A. Wartella. 2003. *Zero to six: Electronic media in the lives of infants, toddlers, and preschoolers.* Publication no. 3378. Menlo Park, CA: Kaiser Family Foundation, 14.

41 J. M. Healy. 2004. Early television exposure and subsequent attentional problems in children. *Pediatrics*, 113(4): 917-18; V. J. Rideout, E. A. Vandewater, and E. A. Wartella, 2003, 7, 17.

42 J. M. Healy. 1990. *Endangered minds: Why our children don't think.* New York: Simon & Schuster.

43 E. M. Hallowell. 2005. Overloaded circuits: Why smart people underperform. *Harvard Business Review*, January, 1-9.

44 R. G. O'Connell, M. A. Bellgrove, P. M. Dockree, and I. H. Robertson. 2005. Effects of self alert training (SAT) on

sustained attention performance in adult ADHD. *Cognitive Neuroscience Society*, Conference, April, poster.

45 M. McLuhan. 1964/1994. W. T. Gordon, ed. *Understanding media: The extensions of man, critical edition*. Corte Madera, CA: Ginkgo Press, 19.

46 E. B. Michael, T. A. Keller, P. A. Carpenter, and M. A. Just. 2001. fMRI investigation of sentence comprehension by eye and by ear: Modality fingerprints on cognitive processes. *Human Brain Mapping*, 13:239-52; M. Just. 2001. The medium and the message: Eyes and ears understand differently. *EuekAlert*, August 14, www.eurekalert.org/pub_releases/2001-08/cmu-tma081401.php.

47 E. McLuhan, and F. Zingrone, eds. 1995. *Essential McLuhan*. Toronto: Anansi, 119-20.

48 M. J. Koepp, R. N. Gunn, A. D. Lawrence, V. J. Cunningham, A. Dagher, T. Jones, D. J. Brooks, C. J. Bench, and P. M. Grasby. 1998. Evidence for striatal dopamine release during a video game. *Nature*, 393(6682): 266-68.

49 S. Johnson. 2005. Watching TV makes you smarter. *New York Times*, April 24.

50 R. Kubey and M. Csikszentmihalyi. 2002. Television addiction is no mere metaphor. *Scientific American*, February 23.

51 M. McLuhan. 1995. *Playboy* interview. In E. McLuhan and F. Zingrone, eds., 264-65.

52 M. McLuhan, 1964/1994.

附錄 2

# 可塑性和理念的進步

## 它和人類的彈性與僵化都有關係

在理論上人類可以無止境的改善自己，
在執行上卻有它黑暗的一面。
我們在臨床上也要小心，
當我們在談大腦的可塑性時，不要去責怪那些無法改變的人。
雖然神經可塑性告訴我們大腦比我們想像的更有彈性，
但有彈性到完美還有很大的落差，
這會讓病人有錯誤的期待而造成危險。
可塑性的弔詭是可塑性也是許多僵硬、固化、不可改變行為的原因，
這些行為甚至到病態的地步。
當現在可塑性變成我們注意的焦點時，我們應該要記住，
它是又好又壞——彈性和僵化，
易受傷害和出乎意料的隨機應變，能自我修復。

大腦有可塑性的想法在以前就曾出現過，只不過像閃電一樣，馬上又消失了。雖然它到現在才被主流科學接受，被承認是一個事實，早期的出現的確有留下痕跡，使後人比較容易去接受這個觀念，雖然每一個神經可塑性專家都從他的同事身上遭受到巨大的反對力量。

最早在一七六二年，瑞士的哲學家盧梭（Jean-Jacques Rousseau）就不贊成當時對大自然的機械看法，他認為大自然是活的、有歷史的❶、依時間而改變的。我們的神經系統也不是機械，也是活的，也會改變❷。在他的書《愛彌兒》（*Émile, or On Education*）——它是世界上第一本詳細的兒童發展的書——他提出「大腦的組織」會受到我們經驗的影響，我們需要「訓練」我們的感官和心智能力❸就像我們訓練我們的肌肉一樣，盧梭認為即使我們的情緒和熱情也是很早在童年就學習了。許多我們認為是固定的人性其實是可以改變的，而這可塑性正是人格特質的定義，所以他相信教育和文化可以轉換一個人。他寫道：「要了解一個人，去看其他的人（因為物以類聚），要了解人類，去看動物（因為人從動物演化而來）。」當他比較人類和其他的動物時，他看到他所謂的人類的盡善盡美性（perfectibility）——這使得這個字的法文（perfectibilité）變成流行的字❹——用來形容某一個特定的人類可塑性，這個可塑性使我們與動物區分開來。動物出生幾個月之後，大部分的身體器官都長好了，以後一輩子都是這個樣子，但是人類一輩子都在改變，因為人有可變得完美的能力。

他認為是我們的盡善盡美性使我們發展出不同的心智器官，並且改變既存心智器官之間的平衡。但是這可能也會變成問題，因為它中斷我們感官之間的自然平衡。因為我們的大腦對經驗非常的敏感，它也很容易受到經驗的傷害。像蒙特梭利（Maria Montessori）那樣強調感官教育的幼兒學校就是源自盧梭的觀察。他也是麥克魯漢的前輩，麥克魯漢在幾百年之後，認為某些媒體和科技會改變感官之間的平衡和比例。當我們說即時的電子媒介、電視、音響，創造出超級緊張、掛滿了電線、注意力很短的人，我們用的就是盧梭的語言，我們在講一個新的環境問題，這環境干擾我們的認知。盧梭也很關心我們感官之間的平衡，我們的想像力會被錯誤的經驗種類所干擾❺。

在一七八三年，邦奈特（Charles Bonnet, 1720-1793）❻這位近代的盧梭，他在很多地方跟盧梭很像，也是瑞士的哲學家，也是自然學家，對盧梭的作品都很熟悉。他寫信給義大利科學家馬拉卡尼（Michele Vincenzo Malacarne, 1744-1816），建議神經組織可能對訓練的反應就像肌肉一樣❼。馬拉卡尼用實驗去測試邦奈特的理論，他將同一窩的鳥一半在很豐富刺激的環境養大，每天都接受訓練，另一半沒有接受任何訓練，這樣過了好幾年，然後把鳥犧牲掉，比較牠們大腦的大小。他發現接受訓練的鳥，腦比較大，尤其在小腦的地方，表示環境的豐富和訓練可以影響發育中的腦。他也對狗做了同樣的實驗，結果也是一樣。馬拉卡尼的研究成果❽被人忘記，直到羅森威格等人在二十世紀重做這個實驗，他的名字才再度被人提起，才給了他應有的榮耀。

## 可變得完美——利弊參半

盧梭死於一七七八年，雖然他未及親眼看到馬拉卡尼的實驗結果，他有超人的能力去預測盡善盡美性對人類的意義。他提供了希望，但不全然是福氣。因為我們可以改變，我們卻不知道哪些是天生的，哪些是後天文化所習得的。因為我們可以改變，我們會被文化和社會過度塑造，假如我們從我們的本性飄流太遠，就會變得與自己疏離。

當我們因人性可以改善而浸淫在快樂的氣氛中，人可以改變、追求完美的這個想法捅了道德問題的馬蜂窩。

早期的思想家，如亞里斯多德，並沒有說到大腦的可塑性，而認為人有追求完美的心智發展，我們的心智和情緒官能是大自然所提供的，一個健康的心智發展是使這些官能趨向完美並使用它們。盧梭了解假如人類的心智、情緒生活及大腦是可改變的，那麼我們就無法確定正常的或完美的心智發展是什麼樣，應該會有許多不同的發展種類。盡善盡美性表示我們不再確定使自己完美是什麼意思，盧梭了解到這個道德上的問題，他選用「盡善盡美性」其實是有諷刺的意思[9]。

## 從可變得完美到進步的理念

任何我們對大腦了解的改變都會影響我們如何了解人性，在盧梭之後，「可變得完美」這個詞很快就跟進步聯結在一起。法國哲學家和數學家康多塞（Condorcet, 1743-1794），也是法國大革命主要的參與者，他認為人類的歷史就是追求完美的歷程，他寫道：「大自然並沒有對人類的器官下任何定義……人的追求完美是無止盡的[10]，人追求完美的進步除了地球壽命之外，也沒有任何的上限。」人性不停在改善，不論在智慧和道德上皆如此。人不應該劃地自限，而不去追求可能的完美（這個看法比起追求終極的完美較不那麼有野心，但是仍然充滿了純真無邪烏托邦式的理想）。」

這個進步和追求完美的理念透過傑佛遜（Thomas Jefferson）帶進美國，傑佛遜是經由富蘭克林（Benjamin Franklin）的介紹而認識康多塞[11]，在美國的開國元勳中，傑佛遜是最接受這個思想的人。他寫道：「我是人性本善支持者之一，……我認為康多塞的心智是可以完美到[12]我們不能想像的地步。」並不是所有的開國元勳都同意傑佛遜的話，但是一八三〇年，法國的歷史學家托克維爾（Alexis de Tocqueville）訪問美國時，很驚訝美國跟其他國家不一樣，「相信人有無止境的改善能力」[13]。科學和政治的進步，加上認為人有很大的可塑性，使得美國人熱中於自我改進、自我轉型、自我幫助的書籍，同時也對問題解決有著熱忱。

雖然這一切聽起來非常光明有希望，但是在理論上人類可以無止境的改善自己，在執行上卻有它黑暗的一面。法國和俄國大革命時，烏托邦支持者滿懷著人是可以被改善的信仰，見到了一個不完美的社會，就去責怪其他人是擋住進步的大石頭，於是恐怖政治就開始了，把異議者流放到勞工營去做苦工。我們在臨床上也要小心，當我們在談大腦的可塑性時，不要去責怪那些無法改變的人。雖然神經可塑性告訴我們大腦比我們想像的更有彈性，但有彈性到完美還有很大的落差，這會讓病人有錯誤的期待而造成危險。可塑性的弔詭是可塑性也是許多僵硬、固化、不可改變行為的原因，這些行為甚至到病態的地步。當現在可塑性變成我們注意的焦點時，我們應該要記住，它是又好又壞——彈性和僵化，易受傷害和出乎意料的隨機應變，能自我修復。

經濟學家索威爾（Thomas Sowell）說，當「盡善盡美性」這個詞在幾百年中逐漸褪色時，它的觀念仍然存在，直到現在都還無恙。這個「人是非常有可塑性」⓮的觀念還是目前許多思想家的核心觀念。索威爾的研究《看法的衝突》（*A Conflict of Visions*）顯示西方主要的政治哲學可以從它是支持還是反對人有可塑性這個觀念來分類，這多少影響他對人性的看法。通常右翼或保守派的思想家如亞當・史密斯（Adam Smith）或柏克（Edmund Burke）是贊成人性是有規範的，而左翼或自由派的學者如康多塞或葛文（William Godwin）是認為人性是比較少規範的。有的時候，保守派有比較有彈性的看法，而自由派有比較限制性的看法，如在最近好幾個保守派的人主張性別取向是後天的，有選擇性的，是可以用意志力或經驗去改變的，是可塑性的現象；而自由派的人現在說它是天生設定的，人性不可改變的部分。還有一些人對人是否可改變、可追求完美、可一直不停進步有著正反混合的看法。

仔細研究神經的可塑性及可塑性的弔詭，我們現在知道人類大腦的可塑性對人性有著規範和不規範兩種效應。所以，雖然兩方的政治思想跟不同年齡、不同思想家對人類可塑性的態度有關，假如我們仔細去思考現代的人類可塑性，我們就會發現可塑性實在是太複雜、太精細的事，無法刀切豆腐兩面光去支持人性是受規範或不受規範的看法，因為事實上，它跟人類的僵化和彈性都有關係，看你怎麼去栽培、耕耘它罷了。

❶盧梭受到自然學家布豐的啟發，布豐就是發現地球比一般想像的古老很多的人，地球上的岩石含有貝殼及動物化石，表示有些動物曾經存在，但現已絕跡了，這表示過去認為動物的身體是不變的，其實是會變的。在盧梭的時代，有一個新的科學叫「自然歷史」（natural history）出現了。這看法是認為所有生物都有它的歷史。

盧梭為什麼容易接受自然歷史的看法，有一個理由是他浸淫在古典希臘的經典作品之中。我們前面看到，希臘人是把大自然看成一個活的有機體。因為所有的大自然都是活的，所以希臘人不可能去反對可塑性，蘇格拉底在《共和國》中，認為一個人可以訓練他的心智就像體操選手訓練他的肌肉一樣。

在伽利略劃時代的發現後，大自然的第二個偉大想法出現了，即大自然是個機械，這個看法把生命從大腦中拿掉，反對可塑性。

第三個大自然的偉大想法是盧梭等人重新把生命放回大自然中，認為大自然是一個一直不停進化的歷史歷程，它依時間而改變，將古典希臘哲學中對生命活力的看法帶回了大自然中。見 R. G. Collingwood. 1945. The idea of nature. Oxford: Oxford University Press; R. S. Westfall. 1977. *The construction of modern science: Mechanisms and mechanics*. Cambridge: Cambridge University Press, 90.

❷ J. J. Rousseau. 1762/1979. *Emile, or on education*. Translated by A. Bloom. New York: Basic Books, 272-82, especially 280.

❸ Ibid., 132; also 38, 48, 52, 138.

❹ 他同時也看到這是禍福參半，他寫道：「為什麼只有人類才會變成一個呆子？是他退化到他原始的狀態；而動物，因為沒有學到任何東西，所以也沒有任何東西可失去，永遠都保持著牠的本態，而人類在年老後或意外之後，失去他的盡善盡美性，無法再透過學習使自己進步，反而變得比動物更差了嗎？假如我們被迫要去同意這個幾乎是無限大的能力是人類所有痛苦的來源的話真是太可悲了。是這個能力，透過時間，把人類從最初安靜和無邪的情況中拖了出來，也是這個能力，在幾個世紀之後，使人類看到曙光，了解自己的錯誤、缺點和優點，最後人類變成他自己的主人和大自然的暴君。見 J. J. Rousseau. 1755/1990. *The first and second discourses, together with the replies to critics and essay on the origin of languages*. Translated and edited by V. Gourevitch. New York: Harper Torch-books, 149, 339.

❺ J. J. Rousseau, 1762/1979, 80-81; J. J. Rousseau, 1755/1990, 149, 158, 168; L. M. MacLean, 2002. The free animal: Free will and perfectibility in Rousseau's *Discourse on Inequality*. Ph.D. thesis, University of Toronto, 34-40.

❻ 邦奈特的重要發現是一顆沒有受精的蛋如何自我複製而不需要精子，他尤其對再生感興趣，他研究動物，如螃蟹，如何再生斷肢。當螃蟹的螯再生時，裡面的神經細胞組織一定要跟著再生，但是他有興趣的是成蟹的神經組織生長，邦奈特就像盧梭一樣也是瑞士人，來自日內瓦，他變成盧梭的勇猛敵人，攻擊盧梭的政治文章，想辦法去禁止它出版。

❼ M. J. Renner, and M. R. Rosenzweig. 1987. Enriched and impoverished environments: Effects on brain and behavior. New York: Springer-Verlag, 1-2; C. Bonnet. 1779-1783. *Oeuvres d'histoire naturelle et de philosophie*. Neuchâtel: S. Fauche.

❽ M. J. Renner, and M. R. Rosenzweig. 1987; M. Malacarne. 1793. Journal de physique, vol. 43, 73, cited in M. R. Rosenzweig. 1996. Aspects of the search for neural mechanisms of memory. *Annual Review of Psychology*, 47:1-32; especially 4; G. Malacarne. 1819. *Memorie storiche intorno alla vita ed alle opera di Michele Vincenzo Giacinto Malacarne*. Padva: Tipografia del Seminario, 88.

❾ R. L. Velkley. 1989. *Freedom and the end of reason: On the moral foundation of Kant's critical philosophy*. Chicago: University of Chicago Press, 53.

❿ A.-N. de Condorcet. 1795/1955. *Sketch for a historical picture of the progress of the human mind*. Translated by J. Barraclough. London: Weidenfeld & Nicolson, 4.

⓫ V. L. Muller. 1985. *The idea of perfectibility*. Lanham, MD: University Press of America.

⓬ T. Jefferson. 1799. To William G. Munford, 18 June. In B. B. Oberg, ed., 2004. *The papers of Thomas Jefferson*, vol. 31: 1 February 1799 to 31 May 1800. Princeton: Princeton University Press, 126-30.

⓭ A. de Tocqueville. 1835/1840/2000. *Democracy in America*. Translated by H. C. Mansfield and D. Winthrop. Chicago: University of Chicago Press, 426.

⓮ T. Sowell. 1987. *A conflict of visions*. New York: William Morrow, 26.

國家圖書館出版品預行編目資料

改變是大腦的天性／Norman Doidge著；洪蘭譯. -- 初版. -- 臺北市：遠流, 2008.04

面； 公分. --（生命科學館；LF027）

含參考書目

譯自 : The brain that changes itself : stories of personal triumph from the frontiers of brain science

ISBN 978-957-32-6282-4（平裝）

1. 腦部　2. 腦部疾病　3. 神經學

394.911　　97004180